日本民族の起源

金関 丈夫

法政大学出版局

日本民族の起源／目次

I

III

I

日本民族の系統と起源

日本列島の旧石器時代人　日本列島における旧石器時代文化の遺物は、各地で発見されているが、その文化のにない手である人類の形質を明らかにする人骨の完全な資料はまだ知られていない。静岡県の三《みっ》ケ日《び》、浜北、および愛知県の牛川発見の人骨はいずれも後期洪積世人類に属するといわれているが、それぞれ少数の断片にすぎない。鈴木尚（一九一二〜　）によれば、牛川人はネアンデルターロイド Neanderthaloid、三ケ日人および浜北人はホモ・サピエンス Homo sapiens 型と推定される。いずれも推定身長は低く、この点ではネグリト Negrito に近い。これらの人骨はその他の性質をも考慮に入れると、日本石器時代人との間に形質連続の可能性があるといわれているが、これらの人骨と日本の旧石器あるいは中石器時代の文化との、直接の連関は実証されていない。現在のところ、いずれも資料ははなはだ不備であって、国外の同時代の既知の人類との関係も、まだ明らかにされていない。

日本列島の新石器時代人　日本新石器時代人骨として比較的豊富な材料の集められたのは後・晩期の縄文時代人のものである。日本列島中広範囲にわたって集められているが、同時代のものの間にも多少の地方差はある。また早期の資料には例外的なものもあるが、全体的にみて変化は少い。その一般的特徴

	例数	平　均
推定身長	13	159.9cm
頭長	16	186.4mm
頭幅	18	144.4mm
頭長幅示数	16	77.7
頭長高示数	13	71.6
上顔高（V）	13	67.0mm
上顔示数（V）	8	67.7
眼窩示数	12	76.5
鼻高	14	48.6mm
鼻示数	12	54.5
垂直頭顔示数	11	50.7

第１表　津雲貝塚人男性の計測値

としては、短身、頭は大きくて長頭型に近い。低頭、低顔、したがって眼窩《がんか》入口も鼻高も低い。例を岡山県津雲《つぐも》貝塚人骨（男性）にとると、上のような平均値がみられる（第1表）。すなわち身長は小さく、頭は大きく、頭顔の高径は小さい。そのほか、眼窩上縁部の発達、一般骨質の重厚性などで狩猟生活を主とした原始人類に特有の特徴もみられる。

弥生時代の日本人　日本新石器時代人に次ぐ弥生時代人骨の資料のうち、比較的例数の多いのは、山口県と北九州で発掘されたものである。山口県土井ケ浜と佐賀県三津《みつ》の弥生遺跡発掘人骨を例にとると、弥生前期末に属する前者と、主として弥生中期に属する後者との間には、計測値において大差はなく、いずれも縄文時代人に比して推定身長は大きくなり、頭長と頭幅はやや小さくなるが、頭長幅示数には大差はない。頭高にも大差はないが頭長が小さくなるために頭長高示数は大きくなる。顔高、したがって垂直頭顔示数は大きく、眼窩高も幅に比して大きくなる。鼻高も大きくなり、結局顔高に伴って顔面の各部の高さが大きくなっている。これらの、縄文時代人の特徴と異なる部分をとって計測値を表示すると、第2表のようになる。ただし土井ケ浜と三津の両群の数値平均には大差がないので、両者を一群として平均値を出した。

これらのデーターは縄文時代人にみられない特徴を示している。眉上部の発達、一般骨質の重厚性の軽減の点でも同様の差がある。しかし、これが弥生時代人の全体にみられる特徴とはいえない。南関東発見の弥生時代人、また九州地方の西部、南部、北部、その他で発掘された弥生時代人の形質は、これらの点でも、ほとんど縄文時代人の形質との間に大差はない。言い換えると、山口県と北九州地方にみる一部の弥生人は、縄文人との間に顕著な形質差を示しているが、南関東をはじめ、九州地方の弥生人の一部には、その差はほとんど認められないものがある。

古墳時代の日本人　古墳時代の日本人の骨格では、縄文時代人や一部の弥生時代人にみた原始的な性質は失われているが、推定身長や頭骨の計測値には、山口県と北九州の弥生時代人に近いものもあり、また縄文時代人のそれに匹敵するものもある。地方的には西部日本の古墳時代人と、近畿地方のそれとの間には、例数が少くて確言はできないが、頭骨の計測値において、多少の差がみられる。しかしながら、その文化とともにこれが歴史時代以後現代にいたるまでの日本人の形質に、直接に連結していることは疑うことができない。

	例数	平　均
推定身長	25	162.3cm
上顔高（V）	48	73.0mm
上顔示数（V）	41	70.5
眼窩示数	25	84.1
鼻高	53	53.1mm
鼻示数	49	51.1
垂直頭顔示数	41	53.6

第2表　土井ヶ浜，三津の弥生時代人男性の計測値

現代日本人　現代日本人については、必ずしも資料を骨格のみに求める必要はない。大まかな観察をすれば、皮膚、虹彩の色、頭髪の色と形、眼、鼻、口唇、頬骨の形、身長と躯幹長・下肢長のプロポーション、体毛の少いこと、汗腺ことにアポクリン腺の発達の弱いことなどからみても、モンゴロイド Mongoloid 型であることに疑いはなく、その点ではアジア大陸の一般モンゴロイ

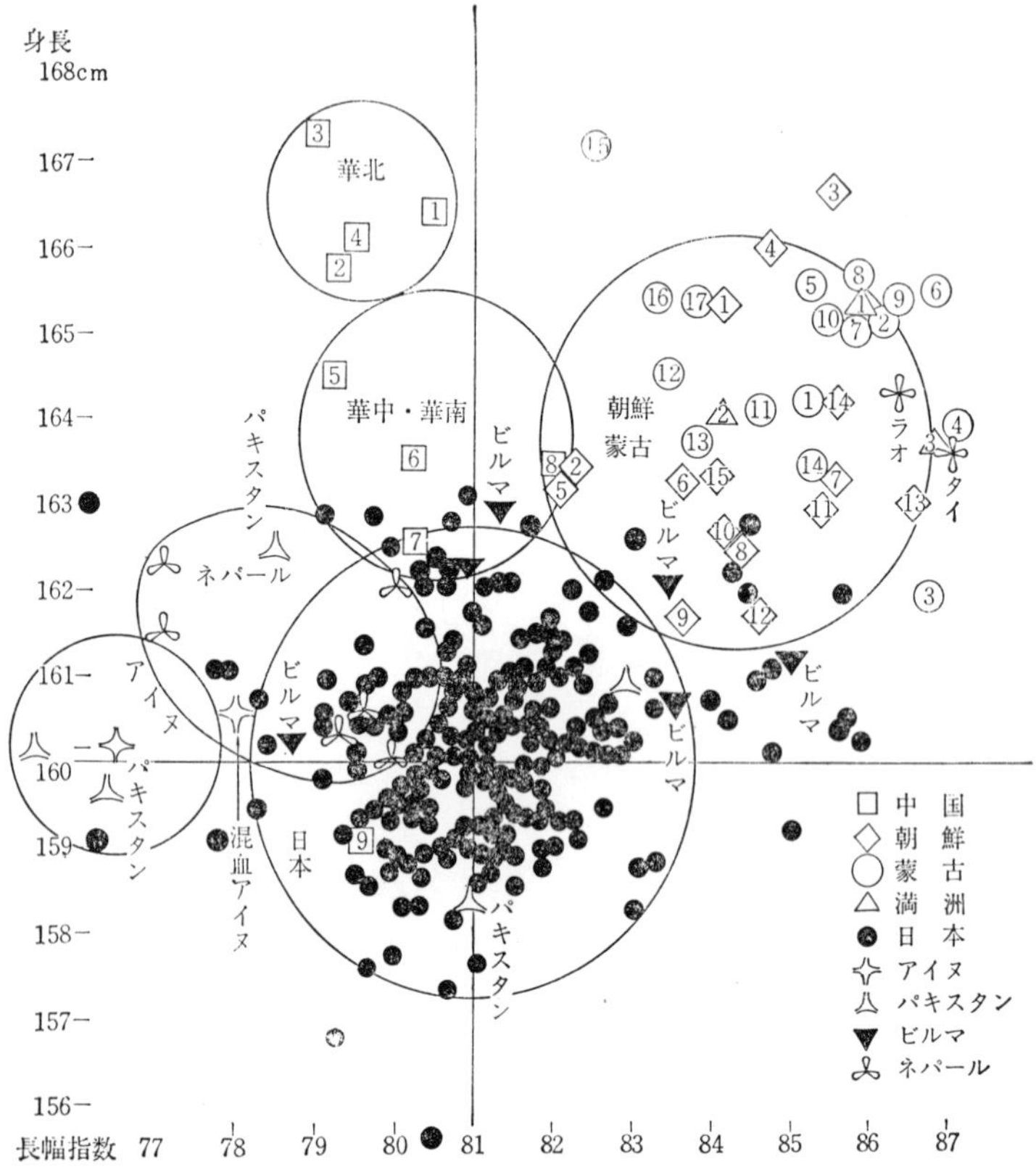

第１図　頭長幅指数と身長との相関表（男性生体）

今村豊原図（金関丈夫博士古稀記念委員会編『日本民族と南方文化』）

ドとの間に強い近親関係のあることはいうまでもない。生体計測の結果では、特に身長と頭型とを問題にした今村豊（一八九六〜一九七一）の研究（一九六八）がある。これによると、日本人には地方差が大きく、身長一六〇センチ、頭形示数八一の交点を中心として、その外縁は大きい円を描く。身長では中等大とそれ以下のものが同程度にある。これらの計測値を総合して、周辺民族の計測値と比較すると、第1図のように、身長の大きいものは中国中部・南部の圏内に移行し、身長が大きく短頭のものは朝鮮圏に移行する。身長が中等に近く、頭形が長頭に傾くものは、ビルマ側における一、二の例外を除いてビルマ圏に移行し、ネパールの一部がこれに重なる。アイヌ圏に入るものはないが、混血アイヌは日本人圏に接近している。身長の小さいものは、頭示数の中等位にある例外的なパキスタンが重なる。これらの結果からみて、現代日本人形質に地方差の大きいことがわかる。

次に小浜基次（一九〇四〜一九七〇）の成果がある。小浜は現代日本人に二つの地方型、すなわち東北・裏日本型と畿内型とがあるとしている。前者に属するグループは東日本を本拠とし、北関東を含む東北地方、北陸・山陰の裏日本、山陰の連続としての北九州およびそれらの地方の属島・離島に分布する。後者は畿内を中心として西は瀬戸内海沿岸を経て対馬に連なり、東は東海道、中山道から南関東に分布する。これらの二型の中間には移行型とみるべき地方型はあるが、基本的な型はこの二型であり、小浜はこれをもって現代日本人の人種性を代表させている。そして、日本列島周辺の諸民族との体質の関連を、全身一八計測項目について、ポニアトフスキー S. Poniatowski の平均関係偏差比法を用いて比較すると、東北・裏日本型はアイヌ系、畿内型は朝鮮型であろうという結果が得られる。ただしこのほかになお中国南部系、南方系の要素の存在を小浜は予想している。アイヌ系の比較的長頭短身、朝鮮系の比較的短頭長身に対して、南九州・琉球列島の短頭短身のグループは、おそらく小浜の予想した第三の要素にあたるものであろう。またレービン M.G. Levin は、四国ことに香川県人にインドネシア型体質が最も著しいとしている。

形質からみた日本人起源説　以上は新石器時代以後現代にいたる各時代の日本列島住民の体質の一般的な型であるが、これを材料とする日本人の生成論、すなわち起源論は、多くの意見が必ずしも一致するとはいいがたい。その起源説の沿革を簡約して述べると次のようになる。

〔日本人後来説〕　骨格の計測値の比較によると、日本列島の原住者である縄文時代人は現在のアイヌの祖先であり、このアイヌは周辺のいずれの人種にもつながらない「人種の孤島」である。現代日本人の祖先はその後の渡来者であり、モンゴル人である。また南方人種も加わっているとする説である──小金井良精《よしきよ》（一八五九〜一九四四）、（一九〇三〜三七提唱）。また同様の考えを一九三〇年に考古学者鳥居竜蔵（一八七〇〜一九五三）も発表し、これはシーボルト F. von Siebold の提唱したアイヌ説の系統をひくものである。

〔日本石器時代人説〕　縄文時代人はその骨格の比較によると、アイヌよりもむしろ現代日本人により近親であるが、アイヌと日本人はともに縄文時代人の子孫である。ゆえに縄文時代人はむしろこれを「日本石器時代人」と称したほうがよい。同じくその子孫でありながら、これが現代のアイヌと日本人とに分れたのは、その後の混血要素の差によるものであり、現代日本人の成立には朝鮮半島からの渡来者との混血が一役を果しているであろうというものである―清野謙次〔一八八五〜一九五五〕、〔一九四九〕。

〔日本人一系説（連続説）〕　生体の頭形と身長による比較の結果提唱されたもので、現代日本人の祖先を中国南部に求め洪積世後期に大陸との陸橋を経て、日本列島に渡来したものであり、それ以後の異種の混血の影響はほとんどなく、一系を保ち縄文時代人を経て現代の日本人に連続していると思われるというものである―長谷部言人《はせべことんど》〔一八八二〜一九六九〕、〔一九四九〜五一〕。

〔日本人二系説〕　生体における頭形示数の分布により、現代日本人に短頭型、中頭型の二地方型を認め、前者を朝鮮系であるとし、すなわち日本人は二つの集団の混血からなるとするものである―上田常吉〔一八八八〜一九七一〕、〔一九五五〕。また小浜の二系を主とする起源説については先に述べたが、小浜はその一つをアイヌ、いま一つを朝鮮人と判定した。ただし第三要素として中国南部、また南方系要素の可能性をも予想した〔一九六六〕。

〔日本人三系説〕　生体における頭形と身長との比較により、現代日本人の大部分は周辺諸民族の間では、南中国人に最も近似し、少数の部分は朝鮮人に、また少数はアイヌに類似している。日本人の起源を論ずるにあたっては、この事実を無視することはできないとするものである―今村豊、岩本光雄〔一九三〇〜　〕、〔一九五八〕。

〔その他の三系説〕　資料は小浜の生体計測値を利用した。結論は現代日本人は現代住民アイヌおよび、インドネシア系人種の影響を受けた極東系体質者から成り立っている。後者は弥生文化の将来者であったというものである―レービン〔一九六一〕。

〔弥生文化人祖先説〕　アイヌが日本人の祖先であったことは認めない。日本人祖先は弥生文化人であり、地方的には縄文人の影響をも受けているとするものである――ハウエルズ W. W. Howells〔一九六六〕。

〔先シナ人 Pre-Chinese 主体論〕　骨格および生体の計測値、血液型の特徴からみて、日本人は中国南部の「先《プレ》シナ人」と、それよりはるかに少数の朝鮮人との混血種であろう。ただし渡来以後の進化の可能性も考えるべきである。縄文時代の寄与の程度についてはなお問題が残されているというものである――ハルス F. S. Hulse〔一九六八〕。

〔アイヌの混血説〕　生体計測値では日本人は東アジア人、特に東南アジア人と非常によく似ているが、ひげが濃く、鼻梁が高く、頬骨の突出が弱い点で、アイヌの混血がその生成に重要な役割を果しているとする――デベッツ G. F. Debetz〔一九六八〕。

〔最近の学説〕　以上を通じて、これまでの日本人の起源説に関する形質人類学者の論説は、これを大きく分けると、長谷部の単源説以外は、その参加要素の数に多寡はあるが、いずれも混血説であった。その混血要素としては、日本新石器時代人、東アジアのモンゴロイド（あるいはプレモンゴロイド）にその基幹を求めるものが多く、そのほかにはアイヌまたは南方系要素の混入の可能性を考えるものもあった。こうした経過を経た現代の学界における日本人の人種起源説にも、やはり単元、多元の両説が存在している。

　その一つは、長谷部の一系説の伝統を受け継ぐ鈴木説〔一九六九〕である。鈴木は東京湾周辺の南関東出土の先史および有史時代以後の人骨、および現代日本人骨格の計測値を比較し、縄文・弥生・古墳時代人、また鎌倉・江戸時代人、明治時代および現代の日本人を通じて、その間にみられる形質の変化はすべて生活環境の変化によって自然に起ったとしている。また縄文時代人はアイヌとは関係なく、その祖先は牛川、三ケ日、浜北出土の人骨によって代表される後期洪積世人であり、その祖先はアジア大陸から陸橋を経て日本西部に到着したものであろうという。すなわち環境の変化による形質の突然変異mutationの可能性を根拠とするものであり、その可能性は混血説者が認めざるをえない大集団の渡来の可能性よりは大きいということになる。鈴木によれば、日本人生成過程中の突然変異の特に著しかったのは、縄文時代から弥生時代にわたる時期と、江戸時代から明治時代に移る時期との二回ある。前者は狩猟採集生活社会から農耕生活社会への過渡期であり、後者は近代的文明生活への突入期であった。以上が鈴木の日本人一系説の概要であるが、彼は混血をまったく否定してはいない。ただ日本人の生成に影響するほどの混血はなかったというものである。以上の点では長谷部説と大差はない。結果として鈴木説が長谷部説と異なるところは、南関東人のみの材料による結論を日本人全体にあてはめたところにある。

この鈴木説に対し、山口県、北九州地方出土の弥生時代人の骨格の計測に基づいて、同地方における混血の可能性を説いた金関丈夫（一八九七〜　）の報告がある。山口県土井ケ浜（前期末）、佐賀県三津（一部前期、主として中期）の弥生時代人骨が推定身長、顔高、眼窩高、鼻高などの垂直計測値において、西部日本の後・晩期縄文時代人骨のそれに比べて大きく、おそらくこれが朝鮮より渡来の弥生文化輸入者の遺骨であろうと考えた。弥生前期・中期人の同様の形質は、山口県吉母《よしも》、福岡県立岩発掘の人骨にもみられ、また島根県古浦の前期弥生時代人骨にもみられているから、必ずしも分布は狭くはない。ところが九州では西北部（福岡県）の一部、西部（長崎県）、南部（鹿児島県）で発見された弥生時代人人骨には、これに近い測定値はみられない。短身短顔でむしろ縄文時代人に近い。土井ケ浜、三津の弥生時代人が朝鮮系の新渡来人だとすると、彼らは南九州はもとより、その周辺の小範囲の地方にも達しなかったとみるよりほかはない。彼らの輸入した新しい文化は輸入者を離れて、先住の縄文時代人の間に伝播しているのである。この事実は、土井ケ浜、三津発見の、長身高顔の弥生時代人が、縄文時代人とは異なる新来の人種的な異分子であったことを示している。同時代の弥生文化人に形質的には二つの種類があったことになるからである。結局、金関は、日本人生成の基幹分子は縄文時代人であろう、西部日本の一部には弥生文化の伝播者としての、朝鮮半島からの新要素が加わったであろう、また弥生時代後期から古墳時代以後にわたっては、長身短頭の朝鮮半島人は、北九州とその周辺を素通りして、主として畿内地方に渡来したであろう、さらに現代日本人中の朝鮮型の畿内人の祖先はこれであったであろう、としている〔一九五九〕。

〔血液型にみる日本人説〕　以上は骨格および生体の計測値による日本人起源説の大要である。しかし、こうした形質以外の人種性の比較による周辺民族との間の近親関係を考証した成果もある。古畑種基〔一八九一〜　〕によれば、ABO式血液型の頻度（パーセント）では、西南と東北の地方差はあるが、特に西南部日本人はA型の頻度の高い点で南部朝鮮人に最も近く、日本人全体としてのABOの三型の頻度の組み合わせでは、周辺民族中では、中国湖南人の頻度、すなわち「湖南型」に類似している〔一九六二)。頭形、身長の計測値による形質の比較の頻度と一致している点で、はなはだ興味ある結果といわなければならない。

日本人の人種系統　以上のように、日本人の生成に関する人種学上の考察の結果は、かなり多岐に分れているが、日本人構成の要素としてあげられたグループとしては、㈠日本縄文時代人、㈡南中国人、㈢朝鮮人、㈣アイヌ、㈤南方人が数えられる。縄文時代と弥生時代との間には文化のうえでは著しい変動はあるが、後者に伴って新しい人種の移入があったとしても、先住の縄文文化人が完全に駆逐されたり絶滅したのでないかぎりは、これが現在日本人生成の基本的要素であったことは否定できないであろう。これとアイヌとの関連については説が分れているが、少くとも日本人の一部にアイヌ的人種要素の認められることも否定できない。ハルスのように「先《プレ》シナ人」と呼ぶ場合の南中国人は、南方型体質の一部のにない手としてみることもできようが、これとは別に、今日のいわゆる南方民族の血液が、日本人の生成にあずかっていることも十分考えられる。しかし、南中国人については簡単に解明することはできない。長谷部、鈴木のように、後期洪積世以前の渡来者として、これを日本新石器時代人（縄文時代人）に連結させる場合には簡単になり、理解しやすくなるが、これを疑う場合には、一つには日本人生成の基本的要素とみられる縄文時代人の発生の、また一つには現代日本人の体質に近親性の強い現在の南中国型の体質が、いかにして日本人に賦与されたかの問題をきわめる必要に迫られる。そしてその解決は必ずしも容易ではない。やすきにつくならば、むしろ長谷部・鈴木説をとるにしくはない。こうしてみると、一系説と多系説との問題は、その混血を重くみるか軽くみるかの問題となる。これを解く一法としては、計測的データ以外の現代日本人の非計測的形質の多様性に、さらに深く注意する必要があるであろう。

日本人の体質

現在の日本人が、皮膚の色、頭髪の色とその形、虹彩の色、眼・鼻・口唇・頬骨の形、身長、四肢と胴体との長さの比、小児期における顕著な蒙古斑（青あざ）の存在、著しく多毛でないこと、などの点で、広義のモンゴロイド型に属する体質をもっていることは、疑いのない事実である。こうした体質の存在は、文献やさまざまの造形遺物を通して、古墳期まではさかのぼって証明することができるようである。『魏志倭人伝』に、倭人の体質について特にしるすところのないのも、記載者の所属する形質と、倭人のそれとの間に、大まかな点では、格別の差のなかったことを示す消極的の証拠と見ることができる。

弥生式時代以前の遺物にも、人体を表現する造形物はあるが、人種性を指示する材料にはならない。まれに土器の表面の指紋などを見るが、一般示標とはならない。弥生期以前の積極的材料としては、遺跡出土の人骨がある。資料的価値の点で疑いのない人骨としては、神奈川県平坂貝塚の早期縄文遺跡出土のものが最も古い。プレ縄文期の人骨はまだ見出されていない。

縄文期人骨は、前期以後にも各期にわたって非常に多数、発掘調査されている（小金井良精、長谷部言人、清野謙次、鈴木尚)。弥生期の人骨も、最近に至って北九州と山口県から収集され、研究されつつある。古墳期人骨も清野教室において研究された。

縄文期の人骨は、頭長、頭幅とも比較的大きく、頭長幅示数は中頭型である。顔面や眼窩は低く、一見アイヌ様の風貌をしているので、小金井はこれをアイヌそのものと考えたが、のちの学者によって否定された。ただしアイノイド(アイヌ様)の特徴をもつものだということは許されるであろう。推定身長は小さく、男性平均で一六〇センチたらずである。弥生期人骨は、頭長、頭幅、したがって頭長幅示数の点では、縄文期人骨と大差ないが、頭高、顔高、眼窩高など、いずれも大きく、アイノイドの外見はほとんどなくなる。骨壁も薄くなる。推定身長は縄文人に比して、男女ともに平均二センチ大きくなる。古墳期の人骨は弥生期のものとよく似ているが、頭長、頭幅ともに、やや小さくなり、この点ではむしろ現代日本人のほうに、より強く似ている。

清野の縄文期および古墳期人骨の計測材料に基づいて、今村豊、池田次郎が、アイヌ、現代日本人、朝鮮人、華北人の成績と比較したものに、弥生期人骨の成績を加味して、頭蓋のより多数の計測項目による総合的の類似関係を、各群の間に求めると、畿内人、中国(岡山地方)人、九州(長崎地方)人、朝鮮(京城地方)人、華北(北京)人の現代人は、相互間の類似が強くて、一つのグループをつくっている。北陸(金沢地方)人だけは、このグループからやや離れて、むしろ古墳人、および一方においてアイヌに接近している。

以上の現代日本人のグループに対して、吉胡(愛知)、津雲(岡山)、太田(広島)各貝塚出土の縄文期人骨は、石器時代人としての、別のグループをつくっている。古墳時代人とアイヌとは、あたかも以上の両群の中間の位置を占めているが、いずれかといえば、現代人群のほうに近い。弥生人は古墳人に最も近く、これについで現代日本人に近い。ただし頭蓋のみによるこの比較では、弥生人は現代朝鮮人や華北人に対するよりは、むしろ縄文人のほうに類似が強い。弥生人→古墳人→現代日本人の連続については疑う余地はないが、縄文人→弥生人の連続は、身長の変化などをあわせて考えると、単純に断定しえないものがある。弥生期人骨を、もっと広い地域にわたって収集研究したうえでないと、はっきりしたことはいえない。ただし縄文人が日本人の祖先の、少なくとも最も重要な一員であったことは確かであって、問題は縄文人→弥生人→古墳人であったか、縄文人・弥生人→古墳人であったか、そのいずれがより蓋然的であるかにある。

縄文人の出自については、文化的にみて、江坂輝弥はプレ縄文期人の子孫とみている。長谷部言人は、現代日本人と現代華中人との類似から推して、洪積期における、中シナ地方の住民の陸橋による渡来者が、その祖先であろうといっている。

現代日本人の形質については、最近数年間にわたって、全国的な総合調査が行なわれたが、今のところ、男性における頭長幅示数についての結果ができているにすぎない。上田常吉の要約によれば、現代日本人は、頭形の点で中頭型（示数八一未満）と短頭型（示数八一以上）の二型に分けることができる。短頭型の中心地区は近畿地方で、これにつづいては西山陽道から東は南関東の一部にわたる。東海道から関東北部、また愛媛、大分、山口、佐賀などはこれよりやや中頭に傾き、いわば中間地区である。これら短頭地区をはずれて、鹿児島はいま一つの短頭区をなしているが、これは琉球の短頭につづく、第二の、別地区かと考えられる。これに対して、山陰、東北、埼玉、四国の東半、北部および中部九州は中頭地区であり、最もその傾向のはなはだしいのは、隠岐、五島、天草である。これらの短頭・中頭両地区の平均示数の差は一〇以上である。もしこの現象に対して、二つの異なる人種要素を考えるならば、日本の縁辺地区を占める中頭系が原住者であり、短頭系が後来者であろう。その短頭系は、朝鮮から渡来し、瀬戸内海を経て、山陽、近畿に及んだものであろう。その時期は先史時代と見るべく、その民族は農耕者で、銅鐸の使用者であったかの疑いがある(上田)。

小浜基次は、中頭区の住民の頭形には、アイヌの中頭の影響があると想像している。

日本人の身長にも地方差がある。しかしその分布は、必ずしも上田の中頭区・短頭区と並行しない。近畿、山陽の長身は、その短頭と相まって朝鮮系の疑いが濃く、鹿児島・琉球の短身・短頭は、一つの別地区、おそらくは別系である。中頭区では、九州、山陰、岩手は長身であるが、四国東半、北陸、関東北部から、東北の大部分は短身である。九州では北の中頭長身地区と、南の短頭短身地区とがあざやかに対立している。体毛の比較的多い点では、薩南から南島にかけての、短頭短身地区が一中心、東北の中頭短身地区が第二の中心地区をなしている。

指紋は、渦状紋は南に多く、北上するにつれて少なくなる。近畿以西の渦状紋の出現率は南部朝鮮人のそれに酷似している。血液型では、北部にA型が少なく、南下するにつれて多くなる。古畑種基は、日本人の血液型は、全体として一つのタイプを有し、いわゆる〈湖南型〉であり、中国湖南省人、ハンガリーのマジャール族、フィンランド人に最もよく類似するといっている。大野晋は、渦状紋、A型血液型の出現率が南日本より北日本にゆくにつれて漸減するのは、かつて本州中部地方に、一つの民族的境界線があったなごりであろうと想像した。

中世以後の日本人の体質変化については、鈴木尚の研究がある。頭型は時代を追って、長頭から短頭に移ったという。

海外における日本人二世以下の体質の、風土環境による変化については、シャピロらの研究がある。シャピロによれば、ハワイ在住二世は、その本国の同郷人に比して、おおむね四肢の長さの、したがって身長の発育が良好である。第二次世界大戦後における日本内地の青少年の発育にも同じことがみられる。

縄文時代の日本人は、圧倒的に多く発見されている後晩期の人骨についていえば、いったいに身長は低く(男性平均約一五九センチ)、頭は大きく、ことに前後に長く、その幅の長さに対する百分比(長幅示数)は概して小さい(七七〜七九の程度、中頭型)。頭の高さは低く、顔も低い。骨はいったいに頑強で、頭骨の壁は厚く、全身にわたって筋肉の付着部の発育が強い。

地方によって幾分の差があり、愛知県の吉胡《よしご》貝塚人は、関東地方の貝塚人に似ているが、岡山県の津《つ》雲《く》《も》や、広島県の太田の貝塚人とは、やや異なっている。津雲人は、熊本県の御領貝塚人とはよく似ているが、隣県の太田人との間には差があり、太田人はこれらのどれに比べても身長がかなり高い。

また、縄文早期に属する神奈川県平坂貝塚人は、一例ではあるが、身長が高く、同じく早期の滋賀県石山貝塚人は、頭が円い。これらは時代差であるかもしれないが、同じ晩期人の間でも、鹿児島県種子島長崎鼻貝塚人は、頭が円くて、この点では、同期の縄文人よりは、同地方の弥生人の方によく似ている。

吉胡、津雲、太田、種子島の遺跡に近い現代住民を比較すると、縄文人に見られるような相互間の差は、ある程度現代人の間にも見られ、永い時代を通じて、各地方に同じ傾向が永く遺っていることを示している。このことは、縄文後晩期以降、日本の土着民の間にあまり移動のなかったことを示すものかも知れない。

しかし、こうした地方差は、縄文人の多源性を暗示する種のものではない。ただ、そのうち、少くとも薩南には、短頭低身の一つの特殊の要素があり、その体質が現代まで伝わっている、という想像は成り立つ。但し、この体質が直ちに南方につながるということは、いまのところ、南方の先史人の比較材料がないのではっきりということはできない。

身長が小さく、頭や顔が低くて、長頭に傾くというような点で、一般縄文人に似ているのは、現代のアイヌであるが、縄文人がアイヌの祖先であったとは、一概にはいえない。現代の日本人のうちで、縄文人の形質を比較的よく保存しているのは、北陸地方人である。大阪大学の小浜はこれはアイヌの影響であろうと考えている。

縄文人の来源については、何もわかっていない。それに先行したプレ縄文人とのつながりも、後者にまだ人骨が出ていないので、何ともいえない。今のところ、縄文人、少くとも関東地方の縄文人は、約九〇〇〇年前の昔から、日本に住みついて、今日の日本人の、主要な祖型をなした、ということしかいえない。

弥生時代に入ると、北九州やその周辺では、急に身長が大きく（男性平均約一六三センチ）、頭長はやや短くなる。また顔面の高さが大きくなる。その身長は南朝鮮の現代人に非常によく似ている。弥生文化とともに、恐らく一定量の人種要素の移入があったと思われる。その新しい要素の伝播は、東は少くとも近畿地方にまで及び、近畿を中心とする。現代日本人のうち最も身長の大きい地域に、その影響をのこしたか、と考えられる。

しかし、北九州地方では、早くもその影響は影を消して、身長については、現今は再び縄文時代にもどっている。その渡来の継続期間の長短によるもので、近畿地方では、比較的後まで、この渡来が持続したものであろう。

また、こうした人種的要素の影響は、南九州までは達しなかった。種子島の中期弥生人も、鹿児島県成川《なりかわ》の最後期の弥生人も、身長は縄文人と変っていないし、それは現代にまで及んでいる。

古墳時代人は、身長についてははっきりしないが、一般の弥生人よりはやや小さかったかと思われる。著しいのは顔面が弥生人に比して低くなり、縄文人の方に近づいてくる。それは造形美術の資料によると、奈良朝を経て、平安朝までも継続している。

いま一つ重要なことは、縄文人のような鈍重頑強な体質が、弥生時代に入ると急に変化して、その後しだいにきゃしゃになってきたことである。骨の厚さは減じ、筋肉付着部の発育は弱くなっている。この現象は、世界一般に見る時代差ではあるが、縄文・弥生間の変化は特に著しい、そして南九州にも一様にこの変化が起る。このことは、稲作文化のために食料が保証され、ことに冬期における饑餓状態を、食料の貯蔵によって免れ得るようになったことが、原因であろうと思われる。環境が改善されると、家畜の飼育に見られるような、一種の、いわゆるドメスティケーションの現象が起り、遺伝性が全幅的に発揚されて、種々の体質のバリエーションが起る。その結果として生じた新しい体質は、恐らく前時代の生活には堪え得られなかったものもあったであろう。また、新しい生産形態は、急に労力の増加を必要とすることになって、こうした新しい体質者は必要とされた。環境による時代差というものは、こうした生産状態の変化から、必然的に起る。縄文期と弥生期との間の、体質の急な変化は、両期の間の、生産形態の急な変化に応じたものとも考えられる。

弥生期において、新しい人種が、ことごとく在来の縄文人を駆逐して、日本列島に占居した、というようなことは、起り得なかったであろうし、またそれを考える必要もない。われわれの最も主要な祖先が、縄文人であったことは、疑い得ないことである。ただし、それだからといって、異種の渡来の考えを抹殺する必要はない。

形質人類学から見た日本人の起源の問題

日本人の人種学的起源論は、いま一つの大きい転機にあるのではないかと思う。これまでのように、縄文時代人が日本最古の人類だと思われていた時代は既に過ぎ、それ以前に上部洪積世以来、土器も磨製石器も知らなかった、従って、土器や磨製石器の製作者である縄文時代人とは、別種であったかも知れない人類の、日本にいたことが、久しく知られている。

しかし、この先縄文文化の継続期間は長く、その間に生まれた石器文化の各様式間には連続性が認められ、その分布は広く、またその文化の末期に、著しい自然界の変動があったとも思われないから、これを一時的に或る局地に現われて消滅した文化だと考えることはむずかしい。現に日本の考古学者の多くは、この石器文化と縄文文化との間のつながりを認めているから、これらの先縄文人が、縄文時代人の祖先であったという可能性は大きい。

これまでに日本で発見された洪積世人類といわれるものが、いずれも文化的遺物を伴っていないので、先縄文文化の担い手としての性質を、直接これに語らせることができない。しかし、たとえば、中部洪積世上部の人骨といわれる豊橋市発見の牛川人骨が、その時代の住民であったからには、これに伴う特殊の別の文化が発見されていない現在では、これも一つの、いずれかの様式の、いわゆる先縄文文化の担い手であったかもしれぬと、先ず考える方が自然である。直ちにきり離して考えることは、却って何らかの独断の上に立つものといわなければならない。

そして、報告者のいうように、これがネアンデルタール人に近く、或いはそれと同一段階の旧式人類だったとするならば、そしてまた、さきにいうように、先縄文時代から縄文時代への文化の連続を認めるときには、一般に信ぜられているような、ヨーロッパにおけるネアンデルタール式旧人の絶滅説は、日本では通用しないことになる。

静岡県三ヶ日発見の上部洪積世人骨は、これも文化遺物を伴出しなかったが、その骨加工のあとを示す所見から、鋭利な刃を有する削片石器の使用が推定され、その文化は、いま知られている先縄文文化のいずれかの段階のものであろうと考えられている。形質上からは、三ヶ日人骨はサピエンス型であり、縄文時代人に密接な類似を示すという。すなわち、文化の連続以外に、形質的特徴の連続が、先縄文人と縄文人との間に認められている。

縄文時代以後についていえば、これに他の人種要素が混入して、現代日本人を生んだかどうかの問題は、要するにその新来種の量の多寡の問題になる。

縄文時代人がアイヌの祖であり、後来の弥生文化人はこれを北地に駆逐して今日の日本人の祖となった、という旧説を、今日そのまま信ずるものはない。しかし小浜基次によって、東北・裏日本地方の現代日本人と、北海道のアイヌ・和人間の混血群との間に、形質の強い類似が証せられており、離島の諸所には、今なおアイヌ系と認められる住民がいるといわれる。一方、近畿を中心とする前記以外の地方の住民は、朝鮮系と認めてよいということから、小浜は先住のアイヌ系住民の上に、後来の朝鮮系住民の加わったものが、いまの日本民族だと考えている。小浜の説は考古学的時代区分に関する考察にはわたっていないから、先住のアイヌ系と縄文文化、後来の朝鮮系要素と弥生文化のつながりを明示しているわけではない。これと、「駆逐」の考えを要しなかった点とを除けば、これは小金井・鳥居説の復活である。これは先住種と新来種とを認める説のうちで、後者の量を最も多く見る一極端である。

鈴木尚は、原始性に属する数種の形質の自然的変化の可能性に基づいて、縄文時代以降の日本人に、少くともその形質を左右するほどの量においては、外来種の新渡はなかったという。この説は小浜説に対する他の一極端である。

鈴木説はもちろんのことだが、小浜説すなわち修正された小金井・鳥居説にしても、日本人の形成に縄文時代人があずかっているとの予想があり、その後来者の加入の分量は不明であるにしても、今日の日本人が、非常な濃度において、縄文人の血を受けていることは恐らくまちがいない。

そこで、縄文文化が先縄文文化の継続であり、分化であった、すなわち、先縄文時代人が縄文時代人の祖先だったとするさきの推定からすると、日本民族の人種的根幹には、縄文時代人をさかのぼれば、三ケ日人のような化石サピエンス型、さらにその以前には、牛川人のようなネアンデルタール型の人類があった、ということになる。少くともその可能性の存在は、十分考えなければならない。

可能性からいえば、さらにいま一つの新しい問題がある。ここ数年以来のことであるが、主として九州、山口地方の各地における前期旧石器文化の発見である。まだ多くの人々の承認するところとなっていないが、物や事態を究めようとしない人々の反対は意味をなさない。事実の方は進行していて、専門家によって第二間氷期に比定されている下部洪積層の中から、形態的には疑う余地のない前期旧石器が、少からず発見されており、その分布もそうとう広い。しかも、興味あることには、その製作技法の或る特徴は、同じ地方の上部洪積世の旧石器にうけつがれていることが判明している。これから見ると、日本における前期旧石器文化と後期旧石器文化、すなわち、いわゆる先縄文文化の古層との間の連続の可能性は強いのである。

第二間氷期の人骨の発見はまだないが、明石人類を問題にしたときの長谷部言人に、日本人は日本で発生したとの意味の発言があった。それと同様のことだが、たとえ人骨は出なくとも、さらに明白な文化的資料に基づいて、少くとも可能的の意味で、認められる時期が近いうちに来ると思われる。ジャワの古生人類からワージャック人を経て現在のアウストラロイドが、中国の北京人から上洞人を経て今日の中国人が、アフリカのアウストラロピテキーネから今日のユーロ・アフリカ人が発生したという仮説は、いまなお或る程度の有力さを保持している。近い将来に起り得べき日本人は日本で発生したとの仮説は、これらの諸説に比べると、その連続性の緊密さの点で、より一層大きい可能性を保有することが予想される。

日本人は日本で発生した、後の外来種の混入はあったとしても、その根幹がそうであったということになると、現在の日本人が、たとえば今村豊等のいうように、中南部シナ人に最もよく類似しているというような事実は、いわゆる収斂現象 Konvergierung による、偶然の結果だということになる。アイヌとヨーロッパ人やオーストラリア人との類似も、同様の現象だということになるであろう。ひいては現代人相互間の類似を基礎とする、日本人の人種系統の比定の方法は、無意味だということにもなりかねない。

しかしながら、現代日本人と現代中南部シナ人との間に、強い類似があり、それを個々別に発生した結果の偶然の一致にすぎないとして念頭から拭い去る前に、いま少し考えて見ることがありそうな気もするのは、既に或る程度判明している九州地方の前期旧石器文化と、周口店文化との間の関連である。日本の前期旧石器文化が周口店文化の圏内にあり、その担い手は同一人類であったということになれば、大陸と海島に分れて別個の発展はしても、現代の到達点で似た結果を生じたということは、必ずしも偶然とのみ見ることはできない。祖型を同じくしたというところから来た、当然の結果であったと見るべきかも知れない。

周口店文化と日本の前期旧石器文化との比較、北京人類と将来の発見に期待される日本前期旧石器時代人との比較、これが日本人の起源問題の根本的課題となる日が、やがて来るにちがいない。前者はもう既に始まっている。

弥生人種の問題

弥生時代人骨のまとまった材料としては、いま私の手許に、佐賀県神埼郡東脊振村三津永田発掘の、男女合計三九体と、山口県豊浦郡神玉村土井ヶ浜発掘の、男女合計約九〇体とがある。いずれも昨今の発掘によるもので、まだ精査されてはいないが、三津の人骨のうち、その頭蓋については、私の教室の牛島陽一が、整理して計測した結果が出ているから、この材料を主として、これによって判る範囲内で、弥生時代人の人種性を考えてみたいと思う。

その前に、これらの遺跡についてあらまし述べておく。三津永田の遺跡は、長崎本線の鳥栖と佐賀との中間にある神埼駅の北方約四キロのところにある。北の玄海側の斜面と、南の有明海側の斜面との分水嶺をなす脊振山塊から南方に派生された、風化花崗岩性の低い舌状丘陵の末端を、県道が切断している。その場所で、丘の東南面から稜線部にわたって、おびただしい甕棺が発見された。その型式は、須玖式土器の合口甕が多いが、中には石蓋甕棺もあり、また少数の遠賀川式土器甕棺をもふくんでいる。一口にいえば、弥生文化前期から後期のはじめの頃にかけ、永年の間にわたって営まれた埋葬地であった。だから、本遺跡出土の人骨をもって、少くともこの地方の、弥生時代人骨の一般を代表させることができる。一両度の調査によって得られた少数のもの以外は、甕と人骨との間の個々の関係が判明していないから、弥生時代内での時期別の比較はできかねる。人骨の採集は一九五三年七月以来、約一年にわたって行われた。

本遺跡の遺物については七田[1]、坪井、金関[2]などの報告がある。七田は本遺跡の石蓋甕棺内より発見された。一面の銘文ある内行花文明光鏡について、また坪井、金関は同じく合口甕棺発見の、有銘流雲文帯五獣環と、鉄製素環頭太刀について報告している。未報告ではあるが、同遺跡からはさらに一面の石蓋甕棺より発見の双禽鏡が出土している。

次に、土井ヶ浜遺跡は、山陰本線下関と萩との中間の二見駅から海岸に出て、矢玉港をへて特牛《こっとい》港に向って北上する中途に、神玉村浜屋の集落があり、その集落に接して死砂丘地帯があって、大部分は村有の荒蕪地になっているのがそれである。一九三一年に故三宅宗悦が、翌三二年駒井和愛が調査している。三宅は本遺跡出土人骨の二例を得て、これを計測発表し[3]、駒井はこれより弥生式土器片を得たとある[4]。その後ながく忘れられていたが、昨年から本年にかけ、われわれの手で再度調査され、多数の人骨が得られたのである。人骨は箱式石棺中に、あるいは石棺を伴わないで、多くは仰臥屈葬の姿勢で埋葬されていた。頭位はほぼ東向であった。伴出土器は、坪井清足によると、遠賀川式土器の末期のものであり、同時に貝製腕環、同指環、同小珠、碧玉製管玉、石鏃、牙鏃などが発見された。その概要は本(一九五四)年十月の日本考古学協会総会の席上で発表された[5]。すなわち、本遺跡発掘の人骨は、弥生時代の人骨中でも比較的古い時代に属するものと推定される。

以上の両地より得られた材料の他に、参考として長崎県平戸島獅子村根獅子《ねじこ》発掘の石棺人骨男女三体(須玖式土器伴出、一九五〇年調査、詳細は樋口隆康、釣田正哉および金関の報告(6)を参照せられたい)、佐賀県三養基郡上峯村上地《あげち》発掘の甕棺人骨男女四体(須玖式、一九五二年、松尾禎作発掘)、福岡県浮羽郡山春村大野原発掘の甕棺人骨男一(須玖式土器、一九五〇年、田中幸夫発掘)、同郡船越村秋成発掘の甕棺人骨男一(一九三八年、平光吾一採取、甕棺形式不明)、福岡県筑紫郡春日村小倉発掘の甕棺人骨男一(須玖式土器、一九五二年、鈴木基親発見)、同郡大野町中御陵箱式石棺人骨女一(須玖式土器、一九五二年、亀井勝発見)の諸成績を利用する。これらの材料はだいたいにおいて弥生文化中期の人骨と認められる。

さて、まず以上の材料を弥生時代人骨として一括し、その頭長、頭幅および頭長幅示数を求めると、第1〜3表のような成績が出る(直接計測数値の単位はミリメートル、また以下いずれも成人人骨のみを取りあつかう)。これによると、男女共に頭長頭幅は比較的大きく、長幅示数はいずれも中等頭型(メゾクラン)であるが、女の方は短頭型(ブラヒクラン)に近い。これを日本石器時代人(縄文時代人)や日本古墳時代人、古代および現代の東亜諸人種の成績と比較すると、第4表のような成績が得られる(便宜上、比較は男性頭蓋の成績のみにとどめる)。

この表によると、弥生時代人の頭長は、津雲貝塚人とアイヌとを除くすべての比較群より大きい。ただ吉胡および太田貝塚人との間には大差はない。頭幅も日本石器時代人、雄基第三、四号人骨および蒙古人以外の、すべての比較群より大きい。しかし、ここでも日本石器時代人との間の差は小さい。長幅示数で弥生時代人より著しく大きいのは、畿内日本人、朝鮮人、蒙古人、雄基第三、四号人骨など、そ

弥生人骨	♂				♀			
	例数	平均値	最大値	最小値	例数	平均値	最大値	最小値
三津	15	184.73	199	178	5	175.80	183	175
土井ヶ浜	16	183.25	195	173	6	174.50	180	168
上地	3	182.70	184	181	1	173		
根獅子	1	187			2	175.50	176	175
大野原	1	187						
秋成	1	180						
春日					1	177		
大野	1	184						
合計	38	183.92	199	173	15	175.13	183	168

第1表　脳頭蓋最大長

弥生人骨	♂				♀			
	例数	平均値	最大値	最小値	例数	平均値	最大値	最小値
三津	10	145.60	154	138	6	142.33	148	135
土井ヶ浜	15	142.20	148	136	6	138.67	147	135
上地	1	141			1	140		
根獅子	1	142			2	141.00		
大野原	1	148						
秋成	1	148						
春日					1	137		
大野	1	139						
合計	30	143.57	154	136	16	140.31	148	135

第2表　脳頭蓋最大幅

弥生人骨	♂				♀			
	例数	平均値	最大値	最小値	例数	平均値	最大値	最小値
三津	10	78.45	82.2	73.4	4	80.70	84.9	78.0
土井ヶ浜	15	77.45	82.1	72.3	6	79.62	82.1	76.3
上地	1	77.05			1	80.92		
根獅子	1	75.94			2	80.35	83.0	77.7
大野原	1	79.14						
秋成	1	82.22						
春日					1	77.40		
大野	1	75.54						
合計	30	77.84	82.2	72.3	14	79.25	84.9	76.3

第3表　脳頭蓋長幅示数

	最大長			最大幅			長幅示数		
	例数	平均値	弥生時代人との差	例数	平均値	弥生時代人との差	例数	平均値	弥生時代人との差
弥生時代人	38	183.9		30	143.6		30	77.8	
津雲貝塚人 (7)	16	186.4	−2.5	18	144.4	−0.8	16	77.7	0.1
吉胡貝塚人 (8)	42	183.3	0.6	43	145.0	−1.4	38	79.2	−1.4
太田貝塚人 (9)	9	183.7	0.2	9	144.3	−0.7	6	79.3	−1.5
日本古墳時代人 (10)	24	181.7	2.2	24	140.8	2.8	21	78.1	−0.3
現代日本人，九州 (11)	175	182.6	1.3	175	139.9	3.7	175	76.9	0.9
〃 西南 (12)	108	181.4	2.5	108	139.3	4.3	108	76.6	1.2
〃 中国 (13)	45	179.9	4.0	45	140.7	2.9	45	78.4	−0.6
〃 畿内 (14)	30	178.3	5.6	30	141.2	2.4	30	79.9	−2.1
〃 北陸 (15)	188	180.9	3.0	189	140.0	3.6	188	77.5	0.3
〃 関東 (16)	143	178.9	5.0	143	140.3	3.3	143	78.5	−0.7
〃 沖縄 (17)	44	179.1	4.8	44	140.3	3.3	42	78.2	−0.4
北海道アイヌ (18)	87	185.9	−2.0	87	141.3	2.3	87	76.0	1.8
樺太アイヌ (19)	21	185.8	−1.9	21	139.7	3.9	21	75.1	2.7
朝鮮人 (20)	178	175.0	8.9	178	142.4	1.2	178	81.5	−3.7
朝鮮石器時代人，雄基 (21)	4	(172, 176, 183, 175)	(11.9, 7.9, 0.9, 8.9)	4	(147, 153, 138, 135)	(-3.4, -9.4, 5.6, 8.6)	4	(85.5, 86.9, 75.4, 77.2)	(-7.7, -9.1, 2.4, 0.6)
華北人，撫順 (22)	76	180.8	3.1	75	139.7	3.9	75	77.3	0.5
〃 北京 (23)	86	178.5	5.4	86	138.5	5.1	86	77.6	0.2
華中人，南京 (24)	117	180.7	3.2	117	140.7	2.9	116	77.9	−0.1
華南人，福建 (25)	36	179.9	4.0	36	140.9	2.7	36	78.8	−1.0
〃 海南島 (26)	163	176.6	7.3	169	140.2	3.4	166	79.7	−1.9
満洲赤峰古人骨 (27)	8	181.9	2.0	7	135.6	8.0	7	74.4	3.4
甘粛河南晩石器時代人 (28)	25	181.6	2.3	26	137.0	6.6	25	75.0	2.8
華北史前人 (29)	41	180.3	3.6	42	138.6	5.0	40	76.0	1.8
蒙古人，シリンゴール (30)	105	182.5	1.4	102	149.1	−5.5	102	81.8	−4.0
高砂族，タイヤル (31)	74	178.3	5.6	74	136.8	6.6	72	77.7	0.1
フィリッピン人，タガログ (32)	31	179.2	4.7	31	138.9	4.7	31	77.5	0.3
北部ボルネオ人，ダイヤ (33)	55	176.6	7.3	53	138.2	5.4	53	78.4	−0.6

第4表　脳頭蓋最大長，最大幅および長幅示数の比較（♂）

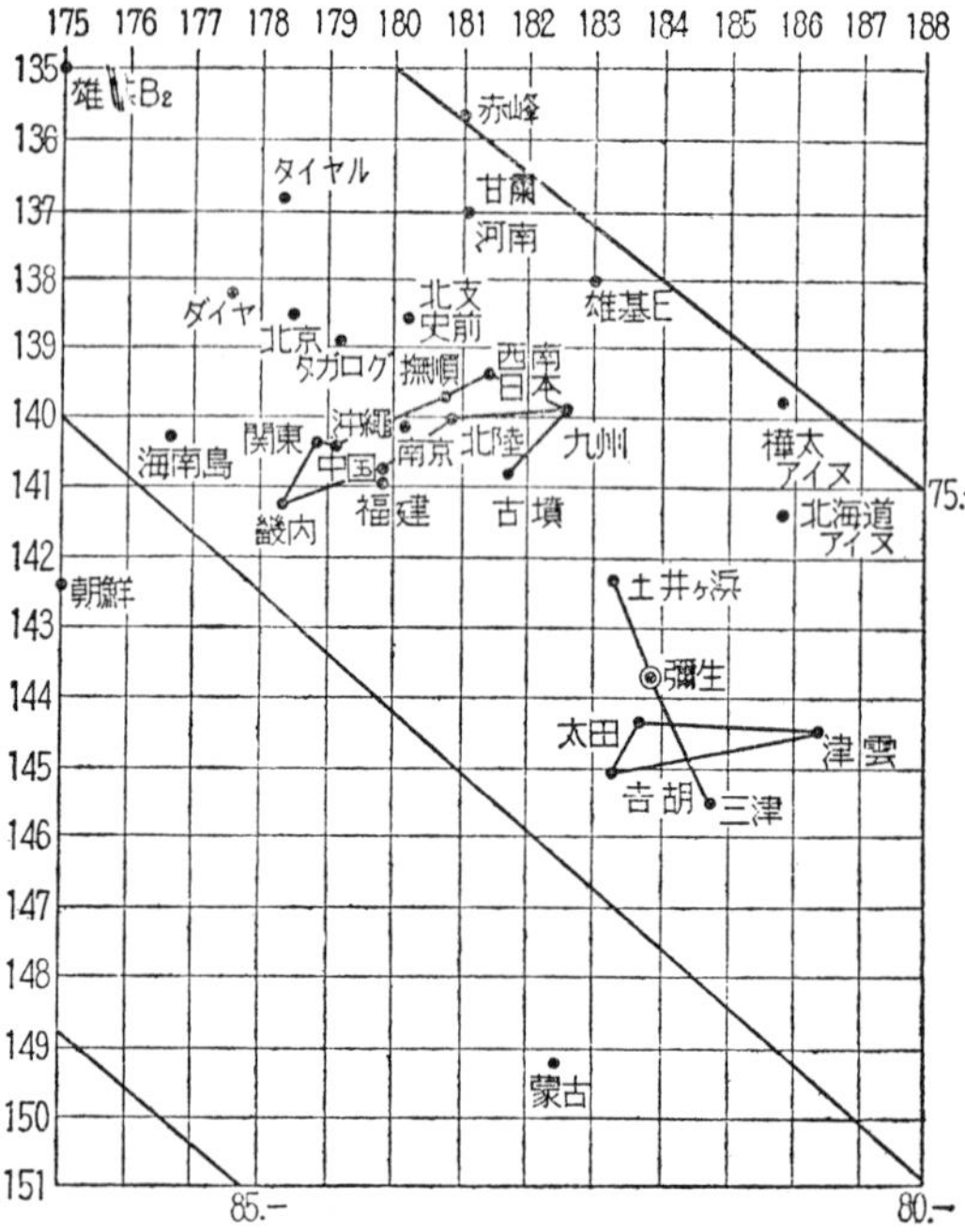

第１図　脳頭蓋最大長，最大幅および長幅示数の分布（♂）

して著しく小さいものは、アイヌ、北支および満洲の古代人骨、雄基E号人骨などであり、爾余の人骨との間には著しい差を見ない。以上の関係を明瞭にするために、全比較群の数値の分布図を作ると、第1図が得られる（横軸の数値は頭長、縦軸の数値は頭幅、斜線は示数を表わす）。この分布図によると、頭長幅および頭長幅示数の点では、日本古墳時代人はむしろ現代日本人群に接近しているが、弥生時代人骨の位置は太田、津雲、吉胡などの貝塚人のなすグループに接近している。日本の住民の範囲だけで考えると、古墳時代人と現代日本人、石器時代人と弥生時代人の二つのグループが、かなりはっきりと割拠しているように見える。時代あるいは文化の差が、こうした分布図上の位置の移動を原因したかのようにも見える。しかし、もし仮りに弥生時代人が新しい人種要素として、従来の日本石器時代人の上に新たに加わったとするならば、頭長、頭幅、頭長幅示数の点では、後者と大差のない種族が加わったのだとも考えられる。この際、弥生時代のより古い時期に属する土井ヶ浜人が、主として中期弥生時代人に属する三津人よりも、かえって古墳時代人の方に接近していることが注意さるべきである。いずれにしても、頭長、頭幅、頭長幅示数だけの比較からは、弥生時代人の成立については、決定的のことはいえない。

弥生時代人と朝鮮、満洲および北支の史前人との関係は、この図上では疎遠である。ただし、弥生時代女性人骨の平均値（第1〜3表）と、朝鮮楽浪古墳出土の女性人骨の成績[34]（頭長一七二、頭幅一三八、頭長幅示数八〇・二）とは比較的近い。だが、後者の材料がただ一例であるために、この事実からは比較上の正確な結論は得られない。

	♂		♀	
	例数	平均値	例数	平均値
脳頭蓋最大長	10	183.7	5	175.8
頭蓋底長	6	103.9	3	96.3
大後頭孔長	7	36.1	2	35.5
脳頭蓋最大幅	5	147.0	6	142.3
大後頭孔幅	9	29.3	2	29.0
バジオン・ブレグマ高	7	135.1	3	125.3
頭蓋地平周径（G）	5	534.0	4	517.0
頭蓋横弧長	7	321.4	4	304.8
正中矢状弧長	7	372.1	3	357.7
顔長	5	101.4	3	96.2
頬骨弓幅	2	138.8	3	128.7
長顔高	8	74.3	4	72.0
眼窩幅（左）	9	42.8	3	40.7
眼窩高（左）	8	34.6	4	35.8
鼻幅	8	26.8	5	27.2
鼻高	9	53.1	5	51.0
全顔面角	6	82.7	4	82.6
顔面三角NL	5	66.6	3	66.7
〃 AL	5	69.4	3	68.7
脳頭蓋長幅示数	5	79.5	4	80.7
〃 長高示数	6	74.5	2	72.0
〃 幅高示数	4	92.7	3	89.5
大後頭弧長幅示数	6	80.5	2	81.8
矢状後頭示数	9	83.2	4	84.0
上顔示数（ウイルヒョウ）	5	73.9	3	73.8
眼窩示数（左）	8	81.5	3	88.5
鼻示数	8	50.7	5	53.3
縦頭顔示数	5	55.7	2	53.7
垂直頭顔示数	5	55.9	3	56.8
横頭顔示数	2	93.5	3	92.1

第5表　三津甕棺人骨頭蓋の計測表

しかし、頭長、頭幅とその示数のみでは、人種特徴を代表させるのにもちろん十分とはいえない。したがって第1図の分布図面上に占める各種族の人種的の位置は、決して最後的なものではない。ところが、これらの三項目以外に、さらに多くの項目にわたって、牛島は計測している。ただしその材料は、いまのところ三

	P＼$\tilde{n}$	三津	太田	津雲	吉胡	古墳	現代日本人(西南)	現代日本人(畿内)	朝鮮人	華北人(北京)
		6.3	4.9	12.5	18.1	17.5	104.0	29.8	170.3	81.5
三津	30									
太田	26	142.0								
津雲	26	129.2	116.1							
吉胡	26	155.0	102.1	101.9						
古墳	26	99.6	108.5	98.6	127.7					
現代日本人(西南)	30	115.0	133.7	150.5	164.1	93.7				
〃(畿内)	30	103.6	131.6	166.7	149.5	99.2	58.0			
朝鮮人	30	134.0	161.7	198.2	190.6	137.7	89.4	70.6		
華北人(北京)	30	144.2	195.1	218.3	233.8	153.8	92.5	100.8	81.3	

第6表　各比較群間の平均型差（♂）

津の甕棺人骨のみであって、土井ヶ浜その他の材料に渉っていない。三津弥生時代人の男女頭蓋に関する、主要な計測値は、第5表のようになる（角度の計測値は度を単位とする）。

次に弥生時代人（三津）の、これらの三〇項目の数値（男性）を規準とし、各項目について日本石器時代人、日本古墳時代人および現代日本人の成績（男性）との間の関係偏差を求める。これは三津人の計測平均値と比較群のそれとの間の差を、標準偏差（σ）で除したものである。標準偏差は今村、島[35]の提唱に従って、両氏の常用のものを用いた。これらの三〇項目の関係偏差の平均値を二〇〇倍した数値を平均型差（Typendifferenz, Poniatowski）と呼ぶ。この平均型差の値は、頭蓋の特徴が、比較される二群の間でどのくらい異なっているか、あるいは似ているかを、綜合的に判断するのに役立つ。すなわち、比較群の間で、この数値の小さいものが、類似が強く、数値の大きくなるにしたがって、類似性が弱くなるのである。

いま便宜上、日本石器時代人としては太田、津雲および吉胡の貝塚人を、現代日本人としては西南日本人（九州、中国、四国）と畿内日本人とを選び、これと古墳時代日本人、現代朝鮮人（島）、現代華北人

（ブラック）の八群に対する、三津甕棺人との間の、さきの三〇項目に関する平均型差を求めると、第6表のような成績が得られる。ただし、いずれも男性。また表中のPは比較に利用された計測項目の数、nは各計測項目における例数をP項目について平均した平均例数を表わす。

この結果によると、三津弥生時代人頭蓋（男）は、日本古墳時代人頭蓋や、現代畿内地方日本人の頭蓋との間では、比較的小さい平均型差値を示すが、太田貝塚頭蓋や、吉胡頭蓋との間では、この数値が比較的大きい。いま、この表の示すところを、さらに判り易くするために、平均型差の数値を距離で表わして、平面上における各群の位置を図式的に示すと、ほぼ第2図のようになるであろう。図中の各種の線は、それぞれ図中に説明されているような、平均型差の数値の、便宜上わけられた四階級数を表わすものとする。

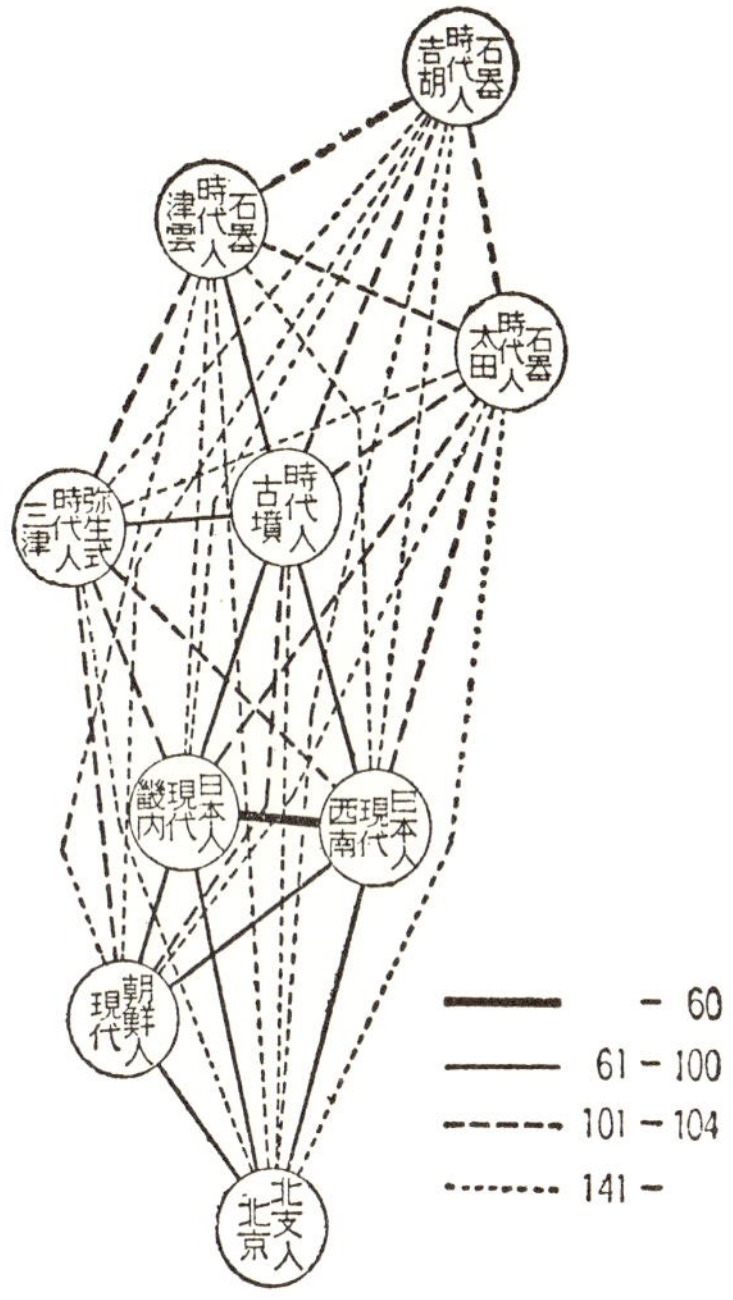

第2図　平均型差による各群の位置の図式（♂）

この図を見ると、三津の甕棺人骨（男性）を材料とし、頭長、頭幅、頭長幅示数とそれ以外の二七項目をも加えた計測値による綜合的比較では、弥生時代人の位置は、当然予想されたところではあるが、第1図のそれとは、少し異ってくる。石器時代人の三群が一サークルを作り、また現代日本人の二群が別のサークルを作って、相互に離れているのは、第1図同様であるが、三津の人骨の位置は、石器時代人のサークルからやや離れて、古墳時代人に近づいてくる。そして、古墳時代人と共に、第一の石器時代人のサークルと第二の現代日本人のサークルとの中間の位置を占めている。これらの結果から見ると、かりに三津の人骨をもって代表させ得るとして、弥生時代人は、石器時代人が、徐々に変化して、現代日本人に到達しようとする、その中途の段階にあり、新しい要素として、新たに日本島に現われたものではないという考えを否定させるものは何もない。と同時に、たまたまそうした中間的の特徴をもった新しい人種要素として、その文化と共に新たに渡来したものだ、という説を、否定させるものもない。いずれにしても、その直接の子孫が日本古墳時代人を形成したであろう、ということとまた、後者を経て、現代日本人にも連続するものであろう、というような従来の常識的観念を否定するものは、ここには見られない。以上の人種学的な成績からは、積極的な主張を導き出すことはまだできない、ということだけはいえると思われる。

しかしながら、以上の考察はただ頭蓋骨に関する計測にのみよったものである。いま少し詳細に論ずるには、頭蓋以外の、全身の骨を残るところなく調査する必要がある。しかるに発掘後日が浅くて、われわれにはまだその用意がない。

ただわれわれは簡単に、四肢の長骨の長さから割り出して、弥生時代人骨の生時の身長を推定することができた。それも、長骨の全部を利用して、その平均値を採用する必要があったかも知れないが、いまかりに大腿骨の最大長だけから推算した身長について論ずることにする。三津、土井ヶ浜その他の弥生時代人骨の大腿骨最大長から、ピアソンの方法[36]で生前の身長を推算すると、その結果は第7表のようになる。

弥生時代人	♂				♀			
	例数	平均値	最大値	最小値	例数	平均値	最大値	最小値
土井ヶ浜	11	163.62	167.97	159.33	10	150.98	159.59	142.09
三津	7	161.98	164.03	158.01	2	151.91	155.71	148.12
上地	1	164.59						
根獅子	(1)	(154.01)			2	150.45	151.42	149.48
合計	(20) 19	(162.61) 163.23	18 167.97	18 158.01	14	151.04	159.51	142.09

第7表　大腿骨最大長より推算した推定身長（cm）

　この表によると、男性では三津人骨における平均値は一六二センチに近く、根獅子以外はみなこれより大きい。根獅子男性人骨は種々の点で日本石器時代人に酷似する体質を少からず保有している上に、この推定身長は他の一九例の推定値の中の最小値よりもさらにかけ離れて小さく、日本石器時代人（津雲[36]）の推定身長の最小値に近いものである。弥生時代人としてはこれを例外と認めて除外すると、弥生時代人男性一九体の平均推定身長は一六三・二三センチとなる。これに反して、根獅子女性人骨には、かかる石器時代人臭がなく、身長も他の弥生時代人女性のそれとほぼ一致する。これを加えた一四例の平均推定身長は、日本人女性としては低い方ではない。

　この弥生時代人の推定身長を、日本石器時代人と古墳時代人における推定身長、及び北九州地方とその隣接地方の現代日本人の実際の身長に

	♂			♀		
	例数	平均値	弥生時代人との差	例数	平均値	弥生時代人との差
弥生時代人	19	163.23		14	151.04	
津雲貝塚人 (37)	13	159.88	3.35	16	147.32	3.72
吉胡貝塚人 (38)	22	158.93	4.30	18	147.69	3.35
太田貝塚人 (39)	18	162.52	0.71	3	150.74	0.30
御領貝塚人 (40)	3	161.34	1.89			
亀山貝塚人 (41)	5	158.48	4.75	1	149.28	1.76
稲荷山貝塚人 (42)	2	159.14	4.09	4	150.00	1.04
日本古墳時代人	3	161.45	1.78	2	150.84	0.20
福岡県，志賀島 (43)	189	159.31	3.92	112	149.88	1.16
福岡県，宗像大島 (44)	173	160.16	3.07	92	148.97	2.07
福岡県築上郡，城井 (45)	59	160.56	2.67	126	149.14	1.90
長崎県，獅子村 (46)	118	162.39	0.84	91	149.94	1.10
佐賀県，小城町 (47)	164	159.25	3.98	155	148.90	2.14
山口県，角島 (48)	111	159.23	4.00	101	147.40	3.64
壱岐島 (49)	103	161.82	1.41	55	149.09	1.95
対馬 (50)	101	162.03	1.20	105	151.20	−0.16
対馬，豆酘村 (51)	106	164.32	−1.09	58	151.71	−0.67
済州島 (52)	245	164.33	−1.10	67	152.34	−1.30
南朝鮮，慶北 (53)	104	162.73	0.50	22	150.63	0.41
南朝鮮，慶南 (54)	171	163.02	0.30	76	150.66	0.38
南朝鮮，全北 (55)	100	161.77	1.46	48	147.37	3.67
南朝鮮，全南 (56)	100	163.05	0.18	55	148.38	2.66

第8表　身長の比較　A（cm）

比較すると、第8表の成績が得られる。ただし同表中の福岡県志賀島から山口県角島までの現代各地方人が比較材料として選ばれたのは、それぞれ地理的に第7表中に挙げられた弥生時代人骨の出土地に最も近い材料だからである。また対馬の住民についての多数の計測中から、同表中の二成績が選ばれたのは、比較的計測数の多いものを採用したのである。対馬には比較的身長の低い地方もある。選ばれた二群が比較的高い身長者に属しているのは偶然の結果である。

この表によると、男性では、太田貝塚人との間の差は小さいが、一般的に見て、日本石器時代人に比べると、弥生時代人の推定身長が大きい。対馬の一部および南朝鮮の現代人の大部分に比しては、やや小さい傾向を示す他は、現代北部九州およびその隣接地方人に比しても、一般的に大きい傾向が見える。女性の場合にも、これとほぼ同様のことがいえる。これをさらに判り易くするために、日本石器時代人の六群、現代北九州及びその隣接地方人の七群、および現代対馬と南朝鮮の七群をそれぞれ一括し、大きく三群にまとめて比較すると、第9表のように書き改めることができる。

	♂			♀		
	例数	平均値	弥生時代人との差	例数	平均値	弥生時代人との差
弥生時代人	19	163.23		14	151.04	
日本石器時代人	63	160.24	2.99	42	148.02	3.02
日本古墳時代人	3	161.45	1.78	2	150.84	0.20
現代北九州およびその付近	917	160.20	3.03	732	149.04	2.00
現代対馬および南朝鮮	927	163.24	−0.01	431	150.54	0.50

第9表　身長の比較　B（cm）

　すなわちこれによると、前第8表についていったことが、さらにはっきりとする。一口にいえば、弥生時代人の推定身長は、男女ともに、日本石器時代人のそれよりも、また現代の同一地方人の実際身長よりも大きい。日本古墳時代人との間にはそれほどの差は見られない。そして、対馬の一部をもふくむ現代南朝鮮人の平均値には、非常によく似ている、ということができる。ただし、日本古墳時代人の例数は少く、これとの比較については、明確なことは断言できない。また、従来縄文時代人として取り扱われていた、大阪府国府遺跡から長谷部博士の発掘した人骨の推定身長[57]は、他の日本石器時代人のそれと比して、男女ともに非常に大きい（♂長谷部第三号一六六・八六センチ、♀長谷部第一号一五二・七八センチ、同第二号一五〇・五一センチ、同第六号、♀として一四九・八六センチ）。しかるに、これらの人骨出土の部位からは、ただ一個の縄文式土器片が出ているのみであるのに反して、弥生式土器片は多数発見されている。これらのことから、国府遺跡の長谷部発掘の人骨は、恐らく弥生時代人の遺骨であったであろうとの疑いが濃厚である。大串発掘の第三七号人骨（♂推定身長一六九・七九センチ）[58]、小金井発掘の第二号人骨（♀同一四九・七七センチ?)[59]も、おそらくはこれと同一群に算すべきものかと思われる。もしこの推定を正しいとするならば、畿内における弥生時代人も、男女ともに、甚しい高身長者であった。さて、以上の弥生時代人の推定身長と、その比較の成績から、われわれは次のような推測を導き出すことができるのではないかと思う。

まず、弥生時代人が、日本石器時代人に比して、身長が大であった、ということについては、これが環境の変化による自然的増大であった、とも考えられるし、あるいはまた、新しい人種要素として、高身長をもった種族が、新たに外部から加わったとも考えられる。そのいずれかが、より可能的あるいは蓋然的であった、との結論は、この事実のみからは導き出すことができない。次に、現代の同一地方人の実際身長が、弥生時代人の推定身長よりも、著しく小さく、しかもそれが、日本石器時代人との間に大差を示さない、ということについては、これを環境の変化による自然的変化であったと考えることは困難であり、恐らくそういうことは起り得なかった、と考えられる。弥生時代人が、同地方の現代人よりも高身長者であった、という事実を説明し得ると同時に、前者が日本石器時代人に比しても遥かに高身長者であったという事実をも説明し得る、もっとも容易な臆説として、私はいま次のようなことを考えている。

弥生文化とともに、頭長、頭幅、頭長幅示数の点では、日本石器時代人と大差のない、しかし、身長の点では、遥かに後者を凌駕する、新しい種族の相当な数が、新渡の種族として日本島に渡来し、北九州地方のみならず、畿内地方にまでひろがった。しかるに、これにはその後ひきつづいて渡来する後続部隊がなかった。また、その数においては、在来の日本石器時代人に比して遙かに少なかったから、時代を重ねるとともに、その特異の形質、すなわち長身が、しだいに、在来種の形質の中に拡散し、吸収されて、ついにその特徴を失うに至った。また一方において、頭長、頭幅とその示数の点で、日本石器時代人と弥生時代人の二群が、互いによく類似し、現代日本人のそれと著しく異っているという事実は、その変化が、時代の差によってひき起されたものであろう、と推定することによって、説明される。このことは、前の臆説の結果として、自然に導き出されるのである。

次に、こうした長身の新しい種族が、日本島以外の、どこから渡来したかの問題がある。もし身長のみについて論ずるならば、そして、もし身長の点で、古代の南朝鮮人と現代のそれとの間に大差がなかったとするならば、その候補地としてまず挙ぐべきは、この地方である。第8・9表の比較数値が、このことをわれわれに暗示している。

(付記) 直接人種性には無関係であるが、弥生時代人に上下顎の前方歯牙の一部を、男女ともに少年期に抜去する風習のあったことは、早くから知られている。[60] われわれの材料中では、根獅子と土井ケ浜の人骨に、この風習の痕跡を示すものがあった。[61] いずれも箱式石棺埋葬の人骨であり、甕棺埋葬の人骨には、まだこの種の変工のあるものが発見されていない。

注

(1) 七田忠志「三津石蓋単棺出土内行花紋明光鏡について」(『佐賀県文化財調査報告』第二輯、一九五三年)。
(2) 坪井清足、金関恕「肥前国永田遺跡弥生式甕棺伴出の鏡と刀」(『史林』第三七巻第二号、一九五四年)。
(3)(4) 三宅宗悦「長門国土井ケ浜古墳人骨に就いて」(『防長史学』三ノ一、一九三二年)。

(5) 金関丈夫、坪井清足「山口県土井ケ浜遺跡の弥生式時代埋葬」（日本考古学協会第十四回総会、京都、口演、一九五四年）。
(6) 樋口隆康、釣田正哉「平戸の先史文化」、金関丈夫「根獅子人骨に就いて」（予報）（『平戸学術調査報告』一九五〇年）。
(7) 清野謙次、宮本博人「津雲貝塚人の頭蓋骨」（『人類学雑誌』第四〇巻第三、四号、一九二五年）。
(8) 金高勘次「吉胡貝塚人の頭蓋骨」（『人類学雑誌』第四三巻第六附録、一九二八年）。
(9) 今道四方爾「備後国太田貝塚人骨の頭蓋骨」（『人類学雑誌』第四八巻第二附録、一九三三年）。
(10) 城一郎「古墳時代日本人の人類学的研究」（『人類学輯報』第一輯、一九三八年）。
(11) 原　正「犯罪者の頭蓋について」（『研瑶会雑誌』第一四九、一五一、一五二号、一九二〇〜二一年）。
(12) 原田忠昭「西南日本人頭骨の人類学的研究」（『人類学研究』第一巻第一〜二号、一九五四年）。
(13) 足立文太郎「本邦中国頭蓋」（『東京人類学会雑誌』第一二巻第一六二号、一八九九年）（『日本人体質之研究』一九四四年再版に収む）。
(14) 宮本博人「現代日本人人骨の人類学的研究」（『人類学雑誌』第三九巻第一〇〜一二号、一九二四年）。
(15) 中野鋳太郎「日本人頭蓋計測」（『十全会雑誌』第一八巻、一九一三年）、大槻嘉男「北陸日本人頭蓋骨の人類学的研究」（『十全会雑誌』第三五巻、一九三〇年）。
(16) 森田茂「関東地方人頭蓋骨の人類学的研究」（『東京慈恵会医科大学解剖学教室業績集』第三輯、一九五〇年）。
(17) 許鴻梁「琉球人頭骨の人類学的研究」（『国立台湾大学解剖学研究室論文集』第二冊、一九四八年）。
(18) KOGANEI, Y., Beiträge zur physischen Anthropologie der Aino. Mitteilungen aus der Medizinischen Fakultät der Universität Tokyo, Bd. II. 1893.
(19) 平井隆「樺太アイヌ人人骨の人類的研究、頭蓋骨」（『人類学雑誌』第四二巻附録、一九二七年）。
(20) 島五郎「現代朝鮮人体質人類学補遺」頭蓋骨の部（『人類学雑誌』第四九巻第七号、一九三四年）。
(21) 今村豊「朝鮮咸鏡北道雄基近郊で発掘された石器時代人骨について」（『人類学雑誌』第四七巻第一二号、一九三二年）。
(22) 島五郎「撫順郊外にて得たる支那人頭蓋骨の人類学的研究」（『人類学雑誌』第四八巻第八号、一九三三年）。
(23) BLACK, O., A study of Kansu and Honan aeneolithic skulls and specimens from later Kansu prehistoric sites in comparison with North China and other recent crania, Palaeontologia Sinica, Peking, Ser. D. Vol. VI. Fasc. 1, 1928.
(24) 金関丈夫、蔡滋浬「国立南京博物院所蔵華中々国人頭骨之人類学的研究」（『台湾医学雑誌』第四六巻第二号、一九四七年）。
(25) HARROWER, G., A study of the crania of the Hylam Chinese, Biometrica, Vol. XXb, 1928.
(26) 黄秀模「海南島漢族頭骨の人類学的研究」（『国立台湾大学解剖学研究室論文集』第三冊、一九四八年）。

(27) 三宅宗悦、吉見恒雄、難波光重「赤峰紅山後石槨人骨の人類学的研究」(『東方考古学叢刊』甲種第六冊赤峰紅山後、一九三八年)。
(28)(29) 前出(23)に同じ。
(30) 島五郎「蒙古人頭骨の研究」(『人類学叢刊』甲『人類学』第二冊、一九四一年)。
(31) 張[illegible]生『台湾 Atayal 族頭骨の人類学的研究』(『国立台湾大学解剖学研究室論文集』第六冊、一九四九年)。
(32)(33) BONIN, von G., Beitrag zur Kraniologie von Ost-Asien. Biometrica, Vol. XXIII. 1933.
(34) 今村豊「楽浪古墳骨の一例」(『人類学雑誌』第四八巻第一号、一九三三年)。
(35) 今村豊、島五郎「東部アジア諸種族の相互関係」男性頭蓋骨の部(『人類学雑誌』第五〇巻第三号、一九三五年)。
(36) PEARSON, K., Mathematical contribution to the theory of evolution, V. On the reconstruction of the stature of prehistoric races. Philosophical Trans. of the Royal Soc. of London, Ser. A. 192, 1890. フランス人男女を用いて四肢長骨の長さから身長を推定する方法について記載している。これが北海道アイヌ及び畿内地方日本人について応用し得られることについては、次の金関、田幡の論文で確認されている。
(37) KANASEKI, T. und TABATA, T., Über die Körpergrösse des Tsukumo-Steinzeitmenschen Japans. Folia Anatomica Japonica, Bd. VIII, 1930.
(38) 石沢命達「吉胡貝塚人々骨の下肢骨」其一(『人類学雑誌』第四六巻第一附録、一九三一年より計算)。
(39) 今道四方爾「備後国太田貝塚人骨の下肢骨」其一(『人類学雑誌』第四九巻第一附録、一九三四年より計算)。
(40) 原人骨につき計測、なお本人骨については原田忠昭「熊本県下益城郡豊田村御領貝塚発掘の人骨について」(『解剖学雑誌』第二七巻第五七回総会号、一九五二年)を参照。
(41) 依光幸喜「三河亀山貝塚人の下肢骨」其一(『人類学雑誌』第五〇巻第一一附録、一九三五年より計算)。
(42) 大倉辰雄「三河国稲荷山貝塚人の下肢骨」其一(『京都医学雑誌』第三七巻第二号、一九四〇年より計算)。
(43) 山下茂雄「福岡県粕屋郡志賀町志賀住民の人類学的研究」(『人類学研究』第一巻第一、二号、一九五四年)。
(44) 浅川清隆「福岡県宗像郡大島村々民の生体学的研究」(『人類学研究』第一巻第一、二号、一九五四年)。
(45)〜(48) 文部省科学研究報告、医学関係「日本人の生体測定」(昭和二十七年度〈一九五二年〉)。
(49) 天野耿介「壱岐島の生体計測補遺」(『大邱医学専門学校雑誌』第二巻第一号、一九四〇年)。
(50) 小浜基次、佐藤正良「済州島、対馬、並に壱岐に於ける島原住民の体質人類学的研究」其三(『人類学雑誌』第五一巻第八号、一九三六年)。
(51) 文部省科学研究報告、医学関係「日本人の生体測定」(昭和二十五年度〈一九五〇年〉)。

(52) 前出(50)に同じ。

(53)〜(56) 荒瀬進他六名「朝鮮人の体質人類学的研究第二報告」(『朝鮮医学会雑誌』第二四巻第一号、一九三四年)。

(57) 長谷部言人「河内国府石器時代人骨調査」(『京都帝大文学部考古学研究報告』第四冊、一九二〇年)。

(58) 真岡亀五郎「国府石器時代遺跡発見の長身骨に就て」(『京都医学雑誌』第三九巻第四号、一九四二年)。

(59) 前出(57)に同じ。なお国府遺跡人身長の問題に就いては、清野謙次「古代人骨の研究に基づく日本人種論」三八一頁(東京岩波書店、一九四九年)以下に論ぜられている。

(60) 前出(59)の清野著書及び鈴木尚「人工的歯牙の変形」(『人類学先史学講座』(雄山閣)第一二巻、一九三九年に綜説されている。

(61) 根獅子人骨に就いては前出(6)の金関の報告に、土井ヶ浜人骨に就いては、金関丈夫他三名「山口県豊浦郡神玉村土井ヶ浜発掘人骨の抜歯例に就いて」(『解剖学雑誌』第二九巻第二号、一九五四年)参照。

こんにちの人類学から

さまざまな考え方　日本人あるいは日本民族の成り立ちについては、さまざまの考え方が出されてきた。このばあい、種族としての日本人を問題とするのか、文化共同体としての日本民族を問題とするのか、まずわきまえなければならない。日本列島最初の住民が、種族としての日本人であるかどうかが、すでに問題であった。第一は、列島の原住民は日本人ではなかったとする説、第二は日本人そのものではなくとも、日本人をも生み出してきたもとになる、ある種族だとみる説、第三は日本人そのものとする説が公けにされて来た。この第三の説では、日本人は、アジア大陸の中国南部の地帯から無人の列島へ移って来たのではないかとの推測も出ている。

そのいずれにしても、日本民族として固まってきたのは、ずっと後代のことであるとする。それはいくつかの種族が複合してできた。国語の成り立ちからみても、その複合性は肯定せざるをえない。そうした複合が弥生式時代のころにいちじるしく進んだ、ということも大方の推察するところである。

最近の人類学の研究では、これまでの諸説をどのようにまとめつつ、これをどの程度に明らかにしているだろうか。

頭の長短から　種族としての日本人の祖先を知るための手がかりとして現代の日本人は、いったいどのような型に属しているのか、人類学ではまずそれを問題にしている。

いままでに全国的な分布のわかっているのは指紋と血液型のほかに、身長と頭の長さ、幅、および長さと幅の比率（頭形示数）だけである。身体のかたちをみて、これはだれそれとよく似た骨ぐみだとか、だれとはちがうなどということを考えることがよくある。身体のかたちの中でも頭部のそれは、長い頭だとか短い頭だとかいうふうに、とくに興味をもって比較されがちである。そうした頭の長短をみるのに、頭形示数というものを人類学では用いるのである。その頭形示数からみると、まず、長さの一〇〇に対して幅八一以上の短頭型には、二つの中心になる地方がある。一つは近畿地方を中心として、西は香川県をのぞく瀬戸内海沿岸、東は東海道、中山道から、南関東地方に及ぶ地方に分布するものと、他の一つは九州南端から琉球列島にかけて分布するものとである。その他の地方では、一般に示数八一以下の中頭型である。

しかし、この短頭の二地方群では、身長も考慮に入れて比較すると、九州南端を中心とするものは、身長が低く、近畿を中心とするものは、身長が高く、短頭長身という点で、現代の朝鮮人によく似ているから、おそらく古代の一時期に、朝鮮半島から多量に渡来したものであろう。おもしろいことには、弥生式時代に銅鐸を使用した地方と、この体質の現在の分布とが、かなりよく一致している。そこでこの点を指摘して、これを大陸渡来の弥生式時代人の一派の子孫とみようとする学者もある。

また北陸から東北にかけて、中頭で比較的短身の地方がある。別の学者は、これを現代アイヌのもつ

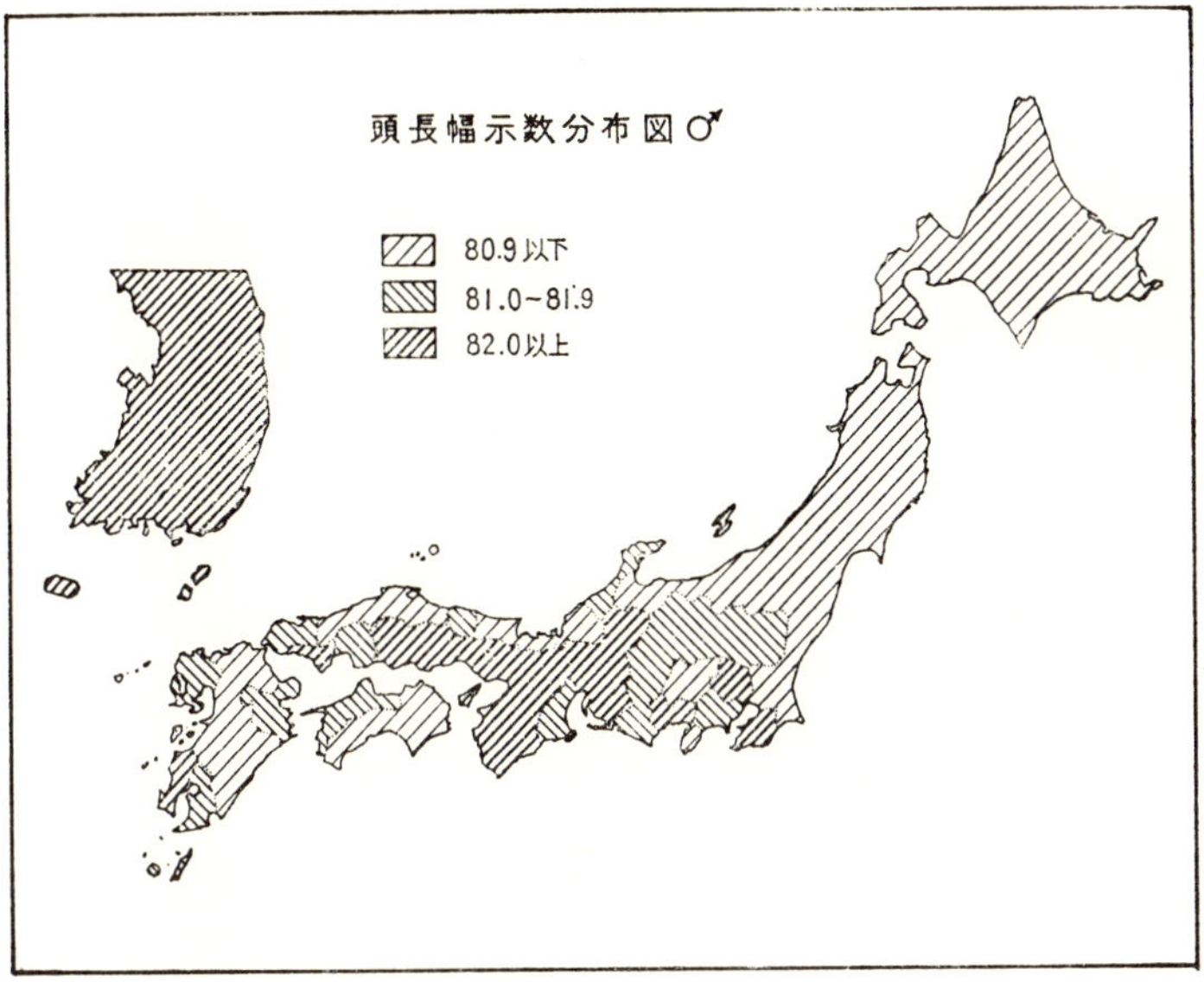

頭長幅示数の分布図　長さ100に対して幅81以上が短頭——日本民族学会・日本人類学会連合大会第1回記事より——

体質に近似すると考えている。南九州以南の短頭短身の一群を、どこに結びつけるかは問題だが、これもまた一つの特殊群とみられる。

このようにみてくると、いままでに知られている頭形と身長の点だけからいっても、現代日本人は少なくとも三つ、あるいはそれ以上の異なった要素からでき上がったものか、と疑われる。

指紋と血液型　指紋からみると、一般的にいって、渦状指紋の比率は、西南日本から東北に進むにつれて減少していく。血液型でも同様に、A型は西南に多く、B型は東北に多い。その東北の渦状指紋の少ないことと、B型血液型の多い点は、北海道アイヌに直結している。そうすると、指紋と血液型からみても、少なくとも二つ以上の異なった要素の存在が考えられる。

日本人の血液型を調査したある学者は、B型が少ないという点で、西部日本を、湖南省を含む中国中南部の、いわゆる「湖南型」血液型の分布圏に入れようとする。これは、長谷部言人のいう日本人祖先の江南渡来説や、日本の稲作の故郷を、中国中南部の地方に求めようとする考え方には、好都合な事実であろう。

現代の日本人の構成に関して、知ることのできるおもな点は、この程度である。これだけの知識では、ただちに日本人の祖先をとやかくいえない。

しかし、人間のある地方集団は、もともと必ずしも純粋な一つの要素のみで成り立つべきものと考える必要はない。はじめから多くの型を含んでいたと考えてさしつかえない。そこで現代の日本人を、一つのものとみる。そしてその体質の多くの特徴のうちのあるものをとり、これを現代の周囲民族と比較して日本人の故郷を論じる。これもあるいは一つの方法であるかもしれない。長谷部言人は、この方法により、頭の長さと幅との類似から推して、日本人の故郷を揚子江以南の中国南部に求めたわけである。大陸との間が地つづきになっていたころ、いわば陸橋をつたって、地質学上の更新世の終り近くか、または現世のごくはじめごろ（ざっと一万年ほど前）に日本人の祖先が、日本に渡ってきたという考えである。

古代日本人と現代人をどうつなげるか　つぎに、現代の日本人の身体をしらべた結果とにらみ合わせて、遠いむかしの日本人を調べ、そこで祖先の系譜をたずねようとするわけだが、なにぶんにもそのころの日本人は、現代の日本人のようには、その全身をわたくしたちのまえに示してくれない。だいたい人類学者は、たとえばどこかに白骨が出たというしらせを聞いて現場へかけつけ、それが人骨か、獣骨かをまず区別し、人骨ならばそれが出た地点の地層や、これにともなう遺物などから、いつごろの人の骨かを考える。そしてその寸法を測り形をこまかく観察する。こうして求められるのは、わずかな骨格だが、それを現代日本人の骨格と比較し、その間の変化の様相をさぐるわけである。

また、できるならば、日本の周囲の古代人同士の骨格と比較して、周囲とのつながりを求める。ところで日本古代人の骨格はかなりたくさん発見されているが、比較したい日本の周囲の古代人の骨格は、まだあまり多く発見されていない。古代人と現代人との間に、さほど変化はなかったとするならば、という仮説のもとに、日本古代人の骨と、現代の日本周囲人の骨とを、比較する試みは行なわれている。

縄文式時代人　このようにして、日本の縄文式時代人骨を、科学的に調査した結果、まずひき出されたのが、まえにあげた小金井の「アイヌ説」であった。しかしこの説では、現代日本人の祖先を、ぜんぜん別のところに求めなければならなくなる。

そこで、考古学者の鳥居竜蔵は「アイヌ説」を唱える立場から、縄文式時代につづいた弥生式文化をのこしたものこそ、固有の日本人の祖先であると考えた。これは考古学上の根拠から、アイヌ説とならんで行なわれた。

弥生式時代人　この説によると、固有日本人は、弥生式文化と日本語とをたずさえて、朝鮮半島経由で渡来した大陸民族である。これが先住民であったアイヌの祖先を追い出して日本に定住し、その中心部に国家をうちたてた。わたくしたち日本人はその子孫であって、日本石器時代人とは、血のつながりはないのだ、という説である。これが鳥居の「固有日本人説」であった。

なるほど、縄文式文化と弥生式文化との間には飛躍的なちがいがある。また、日本語の主流はどうしても大陸につながりをもつ。弥生式文化の最初の定着地は、朝鮮に近い北九州地方にある。しかも、あとから渡ってきた優秀な種族が、征服によって未開の先住民を駆逐する、というような考え方も当時としては、あまりふしぎとされない時代であった。そこで、この考え方は、大正時代の終りごろまでは、アイヌ説とならんでかなり強く支持されてきた。

日本石器時代人　しかし大正末年ごろから、主として西部日本の縄文式文化の遺跡から、かなりたくさんの人骨が発見され、これについて精密な研究がはじまった。縄文式時代としては、後・晩期のものが主であったが、一つの遺跡から発掘された人骨が、それぞれ相当の数であったので、比較研究の上からは、それまでよりはさらに正確な結論を出せるようになった。それぞれの遺跡の人骨が、現代アイヌおよび現代日本人の骨と比較され、その結果として、意外な事実が報告された。

それは、頭骨の点でも、四肢骨その他でも、多くの特徴を総合的にみて、これらの縄文時代人骨は必ずしも現代アイヌの骨格に似ていない。どちらかといえば、近畿地方の現代日本人の骨格に、いっそうよく似ているということである。だから現代アイヌの祖先だとみるよりも、現代日本人の祖先であるともみられよう。その意味で、これはただ「日本石器時代人」と呼んでおくほうが穏当だというのであった。

現代の日本人も、現代のアイヌも、この「日本石器時代人」からわかれ出たもので、その分離の原因

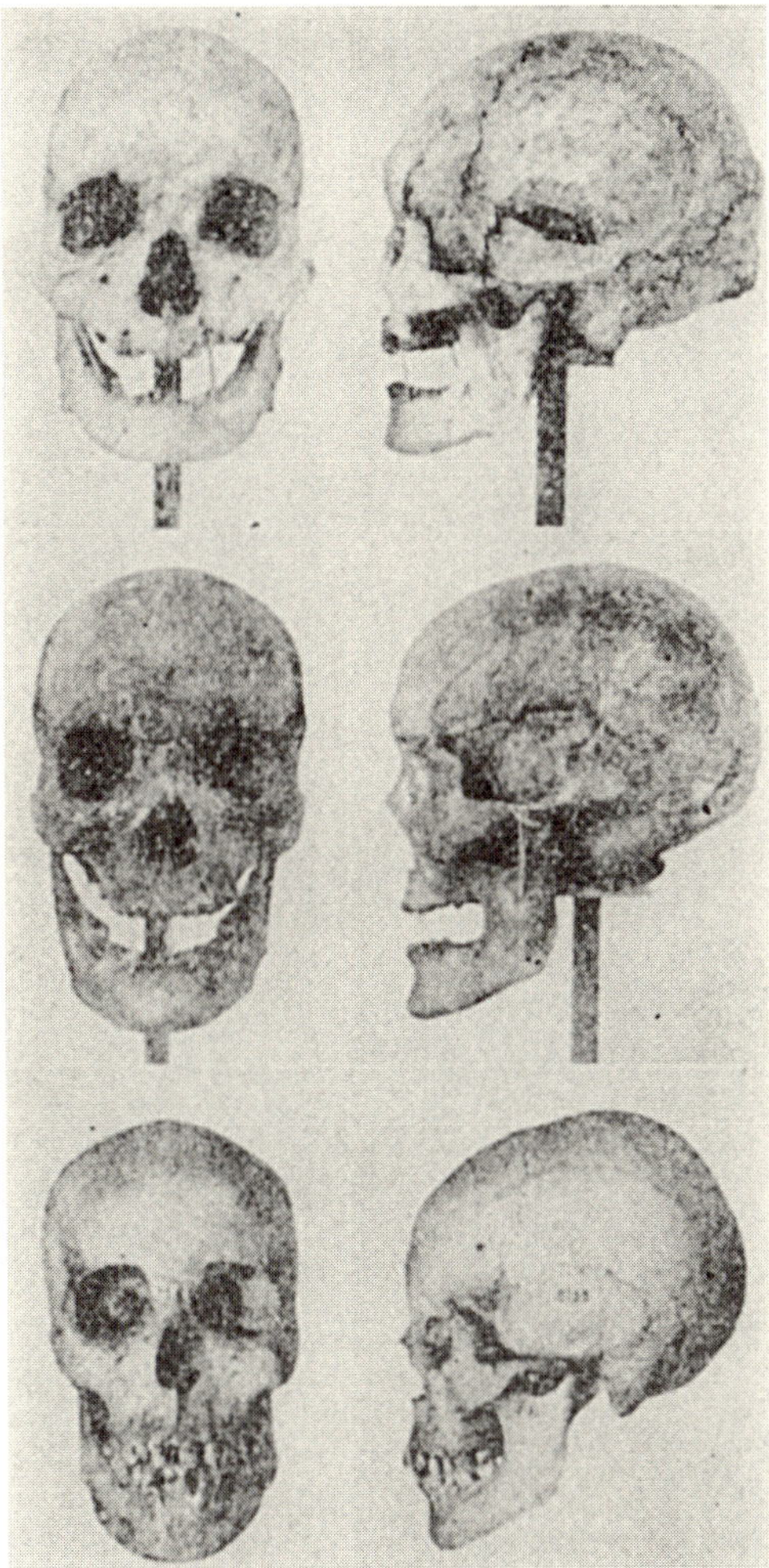

縄文・弥生・現代人の頭骨
（上） 縄文式時代晩期 （熊本県下益城郡御領貝塚出土）（中） 弥生式時代中期
（佐賀県神崎郡東脊振村三津遺跡出土）（下） 北九州地方現代人の頭骨

は、環境や生活状態の変化のほかに、あとからきた他の種族との混血もあずかっているであろう。そして畿内人の成立には、朝鮮系の混血が考えられるとした。つまり現代日本人は、この「日本石器時代人」が変化してきたものである。日本人は日本列島でながいあいだに形成されたものであって、でき上がった日本人として、よその土地から渡来したものではないといった。これが「原日本人説」である。

この日本石器時代人は、おそらく一万年以上のむかしから日本列島にいたのであるが、それが日本の周囲の地方の、どんな種族と関係があったかは、周囲の同時代の古人骨がまだよくわかっていないので、明らかにすることができない。

しかし、この説に対する批判が、太平洋戦争後になって、同じ人類学者のうちからあらわれた。同じ資料にもとづいて、さらに厳重な方法で比較した結果、現代アイヌは、現代日本人と日本石器時代人との中間的地位をしめる。アイヌより現代日本人のほうが日本石器時代人により近い、とまではいえない、というのであった。

それにしても、「原日本人説」によって説かれた日本石器時代人こそ、日本人の主要な祖先とされ、環境と生活状態の変化、それに加えていくぶんの混血、それがこんにちの日本人を、この列島のなかで作りあげたのだという考え方は、こんにちでも多くの学者によって強く支持されている。ただその間の変化に、他要素の混血がどれほどの役目を果たしたか、という点については、学者の間に、多少の異論がある。

日本石器時代の人骨と、鎌倉時代から江戸時代にいたる歴史時代の人骨、それに明治以後の人骨を、系統的に比較してみると、それはひとりでに変わってきたものであり、他要素の混血を考える必要はないと強く主張する学者もある。

突然変わった弥生式時代人　それまではほとんど発見されていなかった弥生式時代の人骨が、戦後になって山口県や北九州の各地で多数発見され、はじめてその特徴がわかった。それらを縄文式時代人にくらべると、身長がいちじるしく大きい。また頭骨でも、高さに関する計測数値が、一様に大きくなっている。そして、そのつぎの古墳時代には、またもとに戻る傾向をしめしている。身長にいたっては、現代の同じ地方の住民は、縄文式時代の住民と、ほとんど変わらないくらいにまで低くなっている。

すなわち、弥生式時代に、身体や頭や顔の高さが突然大きくなり、つぎの時代には、それがまたもとにもどろうとするということは、弥生式文化とともに、新しい体質要素が一時的に加わったが、それは量において従来の縄文式時代人よりは少なく、また継続的に渡来する後続部隊もなくて、一時的の渡来にとどまったので、新しい体質は、しだいにふるい体質のなかにとけ込んで消失してしまったのではないか。

近畿地方にも、この長身の要素が、弥生式時代になって、突然あらわれた疑いがある。この地方では、それがこんにちまでつづいて、長身の現代畿内人を作りあげたのであるが、それは、山口や北九州とはちがって、その後かなり長い間、持続的の渡来があったからではなかろうかと、このように考えることも、弥生式時代から古墳時代にかけて、大陸からの帰化人が畿内につぎつぎときた点からみて、決して不可能な想像ではない。そうした長身の要素は、南朝鮮の住民が、いまと同じく古代においても長身であったとすれば、おそらくここにその由来を求めるべきではないか、ということも考えられる。もしこの考えが可能であれば、そうした一時的の混血があったと考えることもできよう。

混血か生活の変化か　しかし、そんな混血がなくとも、労働条件や食物の変化から、日本人の体質のあらゆる変化は解釈できるともいわれる。混血か、あるいは生活の変化か、そのどちらが体質の変化を説明する考え方だろうか。どちらも可能性のあることである。そうなると、体質の問題を考えるについても、言語や習俗や、その他もろもろの文化現象を合わせて考えなくてはならない。その上で、どちらにより濃く可能性があるかがきめられよう。まえにみてきたように、日本の古文化、言語の周辺との親近関係から推して、混血説のほうの可能性は大きいとされるであろう。しかし生活の変革も決して無視するわけにはいくまい。

要するに、日本人の主要な祖先は、この列島が人間の住める世界になってから、どこからか渡ってきて住みついて以来、その後の各時代を、現代までひきつづき住んできたものであり、その間にかなりの変化を経て、こんにちの日本人を形成したと、ここまでは、こんにちの学界における定説となりそうである。ところで、その最古の日本人がどこから渡来したか、という問題にいたっては、長谷部言人の中国南部起源説をはじめとして、いろいろな説は成り立つとしても、日本の周囲の古代人についての知識が完備するまでは——おそらく半永久的に——未解決のままではないか、と思われる。

弥生時代の日本人

一

弥生式時代の日本人の形質を知るための材料として、私の利用し得た資料は豊富とはいえない。ここでは、山口県豊北町土井ヶ浜遺跡（一九五三〜五七年発掘）、佐賀県神崎郡東脊振村三津遺跡（一九五三年発掘）、鹿児島県山川町成川遺跡（一九五八年発掘）および同県種子島広田遺跡（一九五七〜五八年発掘）より得られた人骨によって、主として頭骨について考察する。ただし成川のものは、保存状態が極度に不良で、現場において辛うじて、二、三の種目について計測を行ない得たにすぎない。その数値は厳密に正確とはいえないが、だいたいの傾向は、これによって察することができる。また、広田遺跡の調査は続行中であって、ここには初年度に得られた人骨について、一部の計測をなし得たものを材料とする。

これらは、西南日本の地域に偏している。弥生時代遺跡のひろがりの上からいえば、その一部にすぎない。伴出土器による考古学的編年の上から、時代別に見ると、土井ヶ浜遺跡は、弥生初期の終末のもの、三津遺跡は弥生中期を主体とするもの、成川遺跡は弥生末期から古墳時代前期のもの、広田遺跡は弥生中期はじめのものであって、この編年の上からは、広田は土井ヶ浜とほぼ同時代である。

遺物の様相からいえば土井ヶ浜、三津は北九州一般の同時代の文化圏内にあり、成川は南九州に特有の様相を具えているが、一部に北九州および瀬戸内から東九州経由文化との交渉を示すものをもっている。広田は下層は北九州、上層は瀬戸内・東九州経由の弥生文化圏内にあるが、一方南島特殊の文化様相を具え、さらにその上に他に見られない、古代中国系と思われる一種特有の文化相を含んでいる。

上に見るように、私の利用した各材料間には、地域的、年代的および文化的に、幾分の差を有しているので、弥生式人として、全部ひとまとめに論ずることはできない。

便宜上、男性頭骨における主要な計測項目について得られた結果を、遺跡別に表示すると、表1のようになる[1]。ただし長さの単位はミリメートル、角度のそれは度、表中のnは計測例数、M±mは平均値とその標準誤差である。また、＊印の数値は、土井ヶ浜人骨の多数に見る、少年期における上顎前方歯の風習的抜去によって、後天的影響を蒙ることが予想される項目である。他の遺跡の人骨には、この風習の痕跡は見られない。

第1表に見ると、土井ヶ浜の数値と、三津の数値との間では、大差はないが、しかし大多数の項目で、三津の方が大きい。そのうちでも、直接計測値では、最大長(1)、最大幅(3)、頭高(4)、地平周(5)、横弧長(6)、頬骨弓幅(9)、上顔高(10)、眼窩高(12)などの差が、やや著しい、示数値は両群間でだいたいよく似ているが、口蓋示数(24)は、土井ヶ浜の方が大きい。しかしこれには抜歯のための prosthion 点の後退による

	土井ヶ浜		三津		(成川)		広田	
	n	M±m	n	M±m	n	M	n	M
(1) 頭骨最大長	53	182.49±0.94	15	184.73±1.50	14	(173.6)	8	167.6
(2) 頭骨底長	42	101.74±0.70	11	102.68±0.88			3	98.7
(3) 頭骨最大幅	54	142.74±0.52	10	145.60±1.39	20	(149.3)	8	147.1
(4) バジオンブレグマ高	42	134.74±0.67	12	136.83±1.48			5	130.0
(5) 頭骨地平周(G)	43	527.01±2.11	10	536.70±3.88			8	496.8
(6) 頭骨横弧長	49	315.08±1.10	11	321.27±3.17			10	321.5
(7) 正中矢状弧長	47	374.97±1.94	12	378.00±4.01			5	341.6
(8) 顔長	32	*100.00±0.83	10	101.10±1.36				
(9) 頬骨弓幅	26	139.92±0.86	6	142.41			3	132.3
(10) 上顔高	34	72.50±0.41	13	74.54±1.06				
(11) 眼窩幅(左)	37	42.54±0.23	14	42.93±0.49				
(12) 眼窩高(左)	40	34.20±0.18	13	35.25±0.56				
(13) 鼻幅	37	27.14±0.28	13	27.15±0.37				
(14) 鼻高	38	53.18±0.35	14	53.00±0.65				
(15) 全側面角	33	*83.70±0.50	11	82.55±0.91				
(16) 顔面三角∠N	32	*67.66±0.52	10	66.20±0.73				
(17) 頭骨長幅示数	48	78.20±0.51	10	78.45±0.72	10	(83.9)	8	87.8
(18) 頭骨長高示数	41	73.65±0.44	11	74.18±0.93			5	77.4
(19) 頭骨幅高示数	42	94.20±0.59	9	94.89±1.55			5	87.4
(20) 矢状後頭示数	59	83.60±0.32	13	82.91±0.81			6	85.1
(21) 上顔示数(V)	30	70.07±0.44	10	71.65±0.88				
(22) 眼窩示数(左)	39	80.25±0.51	13	82.45±1.44				
(23) 鼻示数	36	51.05±0.52	13	51.38±0.82				
(24) 口蓋示数	24	*90.53±1.28	11	86.63±2.18				

表1　弥生時代人頭骨（男性）の計測値

	津雲	御領				長崎鼻
		No I$_1$	I$_2$	I$_3$	II$_1$	
頭骨最大長	186.4	186.5	186.0	196.0	190.0	185.0
頭骨最大幅	144.4	141.0	135.0	137.0	139.0	151.0
頭長幅示数	77.7	75.5	72.5	70.0	71.6	84.9
バジオンブレグマ高	134.0	124.5	141.5		136.0	111.5
頭骨長高示数	71.6	66.8	76.0		71.6	60.3
頭骨幅高示数	92.2	88.3	105.0		98.0	71.0

表2　縄文晩期人頭骨（男性）の比較

	長崎鼻 縄文晩期	広田　弥生中期		
		n	M	Min-Max
頭骨最大長	185.0	8	167.6	161-177
頭骨最大幅	151.0	8	147.1	138-152
頭長幅示数	84.9	8	87.8	82.5-92.0
バジオンブレグマ高	111.5	5	130.0	115-142
頭骨長高示数	60.3	5	77.4	71.0-82.7
頭骨幅高示数	71.0	5	87.4	78.8-93.4

表3　九州南部（種子島南種子）における縄文人と弥生人との比較（男性）

口蓋長の減少が影響したものと考えられる。これを別として、以上のように、長さ、幅、高さ、周のどの点でも、土井ヶ浜より三津の方が、やや大きい感がある。しかし、数学的には両者間の差は、どの点でも明確に証せられない。その差が最大である地平周も、〇・六五σの程度であり、このうちの重要な三〇項目の平均関係偏差は、後にも触れるように、土井ヶ浜と三津との間では〇・三〇にすぎないから、両者間の差は非常に小さく、これらを同一群と見て差しつかえない程度である。土井ヶ浜の現代住民と、三津のそれとの間で、生体計測の成績(2)を比較しても、両者間の差はほとんどなく、その類似の程度は、弥生時代におけるよりも、さらに強いように見える。これらの点は、弥生時代から今日に至るまで、山口と佐賀のこれら両地に、体質的にほとんど同群と見られる地方型が、ひきつづき存続していたであろう、ということを推定させる。

この、北九州・山口地方の弥生人に対して、南九州の弥生人は、いま判明しているだけの点から見ても、頭骨の形は非常に異っている。頭が短くて広い。従って頭骨の長幅示数は北九州・山口群がいずれも mesokran 型、であるのに対して、成川は brachykran 型、広田は hyperbrachykran 型である。その他、広田の例では、頭高が小さい。頭骨長高示数は、頭高が小さい程度以上に、頭長が小さいから、比較的大きくなっているが、幅高示数の方は非常に小さい。地平周、正中矢状弧長も小さく、大後頭孔は円い。後頭骨のふくらみは弱い。これらの点から見て、南九州の弥生人と、北九州・山口の弥生人とは、同一群として取り扱うことはとうていできない。

土井ヶ浜と成川との場合は、一は弥生初期、他はその終末期以後に属し、その間に約一世紀の時間的差があるので、時代差ということも一応は考えて見なければならない。しかし、三津と広田とは、いずれも弥生中期人骨である。少くとも考古学的編年上では、同時期のものであって、両者間の差を時代差とは認め難い。すると、これは弥生時代における地方差だ、ということになり、成川の場合もそれを考えなければならない。

現代九州人の場合についていては、最近数多くの生体調査の報告が出ているが、結局現代においても、北九州と薩摩・大隅を中心とする南九州との間には、頭形において、比較的の意味で、北は頭長大きく、頭幅が小さい。従って頭長幅示数は小さい。また頭高（頭耳高）が大きく、従って長高示数、幅高示数は、いずれも北が大きい。このことはもはや今日の常識といって差しつかえない。すると、弥生時代における同様の——程度の差はあるが——頭形の地方差が、今日も南と北の九州人の間に存在している。ここから見て、現代の南北九州地方人の間の頭形の差は、既に弥生時代から存在したことがわかる。

同様のことは、頭形だけでなく、身長の方からも考えられる。財津[3]によると、土井ヶ浜弥生人男性大腿骨最大長よりの、Pearson 氏法による、推定身長の一八例の平均は一六二・八センチメートル、三津弥生人男性では、同じく七例の平均一六二・〇〇センチであったが、成川人において、私の直接・間接に測定し得た男性推定身長は、二六例平均一六〇・八センチであった。広田のものは未調査であるが、骨を一見したところでは、ほぼ成川の成績に近い結果が出ることと予想される。例数が少いので、明確とはいえないが、九州地方の南北において、弥生時代に既に身長の点でも、北は大きく、南は小さいという地方差があったことが想像される。これも今日の、南北九州人の体質に見られる差と同様の現象である。

以上、弥生人や現代人に見られるような、九州地方南北における地方差が、縄文人の頭骨にもあらわれているかどうか、それが次の問題であるが、不幸にして、九州南北いずれの地方にも、縄文人の適当な材料がまだ見出されていない。例数は少いが、便宜上、肥後の下益城郡御領貝塚出土の縄文晩期人[4]（御領式土器伴出）と、種子島南種子町長崎鼻遺跡出土の[5]、同じく縄文晩期人（黒川式土器伴出）の一体の男性骨とを、北と南の代表者として比較して見よう（表2）。

これらの頭骨が、特に一般から偏していないとの仮定の下ではあるが、御領に比して、ほぼ同期の種子島の縄文人の頭骨は、比較的の意味で、頭長が小さく、頭幅が大きく、ことに頭高が小さい。これは弥生人の場合における北九州・山口群と、種子島広田人との間の差の傾向によく一致している。この点から、少くとも、縄文時代晩期のころには、既に九州人の間に、南北の体質差が存在していた。その傾向は弥生期を通じて今日まで継続している、ということが想像される。

同表には備前津雲貝塚出土の、縄文晩期人を主体とすると思われる男性人骨の成績[6]が併記されている。その数値を見ると、これは南九州（長崎鼻）の方ではなく、御領の方に近い数値であることがわかる。すると、九州北部の縄文晩期人は、頭骨の点では、日本中部以西の、一般晩期縄文時代人の体質の範囲内にあるものと考えていいようである。

	津雲		土井ヶ浜				西日本古墳時代人				現代西南日本人			
	n	M_1	n	M_2	M_1-M_2	R	n	M_3	M_2-M_3	R	n	M_4	M_3-M_4	R
(1) 頭骨最大長	16	186.4	52	182.8	3.6	0.55	31	181.6	1.2	0.18	108	181.4	0.2	0.03
(2) 頭骨底長	13	103.4	43	101.7	1.7	0.43	25	102.4	−0.7	0.18	108	102.3	0.1	0.25
(3) 頭骨最大幅	18	144.4	54	142.6	1.8	0.36	33	140.4	2.2	0.44	108	139.3	1.1	0.22
(4) バジオンブレグマ高	13	134.0	43	134.7	−0.7	0.14	29	133.1	1.6	0.32	108	139.3	−6.2	1.24
(5) 頭骨地平周(G)	15	532.3	44	526.8	5.5	0.37	16	518.5	8.3	0.55	108	514.6	3.9	0.26
(6) 頭骨横弧長	16	310.3	50	315.2	−4.9	0.45	21	317.2	−2.0	0.18	108	315.5	1.7	1.55
(7) 正中矢状弧長	13	375.0	47	375.3	−0.3	0.02	11	367.5	7.8	0.60	108	378.0	−10.5	0.81
(8) 顔長	12	*102.7	33	*99.9	2.8	0.54	21	100.7	−0.8	0.14	99	97.8	2.9	0.58
(9) 頬骨弓幅	6	143.2	26	139.9	3.3	0.62	11	134.7	5.2	0.98	106	134.5	0.2	0.38
(10) 上顔高	13	67.0	34	72.5	−5.5	1.38	34	68.4	4.1	1.03	92	71.8	−3.4	0.85
(11) 眼窩幅(左)	14	43.5	37	42.5	1.0	0.53	29	43.0	−0.5	0.26	108	43.0	0.0	0.0
(12) 眼窩高(左)	12	33.5	40	34.2	−0.7	0.35	27	34.7	−0.5	0.25	108	34.4	0.3	0.15
(13) 鼻幅	13	26.6	38	27.1	−0.5	0.25	34	26.3	0.8	0.40	108	26.0	0.3	0.15
(14) 鼻高	14	48.6	39	53.2	−4.6	1.59	33	51.4	1.8	0.62	108	52.2	−0.8	0.28
(15) 全側面角	13	*81.9	34	*83.7	−1.8	0.55	14	82.5	1.2	0.36	92	83.8	−1.3	0.39
(16) 顔面三角∠N	12	*69.3	33	*67.7	1.6	0.50					92	66.2		
(17) 頭骨長幅示数	16	77.7	48	78.1	−0.4	0.09	28	77.6	0.5	0.11	108	76.6	1.0	0.22
(18) 頭骨長高示数	13	71.6	42	73.7	−2.1	0.64	25	73.3	0.4	0.12	108	76.9	−3.6	1.09
(19) 頭骨幅高示数	13	92.2	43	94.3	−2.1	0.45	25	95.3	−1.0	0.21	108	100.1	−4.8	1.02
(20) 矢状後頭示数	13	83.6	55	83.2	0.4	0.15	3	83.8	−0.6	0.23	108	82.8	1.0	0.38
(21) 上顔示数(V)	8	67.7	30	70.1	−2.4	0.60	17	68.7	1.4	0.35	91	71.8	−3.1	0.78
(22) 眼窩示数(左)	12	76.5	39	80.3	−3.8	0.83	27	80.6	−0.3	0.07	108	80.2	0.4	0.09
(23) 鼻示数	12	54.5	36	51.0	3.5	0.88	31	51.5	−0.5	0.13	108	49.8	1.7	0.43

表4　縄文人，弥生人および古墳人（男性）の頭骨の計測値の比較

二

次の問題は縄文人と弥生人との間にどのような関係があったか、ということである。できるならば、縄文最晩期と弥生の最初期の同一地方より得られた材料を比較するに越したことはないが、そうした適当な比較材料は得られない。ことに、九州南部の材料は甚だ不完全であるが、仮りに縄文晩期人としては、さきの長崎鼻人骨、弥生人としては、弥生中期初の広田人骨、この両者を比較しよう。地方的には、両者は非常に近接した遺跡より得られたもので、同一地方のものとして差しつかえない。

表3によると、頭長は広田の方が小さく、長崎鼻のような数値は、広田の八例中には一例も見出されない。頭幅では、長崎鼻は広田の八例中の最大限に近い。長幅示数は長崎鼻は広田の八例中の限界内にあるが、比較的小さい方である。頭高は、長崎鼻は非常に小さく、広田の五例中の最小値に及ばない。長高示数、幅高示数でも広田の各五例の最小値に及ばざること遠い値である。約言すれば九州南部では、縄文晩期と弥生中期との間において、最も著しい変化として、頭長を減じ、頭高を増している。眉間の突出が減り、ために頭長が減じてゆくことと、頭高がしだいに大きくなってゆくことは、原始人の発達過程における、一般現象だから、上記の変化は同一住民内における、自然的変化とも思われる。しかし広田の場合には、中国大陸に関係あるかのような特殊の遺物を伴出している点で、別の人種要素の影響を考えることも不可能ではない。いまのところ、そのいずれに蓋然性が多いかを、にわかに判定することができない。

北九州・山口地方における、縄文〜弥生間の体質の推移については、同地方の縄文人骨の適当な材料が得られない。しかし、さきの表2に見るごとく、晩期縄文人は、熊本・岡山の両地方において、ほぼ同一の体質的様相を呈している。それで、ここでは、便宜上、備中津雲貝塚人の成績と、土井ヶ浜弥生人のそれとを比較して見る（表4）。

表4には、後の考察のために備えて、併せて西部日本の古墳時代人及び現代西南日本人の成績を併記する。前者は城[7]の成績に、その後の山陽および北九州地方発見の古墳人骨の例数を加算したものである。ただし城の材料中には、一例の土井ヶ浜人骨が含まれている。後者は原田の成績[8]で、北九州人を主として、瀬戸内沿岸の西部及び中部九州人を含んでいる。表中のM_1、M_2、M_3、M_4はそれぞれの平均値、Rはその間の差を変異係数（σ）で除した相関偏差である。この際Oは便宜上、今村、島[9]の一般数値を用いた。＊印は、表1の場合と同じ意味である。

表4によって、津雲人と土井ヶ浜人との間の関係を見ると、Rの絶対値の〇・四〇以上のものについて、その差をいえば、津雲人が土井ヶ浜人より大きいものは、最大長(1)、底長(2)、顔長(8)のごとき長径、頬骨弓幅(9)、眼窩幅(11)のごとき幅径、顔面三角(16)のごとき角、示数値では、鼻示数(23)がある。これに反して、津雲人より土井ヶ浜人の数値の大きいものには、横弧長(6)、上顔高(10)、全側面角(15)、示数では長高示数(18)、幅高示数(19)、上顔示数(21)、眼窩示数(22)、がある。例数が少いため、数学的に有意味の差を呈するものはほとんどないが、こうした傾向の存在を推定させる事実であろう。即ち、これによると、縄文晩期人に比して、弥生人は頭長が減じている。そのために、長幅示数はやや大きくなっている。また

頭高がやや大きくなったために、長高示数や幅高示数が大きくなる。幅径のうちでは、頬骨弓幅が減じている。これに反して、上顔高や鼻高、即ち顔面の高径は著しく増してくる。ために、上顔示数は大きくなり、鼻示数は小さくなる。眼窩幅が減じ、眼窩高がやや大きくなったために、眼窩示数は大きくなる。顔高が増したため、表4に数字はあげなかったが垂直頭顔示数が増してくる。

こうした変化のうち、頭長や頬骨弓幅の減少は、原始人の発達過程中の一般的現象とも見られる。その次の時代における古墳人で、さらに幾分減少の傾向のあることは、その裏付けになるかもしれない。いずれも古墳人と現代人との間では、変化はない。顔高や眼窩高や鼻高の増大も、自然的現象と見られないことはない。(10) しかし、もしこの場合もそうだとすると、弥生人と次の古墳人との間で、これらの数値が再び減少する点を説明することができない。頭高(4)でもその傾向が見られるし、表示しなかったが、一〇例の弥生人の成績を中心に顔高（M_1一一五・八、M_2一二五・〇、M_3一一八・二、M_4一二二・二）にも、この現象が見られた。これらのものは、古墳時代から現代に至る間には、さらに自然的現象に従って、その数値が再び上昇している。弥生~古墳間において、いわば、一度不自然に下降しているのである。

同様の現象は、ひとり頭骨だけではなく、大腿骨最大長よりの推定身長にもみられる。土井ケ浜男性大腿骨一八例よりの平均推定身長(11)は一六二・八一センチであるが、津雲人のそれ(12)は一五九・九センチ（一三例）である。即ち、縄文晩期より弥生時代に入って、急に上昇している。身長の上昇も、自然現象と認められないことはない。次の古墳時代人骨では、例数が非常に少く、以前に、城のあつめた左側大腿骨長三例より推算した男性平均推定身長(13)は一六一・五センチであったが、その後発見の北九州の例を加算して、右側五例の平均推定身長を出すと、一六三・八センチとなり、非常に変ってきた。このように、西部日本の古墳時代人の推定身長については、まだ明らかなことがいえないが、土井ヶ浜人よりも小さくなっているということは、或いはいえないかも知れない。ただし佐野[13]によれば、関東地方古墳人男性五例の脛骨長よりの平均推定身長は一六一・一センチだった。ただしこれは地方差の存在の可能性を考えると、この場合、一般古墳時代人の成績として直ちに利用していいかどうかはわからない。

しかし、その後現代に至るまでに、土井ヶ浜付近の住民の身長は、非常に低下して、以前の縄文晩期人のそれに近接してくる[14]（表5参照）。佐野によると、その事情は関東においても同様であるという。即ち身長においても、縄文晩期より弥生初期に入ると、急に大きくなり、その後現代に至るまでに、再び数値が低下して以前の縄文人の数値に戻っている。この現象を説明しようとして、私はさきに次のような推測[15]を述べたことがある。

「弥生文化とともに……身長の点では遥かに後者（日本石器時代人）を凌駕する、新しい種族の、相当な数が、新渡の種族として日本島に渡来し、北九州地方のみならず、畿内地方にまでひろがった。しかるに、これにはその後ひき続いて渡来する後続部隊がなかった。またその数においては、在来の日本石器時代人に比して、遥かに少かったから、時代を重ねるとともに、その特異の形質、即ち長身が、次第に在来種の形質の中に拡散し、吸収されて、ついにその特徴を失うに至った。」

そして、弥生人の推定身長が、現代南朝鮮人および対馬人のそれに、殆ど一致しているところから、南朝鮮において、古代から現代に至る間に、住民の身長にもし変化がなかったとすれば、という仮定のもとに、かかる新渡の種族は、恐らくは朝鮮半島より渡来したものであろう、との想像を併せて述べた。

いま、頭骨においても、同様のことをいい得るとするならば、古代朝鮮人の頭骨の特徴が、土井ヶ浜人のそれに類似しているという事実があった方が都合がいい。

日本における弥生期の開始より新しくはないと思われる、朝鮮石器時代人の人類学的調査例は、咸鏡北道の雄基と[16]、同じく鳳儀の例があるのみで[17]、南鮮のものはまだ知られていない。両者とも例数が少くて、比較上明確なことはいえないが、いずれも頭長が非常に小さくて、頭幅の大きいタイプⅠと、反対に頭長が大きくて、頭幅の小さいタイプⅡとを含んでいる。しかし、これらの数値と、これに関係ある

	n	M (cm)	著者
山口県豊北町神田（土井ヶ浜を含む）	175	160.61	加生
山口県豊北町角島	111	159.2	古谷
山口県長門市青海島通	175	159.11	池田

表5　土井ヶ浜周辺の現代住民の身長（男性）

	朝鮮石器時代人 n	朝鮮石器時代人 M	津雲 M	土井ヶ浜 M
頭骨最大長 Ⅰ	4	174.3	186.4	182.8
頭骨最大長 Ⅱ	3	183.0		
頭骨底長	4	98.0	103.4	101.7
頭骨最大幅 Ⅰ	4	147.5	144.4	142.6
頭骨最大幅 Ⅱ	3	137.3		
バジオンブレグマ高	5	136.0	134.0	134.7
頭骨地平周(G)	5	514.4	532.3	526.8
頭骨横弧長	5	325.2	310.3	315.2
正中矢状弧長	3	374.0	375.0	375.3
顔長	3	98.0	102.7	99.9
頬骨弓幅	3	140.0	143.2	139.9
上顔高	3	73.3	67.0	72.5
眼窩幅(左)	3	42.2	43.5	42.5
眼窩高(左)	3	35.5	33.5	34.2
鼻幅	4	26.5	26.6	27.1
鼻高	3	53.2	48.6	53.2
全顔面角	3	90.3	81.9	83.7

表6　朝鮮石器時代人頭骨（男性）の直接計測値とその比較

	近畿古墳人	西日本古墳人	朝鮮石(Ⅰ)	朝鮮石(Ⅱ)
頭骨最大長	178.6	181.6	174.3	183.0
頭骨最大幅	142.7	140.4	147.5	137.3
頭骨長幅示数	80.0	77.6	84.7	75.0
バジオンブレグマ高	135.0	133.1	136.0	136.0
頭骨長高示数	75.5	73.3	78.2	73.0
頭骨幅高示数	93.6	95.3	89.8	97.4
頬骨弓幅	140.3	134.7	141.5	137.0
上顔高	71.8	68.4	74.0	72.0

表7　近畿及び西日本古墳人と朝鮮石器時代人（Ⅰ，Ⅱ）との比較（男性）

示数値以外の数値には、両タイプ間にあまり差はない。いま便宜上これらを合算して、その男性における平均値を挙げると、その直接計測値では、表6のような結果になる。

この表によると、土井ヶ浜人の数値と、朝鮮石器時代人の数値とは、必ずしも悉く近似しているとはいえない。しかし、土井ヶ浜人と津雲人との間の数値の大小の関係は、朝鮮石器時代人と津雲人との間の大小の関係にほとんど完全に一致している。ただIタイプの最大幅のみは例外である。例数が少いので、この関係はもちろん厳密にはそうだとはいえない。しかし、もし朝鮮石器時代人の、ことにIIタイプのごとき要素の存在を予想し得るとせば、そうした要素が、縄文晩期人に影響を及ぼすことによって、土井ヶ浜人のごとき形質が成立するという可能性は考えられる。残念なことには、これらの朝鮮石器時代人の身長については、まだ知ることができない。

即ち、或る程度の仮定のもとでは、身長の場合と同様のことは、頭骨の場合にもいい得る。ことに、頭骨の場合における最も顕著な変化が、多くは頭骨の高径と関係している。即ち、顔高、上顔高、鼻高のごとき数値が、一度弥生時代に上昇し、古墳期において再び下降している。このことは、身長における同様の変化と全く併行的の現象であり、この併行は偶然だとは認め難い。

以上を要約すれば、縄文時代の晩期に、北九州・山口地方では、朝鮮石器時代人、ことにそのIIタイプのごとき体質要素が、より高級な新しい文化と共に渡来し土着した。彼らは、身長においても、現今の南朝鮮人のごとき、比較的長身者であったと思われる。これが従来の縄文人の体質に影響を与えて、土井ヶ浜人のごとき体質を生み出した。しかし、その渡来は一時的であり、その数は在来の縄文人に比

	ñ	S	Tm±m (Tm)
三津（弥生）	11.1	30	60.33±12.42
古墳時代人	20.9	30	70.80± 9.87
現代北陸地方人	29.9	30	75.07± 8.84
現代西南地方人	104.0	30	77.53± 6.82
現代畿内地方人	29.8	30	96.87± 8.86
津雲（縄文）	12.4	30	100.87±11.88
タガログ	25.5	30	103.60± 9.72
福建中国人	36.0	30	107.33± 8.41
北海道アイヌ	79.9	29	111.38± 7.14
撫順中国人	72.7	30	114.20± 7.21
太田（縄文）	4.8	30	115.87±17.57
現代朝鮮人	170.3	30	118.20± 6.44
先史時代中国人	35.0	30	120.73± 8.48
琉球島民	31.9	30	124.53± 8.68
北京中国人	81.5	30	133.40± 7.07
吉胡（縄文）	17.0	30	139.67±10.59

表8　土井ヶ浜弥生人男性頭骨（ñ=39.60）を規準とした各群（男性）の平均関係偏差

して遥かに少数であったために、さきに引用した、身長の場合の推定と同様の現象が起った。少くとも頭骨においては、古墳期に、既にその逆行現象が始まったと考えられる。

しかし、これは北九州・山口地方の現象である。南朝鮮経由と思われる新しい人種要素は、南九州までは達しなかった。少くとも南九州の縄文人に一時的変化を与える程度には進出しなかった。このことは、前章の記載から推定することができる。

しかし、東の方へはかなり強い進出があったかと思われる。河内国府遺跡の人骨中には、縄文人とは思えないほどの身長を有するものがあり、最近同遺跡から明らかに弥生人と認められる人骨の発掘があった[18]点などから、その長身人骨は恐らく弥生人骨であろうと思われる。しかも、近畿地方人の身長は、北九州・山口の例のごとく、その後縄文人の低身長に再び逆行することなく、現今までその大きさを保持したと考えられる。これは古墳期にわたっても、恐らくある程度の大陸要素の渡来があったものと思わせる——この時期の渡来は、北九州・山口地方では、もはや終止していた——。

島、寺門の整理[19]によって、いま近畿地方の古墳人の頭骨（男性）と、北九州人を多く含む近畿以西の一般西部日本古墳人のそれとを比較して見ると、その間に或る程度の地方差が見られる。この地方差の依って来るところを察するため、試みに朝鮮石器時代人の上記の二型を個別に対照して見ると、表7が得られる。

これを見ると、近畿古墳人と西部日本古墳人との間の、各数値の大小の関係は、ほとんど完全に、朝鮮石器時代人のIとIIとの間の大小の関係に一致する。いずれも例数が少いので、確実な結論は出せないが、西部日本古墳人には、まだ朝鮮石器時代人タイプIIの影響が残存し、近畿古墳人には、タイプIのそれが表われていると想像できないこともない。弥生期の文化現象において、前者の銅剣銅鉾文化に、後者の銅鐸文化というような、著しい差のあることを思い合わせると、朝鮮北部では、同一地方に混在していたI、IIの両要素が南鮮では、単なる要素ではなく、個々別群として存在していたかも知れない。北九州・山口地方に渡来したものと、近畿地方に渡来したものとは、或いはその体質をやや異にしているごとく、その文化においても、既にやや異るものを有し、その渡来の時期、その量、その持続においても、相異るところがあったかも知れない。少くとも近畿の方は、その持続は、北九州よりも長かった。近畿地方人が今も朝鮮式体質を強く有していることは、これによって説明されるのではないか、と考えられる。

三

弥生人が古墳人を経て、現代日本人に直続していることはいうまでもないが、その体質の、各時代人および各地方人との類似の程度を知るために、土井ケ浜男性頭骨の、表4にあげた二三計測項目の他に七項目を併せた三〇項目を規準として、佐野[20]の算出した Poniatowski の平均型差を表示する（表8）。表中 $\bar{n}$ は各項目の計測数の三〇項目の平均値、Sは比較項目数、Tm±m（Tm）は平均型差とその標準誤差である。この数値の小さいほど、頭骨形質の類似は強いのである。

誤差が比較的大きくて、明確な結論はできないが、同地方の弥生人である三津人に最も似ているのは、予想に一致する。これに次いでは、古墳時代人、現代日本人の各群に近く、縄文人に対しては、一般にこれより弱い類似を示していることが推察できる。

（1）土井ケ浜頭骨についての成績は、佐野一が『第一三回日本人類学会日本民族学協会連合大会（新潟、一九五八）報告』のものに、その後の修正を加味したもの。三津頭骨については、牛島陽一の「佐賀県東脊振村三津遺跡出土弥生式時代人骨の人類学的研究」（『人類学研究』第一巻第三—四号、一九五四）により、平均値の標準誤差は新たに算出した。広田人骨については、永井昌文『日本解剖学会第一四回九州地方会（鹿児島、一九五八）報告』の成績によった。

（2）土井ケ浜現在住民の生体計測成績は、加生忠義に、三津の現在住民のそれは、三宅與四男による。いずれも未印刷。

（3）財津博之「山口県土井ケ浜遺跡発掘弥生前期人骨の四肢骨に就いて」（『人類学研究』第三巻第三—四号、一九五六）

（4）金関丈夫・原田忠昭・浅川清隆「熊本県下益城郡豊田村御領貝塚発掘の人骨について」『人類学研究』第二巻第一号、一九五五。

（5）金関丈夫「種子島長崎鼻遺跡出土人骨に見られた下顎中切歯の水平研歯例」（『九州考古学』第三、四号、一九五八）

（6）清野謙次・宮本博人「津雲貝塚人の頭蓋骨」（『人類学雑誌』第四〇巻第三—四号、一九二五）

（7）城一郎「古墳時代日本人の人類学的研究」（『人類学輯報』第一輯、一九三八）

（8）原田忠昭「西南日本人頭蓋骨の人類学的研究」（『人類学研究』第一巻第一、二号、一九五四）

（9）今村豊・島五郎「東部アジア諸種族の相互関係」（『人類学雑誌』第五〇巻第三号、一九三五）

（10）鈴木尚「古墳時代人の顔」（『古墳とその時代㈠』古代史談話会編、朝倉書店、一九五八）

（11）注（2）と同じ。

（12）KANASEKI, T., TABATA, T.: Ueber die Körpergrösse des Tsukumo-Steinzeitmenschen Japans. *Folia Anatomica Japonica*, Bd. VIII, 1930.

（13） 金関丈夫「（弥生式）人類の問題」（『日本考古学講座』Ⅳ、弥生文化、河出書房、一九五五）
（14） 注（2）の文献より。
（15） 注（13）と同じ。
（16） 今村豊「朝鮮咸鏡北道雄基附近で発掘された石器時代人骨について」（『人類学雑誌』第四七巻第一二号、一九三二）
（17） 鈴木誠「朝鮮咸鏡北道会寧鳳儀で発掘された石器時代人骨について」（『人類学雑誌』第五九巻第六号、一九四四）
（18） 山内清男・島五郎・鎌木義昌「河内国府遺跡調査略報」（『第一二回日本人類学会日本民族学協会連合大会報告』（福岡）、一九五七）
（19） 島五郎・寺門之隆「近畿地方古墳時代人頭骨に就いて（略報）」（『人類学雑誌』第六六巻第二号、一九五七）
（20） 注（1）の佐野の文献による。

〔参考文献〕 金関の書いたもので、同時に読んでもらいたいもの。
「八重山群島の古代文化」（『民族学研究』第一九巻第二号、一九五五。『わが沖縄』第三巻、木耳社、一九七一）に再録）
「山口県豊浦郡豊北町土井ヶ浜遺跡出土弥生時代人頭骨について」（永井昌文・佐野一との共著）（『人類学研究』第七巻第三、四号、一九六〇）
「山口県土井浜遺跡」（坪井清足・金関恕との共著）（『日本農耕文化の生成』東京堂、一九六一）
「日本列島はいつできたか―形質と文化の複合性」（『日本語の歴史』第一巻、平凡社、一九六三）
「形質人類学から見た日本人の起源の問題」（『民族学研究』第三〇巻第四号、一九六六）
「人種論、起源論」（『新版　考古学講座』第一〇巻、特論下、雄山閣、一九七一）

日本人の形質と文化の複合性

日本人は人種として一つか　（私たちは、これまで日本民族の形成と国家の成立を説き明かしてきた。ここで、しばらく人類学の立場をかりて、人種の面から日本民族の成立をながめてみよう。）

かりに、こんにちの日本人の人種型を論ずるとして、私たちは、どの地方の日本人をその代表とするか。実は、この設問に答えることは、むしろ不可能である。というのは、たとえば、近畿地方の日本人と北陸地方の日本人とをくらべたとき、そこにはいちじるしい形質上の違いがあって、どちらを代表的な日本人にすべきか、決定しかねるという結果がみられる。近畿地方の日本人を畿内人、北陸地方の日本人を北陸人とよんでみる。両者の男性の頭骨を計測して総合的な類似性を示す数値をだしてみる（これを平均型差といい、この数字の小さいほど類似性がつよくなる。なお計測は二六種にわたって行なわれる）。北陸人と畿内人とのあいだでは一〇〇・五となるが、朝鮮人と畿内人とのあいだでは六一・八である。かりに、畿内人を日本人の代表とすれば、北陸人よりも、朝鮮人のほうが、はるかに日本人的であるという奇妙なことになる。

同じく、畿内人と琉球人の頭骨比較によれば、その平均型差は一〇六・一、畿内人と中国福建省人とのあいだでは七五・一という数値がでる。琉球人よりも、福建省人のほうが、はるかに畿内人に近いことになる。

一つの地方をとって、日本人を代表させると、このように、日本人と朝鮮人、日本人と福建人のあいだには、日本人の相互のあいだのつながりよりは、もっと密接なつながりがでてくる。民族としては、これらの三者はまったく別種である。しかし、人種としてはあるいは一つの種族かもしれない。あるいは逆に、民族としての日本人は、すべて一つであっても、人種としては、一つにできないのかもしれない。

私たちが一口に日本人とよぶものは、厳密な意味での人種学上のよび方ではないのかもしれない。つまり、人種学的には、全体をひとまとめにした日本人、すなわち〈日本人種〉というものがあるかどうか、それが問題になる。実は、それについては、まだよくわかっていないのである。もちろん、頭骨だけの比較の結果から、このようなことをいうのも、多少の危険はあるかもしれない。しかし、一面からみれば、頭骨だけでもこのようなことがいえる、と考えることもできる。日本人のあいだに人種学的の差がある、ということの例証だからである。地方差を考えないで、日本人の人種性を論ずることは、右の例でみても、意味が少ないということがわかる。それならば、日本人のあいだには、どのような地方差があるか、それを明らかにしなければならない。

現代日本人の地方差　現代日本人の地方差を、全国的にひろく調査した研究は、人類学者の長谷部言人や松村瞭によって戦前に行なわれた。しかしその材料の点でややかたよっていたり、調査も頭形と身長、あるいは身長だけにかぎられている。

そこで、第二次世界大戦後の一九四九（昭和二四）年に、学術研究会議の共同研究〈日本人の生体測定班〉が発足し、一九五三年にいたる四年のあいだに、全国にわたって町村別に、同一規準にしたがって、全身の計測を行なった。計測しえたのは一五八町村、被検者は男三三、六〇八人、女二二、八八七人、計五六、四九五人だった。その結果の大要は、一九六〇（昭和三五）年に小浜基次によって報告されているから、ここではその資料を利用する。

小浜はその総論として「日本列島に分布する日本人の形質には、著しい地域的差異を認める。この地方差はどのようにして生じたものであろうか。基本的な一集団の変異のあらわれとするもの、また時代差、環境の差によって生じたものとするものもあるが、二つ以上の異なる集団の混血による影響も考慮すべきであろう」という。その考えの根拠には、小浜が調査した北海道の混血アイヌや、慶長（一五九六〜一六一五）年間、南九州に移住した朝鮮人の子孫についてみた、混血による変化の事実がある。

そうした地方差の例として、小浜はまず男性の頭長、頭幅、頭形示数（頭長に対する頭幅の百分比）をあげてみせる。

頭長は全国では平均（以下注記しないものは平均値とする）一九六〜一八二㎜、頭長幅示数は八六〜七七の範囲にあり、示数は中頭の下位から過短頭におよんでいる。短頭の中心は畿内（近江、山城、大和、河内、摂津、丹波）である。これは畿内から、短頭度を減じつつ、西は瀬戸内海沿岸をへて対馬《つしま》へ、東は東海道、中仙道をへて南関東に延長する。

中頭の群は、東北、北関東、山陰、北九州（豊後を除く）と、周縁の離島（佐渡、隠岐、壱岐、五島など）がこれに入る。南九州とくに薩摩と東九州（豊後）は軽度の短頭に、四国では西部、南部は軽度の短頭、讃岐、阿波は中頭群に入る。

すなわち、短頭は西日本の畿内集団を中心にして、東西にのび、中頭は東日本より裏日本に向かってひろがり、短頭群を囲むように分布している。とくに山陰や北九州の離島（隠岐は体部でもこの群のうちで代表的である）に中頭の下位（長頭に近いもの）がのこされている。次頁の図（小浜による）は、この関係を図示したものである。

小浜は頭長幅示数の分布状態のこの事実によって、日本人を大別して二集団に分け、それぞれの集団の代表者として、短頭型では畿内人、中頭型では東北人を選びだした。これら両者の成績によって、さらに頭形示数以外の、他の形質をもあわせて比較をこころみている。以下畿内人集団を〈畿内〉、東北人集団を〈東北〉と略記する。

小浜の比較は、頭部では頭長、頭幅、頭長幅示数、頭囲、頭耳高、頭長高示数、頭幅高示数、顔部では頬骨弓幅、頭幅頬骨弓幅示数、体部では身長、比上肢長、比下肢長、比躯幹（胴）長、比肩峰幅、比骨盤幅の一五計測である。

比較の結果は、身長以外の点では、ことごとく両群のあいだに差があらわれる。身長の分布は全国的にみて、頭形の分布と一致しない。しかし、小浜の説を離れて、畿内と東北の両群のみについて考えると、東北の一部（陸中）には、とくに長身者が多く、一種の例外をつくっている地方がある。これをの

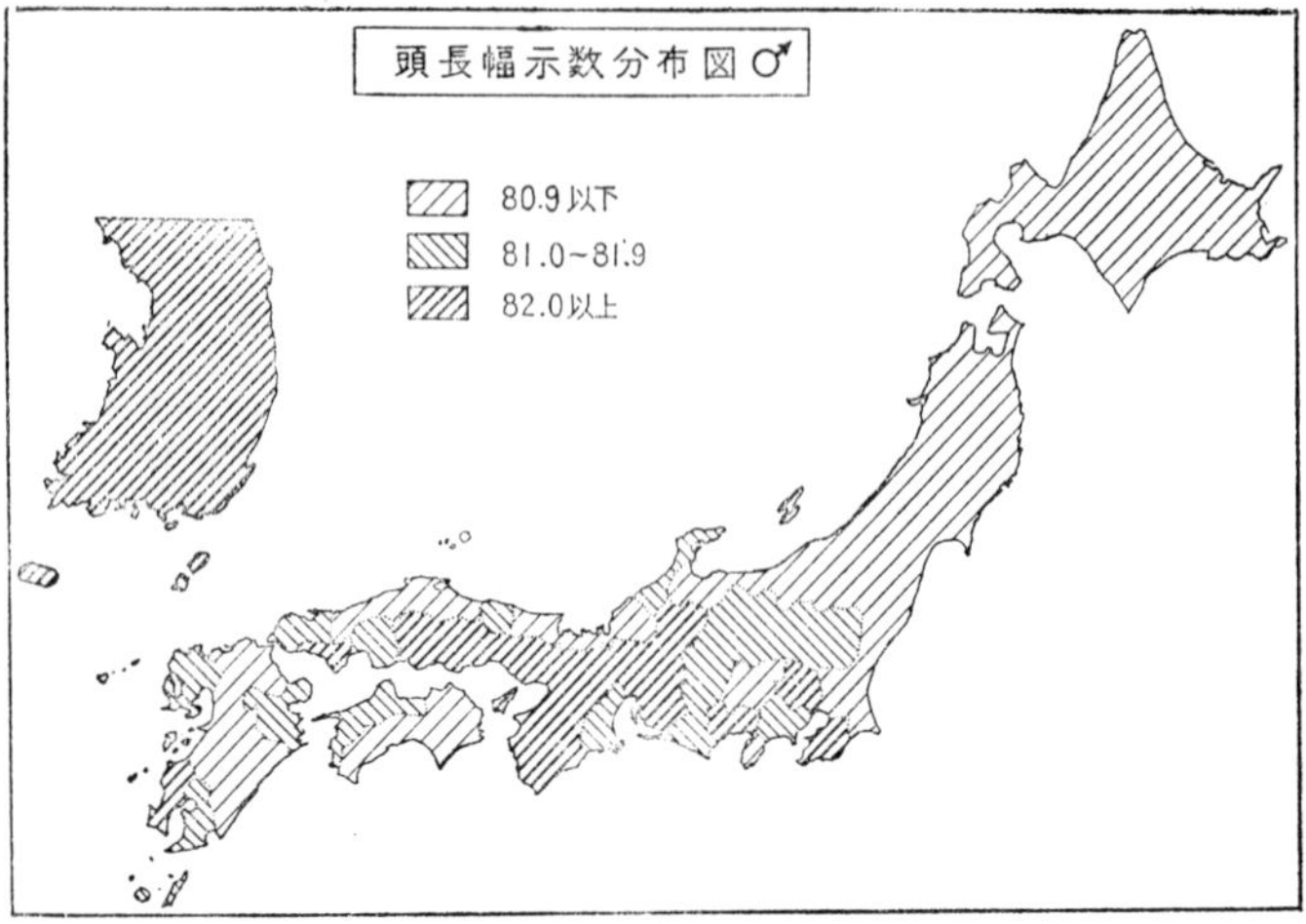

ぞければ、いっぱんに畿内より東北は小さくなる。さきにあげた松村瞭は、陸中の頭形の、東北のほかの地方にくらべて、変異度の大きい点を「陸中は周囲の諸国と異なって、古来西部諸国との交渉の多かったこと」がその原因ではないか、と考えている。これを正しいとすれば、この地方の身長がとくに高いことも、あるいは畿内群の影響によると考えられるかもしれない。

東北はアイヌ型、畿内は朝鮮型　ところで、小浜は、畿内と東北との両群のあいだの計測で、畿内が東北より大きい数値をみせるのは、頭幅、頭長幅示数、頭耳高、頭長高示数、比躯幹長の五項目であり、ほかの一〇項目は東北のほうが、畿内より大きいことを示してみせた。その一つ一つを日本人の周囲の諸民族のそれとくらべると、東北はアイヌに近く、ことに北海道の混血アイヌにきわめて近い。そして畿内は朝鮮人に近い。以上一五項目の平均偏差比（数値が小さいほど全体としての類似度が強い）をみると、東北とアイヌとのあいだは〇・五〇、混血アイヌとのあいだは〇・二七、畿内とのあいだは〇・五六、朝鮮人とのあいだは〇・七四となり、東北は畿内人に対するよりはアイヌの方によく似ていることがわかる。

畿内とアイヌとのあいだは〇・八二、混血アイヌとのあいだは〇・六一、朝鮮人とのあいだは〇・四四で、畿内は東北人に対するよりは、朝鮮人のほうにいっそうよく似ている。

以上のような事実から、小浜は、ほぼつぎのような要約をしてみせる。

（1）諸形質の計測学的所見よりみて、現代日本人を二つの地方型に分けることができる。東北・裏日本型（東北、北陸、山陰、北九州とその離島に分布）、畿内型（畿内を中心として西は瀬戸内海沿岸に、東は東海道、中仙道より南関東に分布）。

（2）この二つの地方群に類似する種族を近隣にたずねると、東北・裏日本型に近い種族はアイヌ系であり、畿内型に近い種族は朝鮮系であろう。もっとも代表的な畿内人は東北・裏日本人よりも朝鮮人に類似する。また、西部の離島には、計測学的にはアイヌに近似する集団も少なくない。

（3）この両群の日本における地理的分布から、集団の移動を推定してみると、東北・裏日本群がまず広く日本に分布し、そののち、朝鮮半島から新しい長身、短頭、高頭の集団が渡来し、瀬戸内海沿岸をへて畿内に本拠を占め、一部がさらに東進して畿内型となったものであろう。畿内型の周縁や、西日本辺縁の離島に代表的な東北・裏日本型がのこされていることによっても、先住の可能性を思わせる。

（4）アイヌと日本人との関連については、混血アイヌの形質が、東北・裏日本型にもっとも近似する事実がある。こんにちにおいてもアイヌと和人との通婚は多いが、古くよりアイヌと和人との接触部には、たえず混血が行なわれたであろう。また、その混血はさらに和人化して、今日の東北・裏日本型にいたったものと思われる。その基本型が、現在のアイヌとしてのこされたものではなかろうか。

（5）現代の日本人構成の主流をなした基本集団は、朝鮮系とアイヌ系であろう。その混交によって亜型、移行型も形成され、現在の日本人を構成しているものと考えられる。そのほかシナ系については、南シナ、また南方系のミクロネシア、インドネシアの一部もこれに加入している可能性はあるが、この方面の今後の研究が進められれば、さらに明らかとなるであろう。

小浜によれば、現代日本人の生体にあらわれる諸形質の分布状態からみると、日本には、まず短身、長頭、低頭の、こんにちのアイヌの基本型だったとおもわれる先住民がいた。そこへ朝鮮系の長身、短頭、高頭の種族が渡来した。この両者は、いまもある程度それぞれのタイプを存続して、こんにちの日本人の地方差をつくっているが、そのあいだには多くの亜型、移行型をつくっていった、ということになる。南シナや南方系体質の要素の参加も、小浜は可能性としてみとめている。ここに推定された先住民が、遺骨によって知られる日本古代人とのあいだに、いかなる関係をもつかについては、小浜はこの論文ではふれていない。

しかし、小浜の所説の当然の結果として、日本石器時代人こそは、ここにいわゆる先住民であり、こんにちの東北・裏日本人型の基本をなしたものだ、ということになりそうである。

また、右の後来の朝鮮系種族が、おそらく弥生文化の輸入者であったであろう、ということは、小浜と同一資料について、頭長、頭幅の分布を調べた上田常吉によって推定されている。上田は示数八一・

○を境界として、上を短頭、下を中頭と分け、それぞれを代表する両地区のあいだには、ヨーロッパにおける、別個の二人種である、北海人種 Nordsee-Rasse とアルプス人種 Alpine-Rasse とのあいだの差に匹敵するほどのちがいがあるといい、この差のおこった原因としては、いまのところ一集団の突然の変異 Mutation によるとみるよりは、一集団のうえに、第二の集団のかぶさったためとみるほうがいいと述べている。その第二の集団は、短頭の住民であり、これは、おそらく朝鮮から先史時代のある時期に、新しく農耕文化をたずさえて渡来したものであろう。代表的な短頭地区である近畿を中心とした地方に、一種特有の銅鐸文化を、この時期にのこしたのが、おそらくこの民族であったと考えられる。いまの短頭、中頭両地区はともに、これらの第一、第二要素の混合型であるが、その混血の濃淡によって、こんにちのような地方差を生じたのであろう。

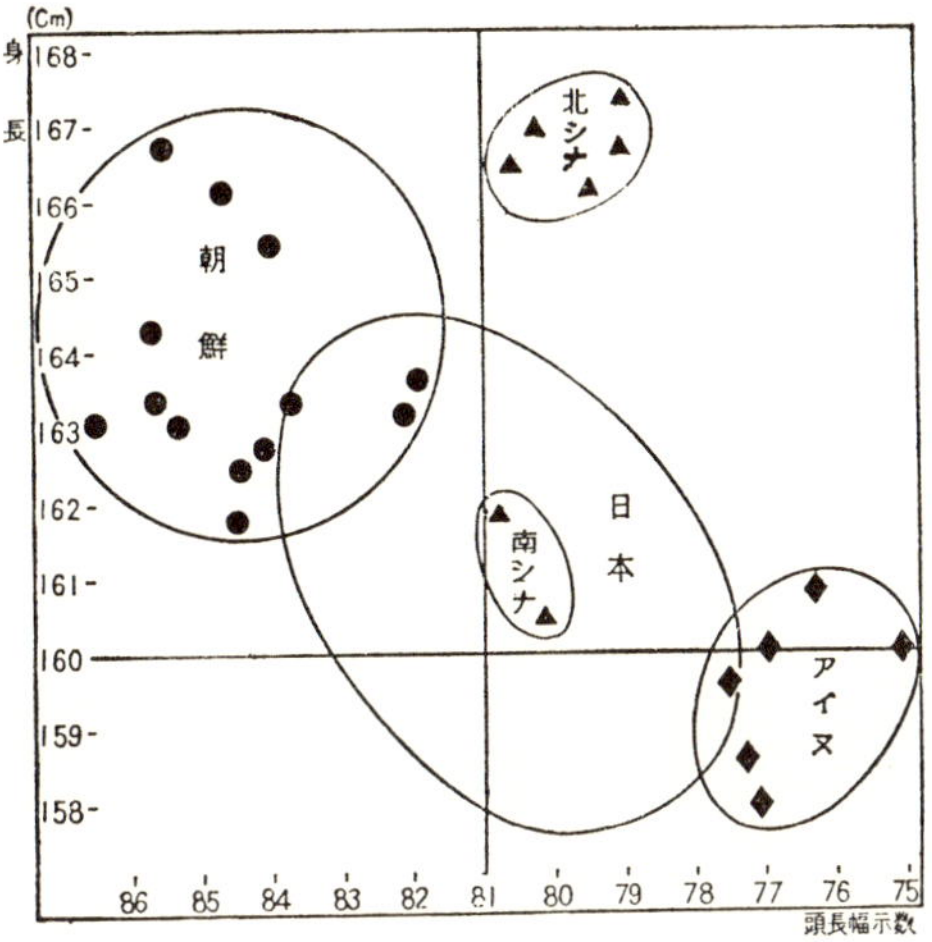

地方差から日本人の起源を探る 全国的な材料を用い、かなり多くの計測項目を調査してはいるものの、もちろん、この調査とそれにもとづく考察を十分なものということはできない。そういう意味で、ここには別に二人の学者によって行なわれた考察をくわえる。さき

の同じ資料を使って、今村豊と岩本光雄が、日本人の起源について発表したものである。今村・岩本の利用した項目は、頭長、頭幅、頭長幅示数、身長の四項目であるから、これは小浜のものよりは少ない。その結果は、身長と頭長幅示数の総合分布図によって、前頁図のように示されている。

ここからみちびかれる今村たちの結論は、およそつぎのとおりになる。すくなくとも、頭長幅、身長からみるかぎり、同じ日本人にもいちじるしい地方差があり、その多くの部分は南シナ人に、少なからぬ部分は朝鮮人に、そして少部分はアイヌに類似している。いちおう、そういえるが、この類似も、頭長幅と身長との両者において、かならずしも一致するものとはいえない。そういう矛盾やずれは、計測値以外の形質をも同時に考慮すれば、さらに多くなるかもしれないという予想さえたつのである。その計測値以外の形質としては、血液型、掌指趾紋、蒙古皺、皮膚、毛髪その他を考えている。結論として、「一口に日本人といっても、形質的にけっして等質的ではなく、異質のものが多様に交雑していることだけは明らかであり、そして、それら異質に相当するものが、周囲種族のなかに見いだされるということは、日本人の起源を考えるにあたって無視することの許されない事実であろう」とむすんでいる。

この結論は、日本人の大部分が、南シナ人に類似する、という一項以外は、小浜・上田の考察に一致している。小浜の方法は、両群のなかから、きわだった対照を示す代表者として、近畿と東北のみをとりあつかった。そのために実際としてはもっとも数の多い、両者の中間型が表面にでなかったのであるが、今村たちのいうこの南シナ系にあたるものを、小浜のリストのなかに求めると、どうもこの中間形、すなわち小浜のいわゆる亜種、移行型にあたるもののようである。可能性としては、南シナ要素の混入を予想してはいるが、朝鮮系、アイヌ系以外に、第三の基本型の存在を、小浜は実証することができなかったのである。

かくして、小浜や上田によると、日本人の構成は、二元的だということになるが、今村・岩本にしたがうと、大多数の南シナ人類似者と、一部の朝鮮人類似者と、一部のアイヌ類似者とよりなる、という三元説になるわけである。また小浜の二元説は、日本人構成の基本的な二要素となるらしいが、今村・岩本説は、朝鮮型とアイヌ型の両者は、基本要素である南シナ要素への、付加的要素だとするもののようである。

ところで、日本人の起源について、すでに長谷部言人は、生体における頭形および身長の類似をあげて、いまの日本人の祖先を南シナに求め、地理的位置や考古人類学からの傍証をくわえて、洪積世後期に、南シナから渡来したものであろうという見解を発表している。今村・岩本のいうような他要素の混血説をとらず、大陸においてすでにいくらか変化をみせ、日本列島に渡来したのち、さらに地理的条件や生活環境を異にすることによって、こんにちみるような地方差を生じたものであろうというのが、その骨子である。日本人の地方差を、混血によるものと考える必要はないかという点で、かりに上田・小浜を二元説、今村・岩本を三元説とすれば、長谷部は一元説である。

もちろん、生体における人種性は、計測的形質にのみあるのではない。また以上の考察に利用された計測項目の数は、いずれも少なく、その多いものをもってしても、その結果はまだ日本人の由来を考察するうえの、完全な根拠になるものとはいいがたい。いずれも暫定的の説だといわなければならない。というよりは、これによって、日本人の由来を考察するうえに、なんらかの見当をつけようとこころみたという程度のものである、といわなければならない。

血液型によって人種の特色がどこまでわかるか　非計測的人種特徴として、現代日本人について、全国的に調査されたものには、ＡＢＯ式血液型（以下たんに血液型と記す）と指紋とがあるが、ここでは、まず血液型をとりあげてみよう。

日本人の血液型については、古畑種基の最近の総括を利用する。血液型が明らかな遺伝性をもち、環境に影響されることなく、生涯不変であることは周知のとおりである。しかし、集団的に、その各型（タイプ）の出現率をもって比較するのが、人類学ないし人種学の方法であって、多量の混血による頻度の変化は、当然おこるから、ここにも混血の有無やその程度は、当然ながら問題になりうるであろう。

さて、古畑の最近の発表によると、日本全国一一四万八、六二三名の集計の結果は、Ｏ型三一・五％、Ａ型三七・三％、Ｂ型二二・一％、ＡＢ型九・一％、人種係数一・五となる。沖縄を入れて四七の道都府県別にみると、Ａ因子（ｐ）の頻度は、変化がもっとも大きく、その頻度の大小からみると、Ａ因子は西日本に多く、東日本に少ない。Ｂ因子（ｑ）の頻度は、比較的変化に乏しい。その順序は、ほぼＡ因子の逆の傾向を示し、東、なかんずく東北地方に多く、西に少ない。Ｏ因子（ｒ）の頻度には出入りはあるが、おおまかにみると、Ｂ因子の分布にみたものと同様の様相がみられる。その大きい方は、ことに太平洋側に片よっているようにみえる。これらの分布状態を、その頻度の等位線で日本地図上に、古畑はつぎのように図示している。

この分布は、さきの頭型や身長の分布とはかならずしも一致しない。ただB型が東北に多くてアイヌにつながり、A型が西南に多くて南朝鮮につながる、という点では、頭形の場合の結論である短頭型、中頭型の関係によく似ている。ただし、南朝鮮人は、B型が日本人にくらべてきわめて多く、O型が少ない。そのA型は北朝鮮に近づくほど減じてくる。南朝鮮のA型は、あるいは日本側からの影響とみるべきかもしれない、といちおう考えておいたほうがいいだろう。

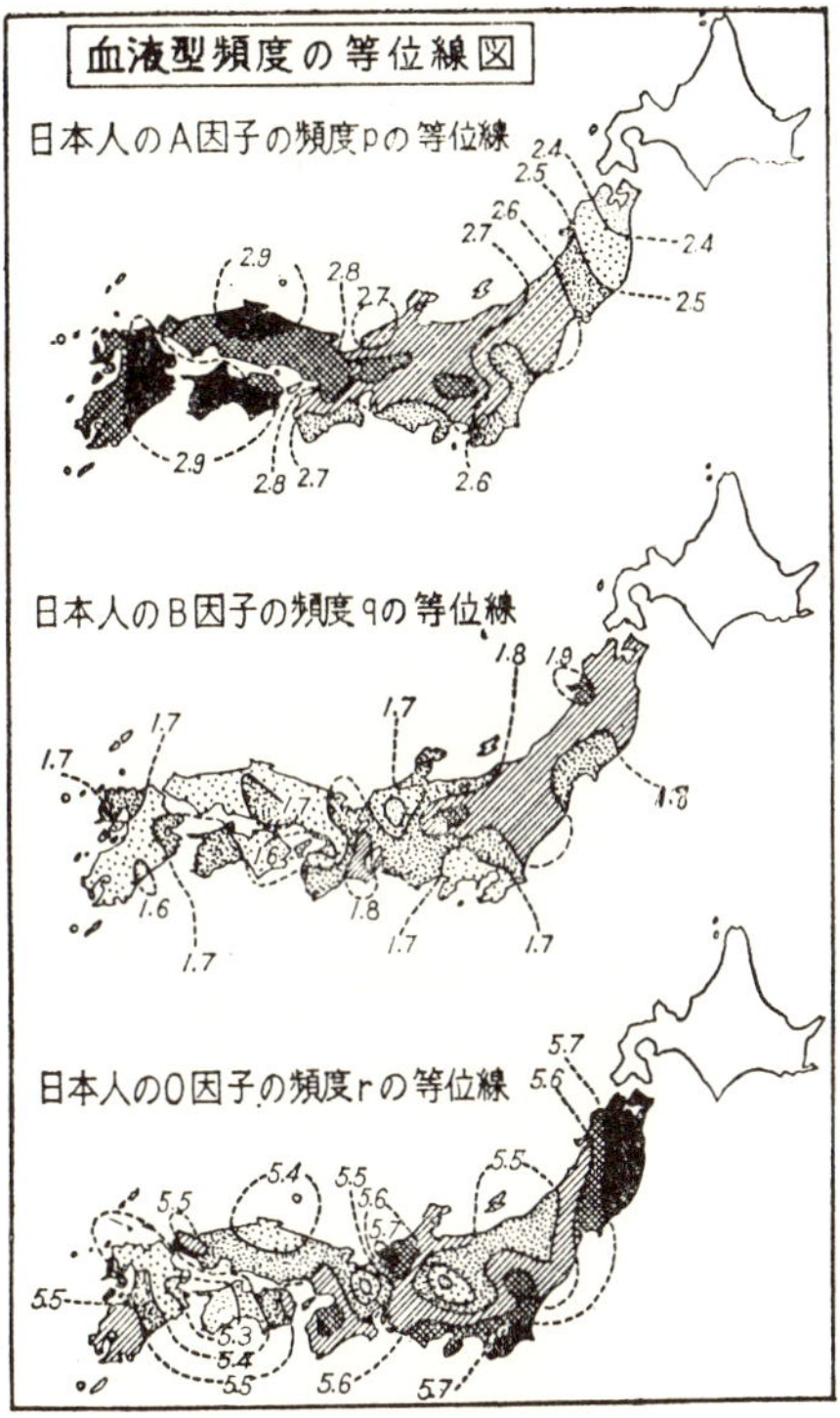

こういう血液型の調査から、古畑は日本人の来源をつぎのように考えている。

「日本島には、はじめ太平洋諸島に住んでいた民族（O型の多い太平洋＝アメリカ型）が、南方から渡来したところに、北方からおそらく朝鮮半島をへてB型因子の多い民族がきてひろがり、さらに、A型因子の多い民族が、九州の北部、中国、四国に分布し、これが勢力をえて漸次東方に進出してきたものと考えられる。」そして、A型を主因子とする民族は「縄文式時期から弥生式時期をへて」日本にひろがったのであろう、と考えている。

このように、日本人の血液型が多源要素から由来したとするならば、その後に日本島内で成立された日本人全体としての、こんにちの特徴を、そのままで他民族のそれと比較してもはじまらないことになる。日本人の血液型が、たとえば、中国湖南省民や、ハンガリー人などのそれに似ているということは、偶然だということになる。これと同じことは、まえの計測数値の場合でも、もちろんいえる。

もっとも、その全体が一定の範囲内にある、というとき、その全体をあるがままの一集団とみて、他と比較し、現在の世界人種間における日本人の、位置を見きわめようとする努力も、むだであるとはいえない。しかし、これは日本人の由来探求とはまた別の試みであって、ときとしてはたぶんに人工的な分類学上の仕事となる。日本内における地方差の存在と、その差の由来を、その差が各地における自然変異 Mutation の差によるのか、あるいは混血様相の差によるかを知ることが、現在の問題であるが、これに対する血液型に関しての解答の一つは、いまみてきたとおりである。これが唯一の解答でないにしても、すくなくともB型者の多いなかへ、A型因子が、先史時代のある時期に多量にどこからか入ったろう、という考えには、蓋然性が多いとおもわれる。

その他の非計測的な人種特徴からの推定　指紋については、古畑の集成もあるが、戦後（一九五二〜五五年）、学術研究会議指紋研究班の仕事として全国的に調査された。全府県一八八郡にわたる調査総数は、男二

四、三七二名（女性材料は未整理）。その集成は小池敬事によって一九六〇年に報告された。この研究では、指紋の分類は小池法によっている。統計は十指法による。

ここには便宜上、渦状指紋の頻度のみを問題としてとりあげることにする。渦状紋以外の大部分は蹄状紋がしめるから、渦状紋がわかれば他はおのずから推察できる。小池は渦状紋の頻度を、四二％を境界として、それより大きい群と、それより小さい群との二群にわけた。小池の要約によると、つぎのようにいえる。

東北地方では、大きい群も小さい群も同じくらいに分布しているが、ひじょうに大きい群は欠けており、全体としてはかなり低いほうに属する。関東地方では、三分の二が二四％より低い。全体としてはひじょうに低いほうである。中部地方では、北陸と東海道の大部分、甲斐、信濃の南半以外は、すべて四二％以上である。近畿地方では、太平洋岸をのぞいてすべて四二％以上である。中国地方では、出雲、伯耆《ほうき》の一部をのぞく山陰以外は、すべて四二％以上である。隠岐は例外的に低い（二七・七％）。四国では、大部分が四二％より大きい。九州はほとんど全地域が、四二％以上。四六～四七％にのぼるところも多い。四〇％以下の郡は、全九州五〇郡のうちの一郡のみである。全体を通観すると、渦状紋三五％以下の低頻度地方は、能登―三河間の一線をこえて西方には見いだされない。この「東西日本の境界は、かなり明らかに想定される」と小池はいっている。

渦状紋の頻度を五階級に分類して、各階級の分布図を小池によって図示すると、つぎのようになる。

その西部日本における分布は、一部の例外をのぞけば、七八ページの頭長幅示数の分布図ときわめて

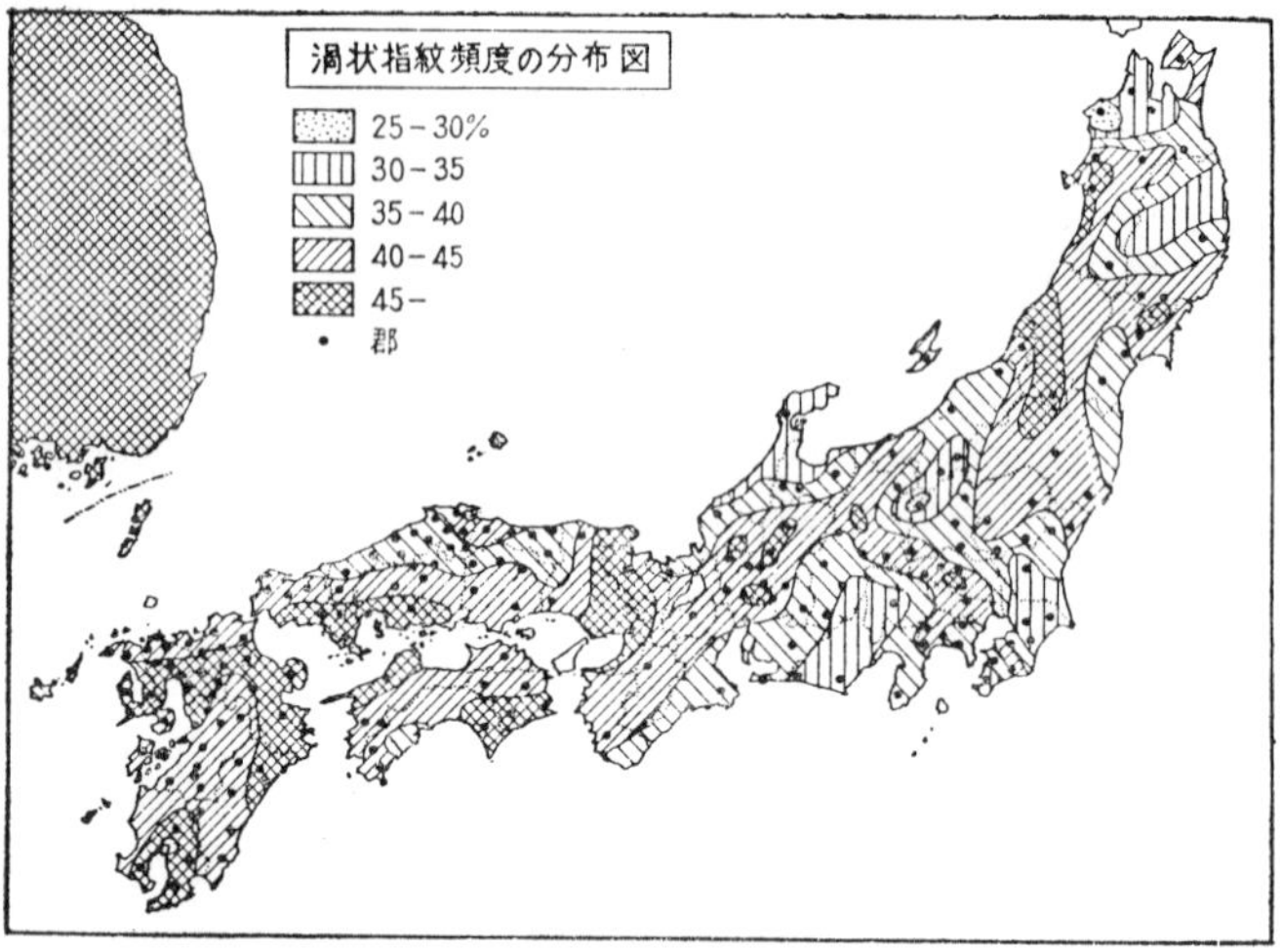

よく類似している。短頭地域に渦状紋が多いという傾向がみえるのがそれであるが、事実、八五ページのAの血液型A因子の分布図にもその傾向が多少うかがえる。ことに朝鮮図をこれにおぎなえば、その傾向はいっそう明らかになるであろう。これらの形質群の西部日本における分布の類似は、偶然とはおもえない。すなわち、西部日本の短頭にはA型血液型と渦状指紋とがともなって、三者は形質上の一つの複合体《コンプレックス》をつくっている。このコンプレックスは、そのまま南朝鮮にみられるものであり、また、いまはそれほど明確ではない高身長も、小浜のあげた他の部分の計測的特徴とともに、おそらくこのコンプレックスにふくまれるものであろう。この事実は、これらの差が各形質個々の自然な変異から、他の形質と関連なくうまれた個々の結果の偶然の結合によるものではない、ということを、つよい蓋然性をもって明示するものといえる。

腋臭《わきが》についていえば、日本人は腋臭をもつ者が極めて少ない（約三％）(注)。これはアイヌをのぞけば東アジア一般の傾向である。なかんずく北シナ（〇・三％）、北朝鮮には少ない。しかし東南アジア諸島にはこれが比較的多く、日本では九州人に比較的多い。その頻度は北九州よりも南九州（約九～一〇％）に多く、さらに琉球（九・五％）につづき、琉球も南に下るにしたがって多くなり（約三五％）、台湾のタカサゴ族（四二～四六％）では、東南アジア諸島における頻度に匹敵する。この九州人に腋臭がやや多いという現象は、地理的な隔絶からみて、そのほとんど全部が腋臭者であるアイヌとは、むすびつけることができないから、南方につながるものとみるよりほかはない。これは九州南部から琉球、台湾、さらに南方につながる低身長とおそらくは一つのコンプレックスをなすものであろう。ソヴィエトの人類学者M・G・レヴィンは、一九六一年、インドネシア人の形質が、四国とくに香川にのこっていることを記している。もちろん、その根拠は明らかでないが、このコンプレックスと考えあわせてみる必要があるかもしれない。そういう意味では、日本人の形成における南方要素は、しばしば口にされるが、わずかこの程度のことしか、いまのところではいえないのである。

現代人の人骨調査と赤血球異常からの推定　現代日本人の人骨は、全国にわたる多数の材料をそろえていない。しかし、その計測のあるものは、生体計測の成績とパラレルであって、後者の成績から推定できるものがあるから、ここでは小浜の比較資料として用いられなかった顔の高さを示す上顔高と、これと同様に生体ではいくらか信用度の少ない頭高とについて、既知の資料のあいだとの関係をみよう。方法上、頭骨におけるこれらの計測は、生体におけるものより確実である。

現代日本の各地方と周縁地方（沖縄・朝鮮）の頭骨における頭高（バジオン・ブレグマ高）と、上顔高

第1表　頭骨高径の比較

	頭高(Ba—B.高)	上顔高
アイヌ		
カラフト・アイヌ	136.1 (21)	72.8 (20)
北海道アイヌ	139.5 (87)	69.7 (71)
八雲アイヌ	136.4 (49)	68.4 (36)
本州日本人		
関東日本人	138.1(143)	70.7(144)
北陸日本人(金沢)	134.5 (30)	70.0 (30)
〃　〃	135.1(157)	69.3(143)
畿内日本人(京都)	138.6(127)	70.4(115)
〃　〃	139.7 (30)	72.9 (25)
中国日本人(岡山)	139.8 (45)	72.4 (40)
九州日本人(長崎)	141.1(135)	70.7 (67)
〃　玄海灘沿岸日本人	140.0 (42)	72.7 (31)
〃　瀬戸内海沿岸　〃	138.7 (36)	72.1 (33)
〃　有明海沿岸　〃	138.9 (30)	70.3 (28)
沖縄住民		
徳之島住民	139.9 (53)	69.9 (56)
与論島〃	136.5 (33)	70.0 (25)
沖縄本島　〃	137.9 (28)	65.9 (26)
朝鮮人		
朝鮮人(竜山)	138.4(152)	74.0 (96)
〃　(京城)	140.0(178)	73.9(145)

(対象♂，単位mm，カッコの数字は調査例数．
金沢，京都は別人による調査)

の平均値を表示すると、第1表のようになる。

この表によると、頭高は北陸がきわだって小さく、八雲アイヌ、樺太アイヌに近い。関東、畿内、中国、九州のあいだには大差はないが、九州では長崎がやや大きい。徳之島は九州圏に入るが、与論、沖縄は小さくなる。朝鮮は九州群と変わらない。日本群のなかではとくに北陸が変わっており、この点でアイヌに近い。

上顔高は、関東、北陸は小さくて、北海道アイヌに近い。畿内、長崎、有明海沿岸も、奄美集団とともにこの圏内に入る。沖縄は全群中、もっとも小さい。そのほかの九州資料では、畿内、中国地方にみるような比較的大きい数値を示し、朝鮮の数値に接近する。関東、北陸が北につながり、畿内・中国・九州が、南方でなく、むしろ朝鮮のほうにつらなる傾向がほぼうかがえる。これは、生体における他の形質で小浜の認めたところと傾向的に似ている。

最後に、一九四九年以来、遺伝性の明らかな各種の赤血球異常が発見され、これが人類の集団に関連して、つぎつぎと登録されている。そのあるものは、東南アジア諸島の住民からも見いだされているから、これがその地方に到達あるいは発生したのちに、もし日本人がその地方から渡来したと考えられるなら、日本人にもこれがなければならない。ところが、最近まではそれが発見されなかったために、日本人の南方由来説に対して、これが一つの障害となるかのようにおもわれていた。しかし、一九六〇年にはM型の異常赤血球症が、岩手、東京、下関、久留米で、一九六一年にはサラセミア・マイナー症が、奄美大島で発見され、一九六二年以後には山口県下や福岡県下で異常赤血球症が発見された。また朝鮮人児童にも見いだされた。日本人の由来を考えるうえに、この方面の考察が、これからは必要になってくるであろう。

ところで、これまでにみてきたような地方によって異なる体質の特徴は、各地の状況にしたがって自然発生的に生じたものだとみる考え方がある。しかし、これは頭形、血液型、指紋のように相互間になんらの生理的関連もない特徴が、一つのコンプレックスをつくってある集団に固定され、それによってその集団が他と区別されている、という事実からみると、きわめて通用しにくい考え方であるといわなければならない。

古代人の人骨研究がもつ困難な条件　現代日本人の生体調査を主にした数々のデータから、日本人の形質的構成の過程をながめてきた。もちろん、ここには少数項目の統計の結果を補うための推測的な解釈がある。その意味では、これを完全なものということは許されないが、いまもつづけられている古人骨の研究が、これとどう照応するか、一面では、まことに興味のあるところである。

現代日本人の材料は、全国にわたって調査に必要な数を任意に集めることができる。しかし、古代日本人の体質を示すほとんど唯一の材料である人骨となると、そうはいかない。発見地もかぎられ、発見

第2表　頭骨長・頭骨幅・頭骨長幅示数・推定身長の比較

	頭骨最大長 (mm)	頭骨最大幅 (mm)	頭長幅示数	推定身長 (cm)
縄文時代				
関東	182.6(46)	144.3(46)	79.0(46)	159.1(4)
中部，吉胡 (晩期)	183.3(42)	145.0(43)	79.2(35)	158.9(22)
中国，津雲 (主として晩期)	186.4(16)	144.4(18)	77.7(16)	159.9(13)
〃　太田 (後期)	183.7(9)	144.3(9)	79.3(6)	162.5(18)
九州，阿高 (後期)	183.6(9)	145.6(9)	79.4(9)	160.2(6)
弥生時代				
肥前，三津 (主として中期)	184.7(10)	145.6(10)	78.5(10)	162.0(7)
長門，土井ケ浜 (前期)	182.8(52)	142.6(54)	78.1(48)	162.8(18)
古墳時代				
関東	182.9(32)	140.1(32)	76.5(32)	161.1 (5)
関西	181.6(31)	140.4(33)	77.6(28)	161.5 (3)
近畿	178.1 (7)	142.5 (8)	80.0 (6)	

（対象♂，カッコの数字は調査例数）

の個数も極度にかぎられるのがふつうである。古代住民の体質の全国的な地方差を正確に知ることは、およそ不可能にちかい。

土器の表面に同時代人の指紋ののこった例もあるが、もちろん統計材料として十分なだけの例数は、集められていない。

三世紀の『魏志倭人伝』に異民族の体質の形容としてしばしば用いられる、深目広鼻とか、捲髪白面ないしは微黒というような記載も、倭人についてはとくに記されていない。しかし、この記載を欠くというそのことから一つの推定はたつわけである。記録者である北シナの古代人とほぼ同様の体質、すなわち古代シナの画像などが明らかに証している一般モンゴロイド型の体質を、弥生時代末期のころの北九州人がもっていたのではないかということが想像できる。前三、二世紀ごろまで縄文人がアイヌに近いかたちをしていたというなら、五世紀たつかたたないうちに、その子孫が北シナ人とほとんど変わらない姿になったということになり、いささか早変わりにすぎるようである。そういうことを考える手がかりに、こうした偶然の文献が役だつことにもなるが、これもほかに例のないことで、これ以上に詳細な記録を求めようとしても、どうにもならない。

さて、いままでに調査されている古人骨のなかで、主として比較的例数の多いものについて考えてみよう。便宜上、男性骨にかぎることにする（以下いちいち断わらない）。

まず第一に、日本古代人の体質に地方差があったかどうか、それを問題にしよう。頭長、頭幅、頭長幅示数、身長の四計測について、縄文、弥生、古墳の各時代別の比較表をつくると、第2表のようになる。ただし、身長はピアソン法によって、関東の縄文人では脛骨長から、その他は大腿骨長から推算した推定身長である。

これをみると、縄文時代においては、頭長は津雲がひとり大きく、関東は西部日本に対してやや小さい。津雲以外の西部縄文人のあいだにはほとんど変わりはない。頭幅では、吉胡と阿高がほかよりやや大きいが、大差はなく、ほかはみなよく似ている。頭長幅示数は、津雲がひとりほかより小さく、そのほかの各群のあいだにはほとんど差がみられない。頭長幅示数では、津雲がひとり小さく、そのほかの諸群のあいだには大差がない。身長は太田がひとり他より大きく、その他の群のあいだには大差はみえない。関東群に対し、吉胡以西のものを西部群として対立させると、これらの東西両群間には、きわだった差はみとめられない。わずかに関東の頭最大長が、西部群のそれよりもやや小さいということだけはいえるであろう。

弥生人のあいだの地方差については、ほかに比較材料を欠くので、長門の土井ヶ浜と、肥前の三津の弥生人をくらべてみる。前者は弥生前期末のもの、後者は主として弥生中期のものである。両者間では、頭長も頭幅も三津が大きく、長幅示数には大差がない。身長は土井ヶ浜が大きい。全体として、三津は土井ヶ浜より頑強度（ロブスティテート）が強い。この差を地方差とみるか、時代差とみるかは問題だが、三津は甕棺、土井ヶ浜は石棺埋葬者、前者には抜歯の風習がなく、後者にはこれがあるなどという、ある程度の文化の差もあって、さらに問題を複雑にする。そのうえに、のちに推定されるような混血の問題がこれにからんでくる。

古墳時代人の集団を関東と関西との二群に大別する。両群を比較すると、関東は頭骨最大長がやや大きく、長幅示数はやや小さい。そのほかには差は認められない。頭骨最大長の点で、関東は縄文人から古墳人のあいだにはほとんど変化はないが、関西では、縄文人に対して古墳人はきわだってその大きさを減じている。

関西古墳時代人をさらに近畿古墳人と西日本（九州と中国西部）の古墳人との二集団にわけて考えると、近畿は頭骨長を減じ、頭骨幅を増し、したがって長幅示数を大きく増している。この現象は、こんにちの畿内人と西日本との関係にそのままうけつがれている。すなわち、縄文時代にも古墳時代にも、東西間にとくにみるべき地方差は認められないが、古墳時代の近畿人と西日本人とのあいだには大きな地方差がみられる。弥生時代の地方差については、それを知る資料が欠けている。

同一表を縦にみて、各時代における変化にくらべると、弥生前中期に西日本には長身のものがあらわれ、古墳時代に近畿にめだった短頭者があらわれた、ということがいえる。ただし、表中の「関西古墳時代」の資料には「近畿古墳時代」の資料の一部がふくまれているから、そのあいだの差は、ここに示されたよりももっと大きいであろう。

古代人骨から推測できるもの　日本古代人骨にみるこのような時代的変化が、なにに由来しているかは、きわめて興味ある問題である。弥生時代人に長身者の出現したことについては、形質人類学を専門とする金関が、かつてつぎのような仮説を発表したことがある。すなわち、縄文人と弥生人とのあいだの身長の差は、同一群がうけた自然的変化とみられないこともないが、新しい長身族との混血のもたらした変化とみることもできるであろう。かりにあとのほうだと考えるならば、その長身の新要素は、弥生文化をたずさえて南朝鮮より渡来したものが、それであろうというのである。

これに対立する意見は、同じく人類学者の鈴木尚によって発表されている。鈴木は四例の関東地方の縄文人、五例の同地方の古墳時代人の脛骨長による推定身長のあいだに平均二cmの差を認め、古墳人における この身長増加を、のちの各時代にみる日本人体質の変化とともに自然変異、あるいは環境の変化の影響によるものと考えた。そうした変化が、人類発達史上の事実から考えて可能であること、関東には他人種との混血の疑いはないこと、古墳時代後に縄文時代人のような体質者が、全国からいっせいに姿を消してしまうことなどが、その説へのおもな理由である。

しかし、可能性というならば、混血にも同じく可能性がある。一をもって他を否定することはできない。混血の疑いは関東にはないというが、混血には急激な衝突性のもののほかに、記録にはのこされることのない緩慢な浸透性のものもあるはずで、約五世紀という古墳時代の持続を考えると、関東といえども、この問題から放免されているとはいいがたい。最後につけくわえれば、混血による変化説は、自然変異や環境の影響による変化説とあいいれないものではないし、そうした変化がはたらいたことは、混血説によって否定されているのでもない。

さてそののち、金関は、弥生人頭骨の調査の結果にもとづいてつぎのような考え方を発表している。縄文人と弥生人の頭骨の計測的な形質の比較の結果、後者は前者にくらべて、顔高、上顔高、眼窩高、鼻高などにあらわれる頭骨の高径が、いっせいに大きくなっている。ところが、これにつづく古墳時代には、これがふたたび低くなり、鈴木の認めるような低顔者になってしまっている。弥生人頭骨の高径にみるこの屈折は、さきの身長にみる屈折とおそらく同一現象であり、非混血変化とみるよりは、混血による変化とみたほうが理解しやすい。弥生人骨採集地の住民は、いまでは肥前の三津でも長門の土井ヶ浜でも、その身長がふたたび縄文人の短身にもどっている。身長における屈折というのは、この意味であるが、金関はこれについても、かつて、新しい長身要素の混入は、一時的のものであったから、後世になって世代をかさねるうちに、もとの要素のなかにしだいに姿を没していったのであろうと考えた。金関の主張は、つぎのとおりである。

同じ弥生人でも、薩摩成川の弥生後期人や種子島の弥生中期人には、長身要素の影響が認められないことから、この弥生前期の推定上の混血は、主として北九州周辺におけるできごとであって、その波及は地方的に局限されたものであったろうともみている。そういう意味でいえば、その新しい長身の要素、新しい弥生式文化の導入者は、朝鮮新石器時代人の二要素のうちの長頭型（示数七五・〇）要素であったであろう。これに対して、近畿地方に短頭を招来したものは、それよりのちまで、より多量、より持続的に、北九州を素通りして、畿内に移動した朝鮮新石器時代の、いま一つのタイプ、すなわち短頭型（示数八四・七）の要素であったであろう。この二要素は、南朝鮮では、おそらく二集団をなしており、そのあいだには体質の差とともに、ある程度の文化の差もあったにちがいない。近畿中心の銅鐸文化の担い手と、北九州中心の銅剣銅鉾文化の担い手は、日本におけるそれらの文化の最盛期の前後関係からみても、朝鮮古代に想像されるこれらの、その渡来期と到達地、またその渡来の量と持続とを異にした、たがいに異なる体質者の二集団であったであろう。現在の近畿中心の短頭型体質の由来は、このように説明しうるのではないだろうか。

これが金関の考え方であるが、いずれにしても、日本列島における前縄文文化の担い手、さらにさいきん問題になっている、それよりもっと古い前期旧石器文化の担い手については、いまのところ、日本人の由来を考えるうえに寄与するほどの知見はまだえられていない。これは将来の問題である。

（注）　本文は足立文太郎の稿本に依ったものであるが、その後田島・松永『人間の遺伝』には、日本人10〜11%、田中克己『基礎人類遺伝学』には10〜15%となっている。

弥生時代人

弥生時代人の骨格には、縄文時代人の骨格がそうであったように、発見された地方、あるいはその所属している時期によって、その人種学的特徴に差がある。一般弥生人なるものを設定して、その代表的特徴をあげることはむずかしい。

わたくしどもの手がけた弥生人骨の資料は、主として九州およびその周辺のものであるが、いずれも統計学的材料としては、まだ十分な例数には達していない。しかし、ややまとまった例数の得られた資料としては、つぎのものがある。

山口県土井ケ浜遺跡発掘人骨（昭和二八―三二年）、弥生前期末、石棺埋葬。

佐賀県三津遺跡発掘人骨（昭和三三年）、主として弥生中期、きわめて少数の前期人骨をふくむ。甕棺埋葬。

鹿児島県種子島広田遺跡発掘人骨（昭和三二―三四年）、弥生中期はじめ、棺なし。土壙あり。

鹿児島県成川《なりかわ》遺跡発掘人骨（昭和三三年）、弥生終末期、棺なし。土壙あり。

以上のほかに、島根県古浦《こうら》遺跡発掘（昭和三六―三九年）の弥生前期はじめの資料があるが、調査未完了である。また、上記のうち広田の人骨は、初年度発掘人骨のみが計測されており、成川のものは人骨の保存状態がきわめて不良で、現場においてかろうじて一部の人骨につき、二、三の重要事項について計測を行ないえたにすぎない。

いま、これらの材料よりえられた男性頭骨に関する計測の結果[1]を表示すると、表1のようになる（ただし、表中*印を付したものは上顎前方歯の、弱年時における、風習上の人工的抜歯によって、いくぶんの影響をうけたか、との嫌疑のある数値である。nは計測例数、Mは平均値、mはその標準誤差。以下の表でもすべて同様である）。

島根県古浦の前期弥生人男性頭骨については、偶然摘出された一例[2]における若干の計測値をつぎにあげる（表2）。この数値は土井ケ浜人骨の平均値と非常によく似ている。北九州・山口地域は、弥生人の体質に関しては、少なくとも日本海岸では、中国中部まで拡大してもいいかもしれない。

さて表1の成績からみると、土井ケ浜人（便宜上この略語を用いる。以下同様）と三津人とのあいだでは、頭骨長・頭骨幅・頭骨高・地平周・頰骨弓幅、上顔高等において、後者が前者よりやや大きい平均値をしめしている。観測的にも、後者は前者に比して、一般に、より頑強な性質を呈しているが、全体としては、両者はほぼ同一傾向を有するものとみとめてさしつかえない。大腿骨の長さから割りだした推定身長の平均値は、土井ケ浜一八例一六二・八㎝、三津七例一六二・〇㎝で、その差は小さく、頭骨のばあいと同様のことがいえる。

一方、南九州の二群、成川人と広田人とのあいだでは、比較のできるのは頭骨長・頭骨幅・頭骨長幅

	土井ヶ浜		三津		成川		広田	
	n	M±m	n	M±m	n	M	n	M
頭骨最大長	53	182.49±0.94	15	184.73±1.50	14	(173.6)	8	167.6
頭骨底長	42	101.74±0.70	11	102.68±0.88			3	98.7
大後頭孔長	45	36.29±0.39	12	37.00±1.05				
頭骨最大幅	54	142.74±0.52	10	145.60±1.39	20	(149.3)	8	147.1
最小前頭幅	47	96.02±0.54	14	97.14±1.43				
大後頭孔幅	45	30.00±0.22	10	29.80±0.72				
バジオンブレグマ高	42	134.74±0.67	12	136.83±1.48			5	130.0
頭骨地平周径(G)	43	527.01±2.11	10	536.70±3.88			8	496.8
頭骨横弧長	49	315.08±1.10	11	321.27±3.17			10	321.5
正中矢状弧長	47	374.97±1.94	12	378.00±4.01			5	341.6
顔長	32	*100.00±0.83	10	101.10±1.36				
頬骨弓幅	26	139.92±0.86	6	142.41			3	132.3
中顔幅	36	103.58±0.64	10	104.30±1.56				
顔高			10	125.00±1.46				
上顔高	34	72.50±0.41	13	74.54±1.06				
眼窩幅(左)	37	42.54±0.23	14	42.93±0.49				
眼窩高(左)	40	34.20±0.18	13	35.25±0.56				
鼻幅	37	27.14±0.28	13	27.15±0.37				
鼻高	38	53.18±0.35	14	53.00±0.65				
口蓋長	28	*44.82±0.51	11	45.55±0.91				
口蓋幅	32	40.81±0.40	12	39.33±0.93				
全側面角	33	*83.70±0.50	11	82.55±0.91				
顔面三角∠N	32	*67.66±0.52	10	66.20±0.73				
顔面三角∠A	32	*70.22±0.51	10	69.50±0.67				
頭骨長幅示数	48	78.20±0.51	10	78.45±0.72	10	(83.9)	8	87.8
頭骨長高示数	41	73.65±0.44	11	74.18±0.93			5	77.4
頭骨幅高示数	42	94.20±0.59	9	94.89±1.55			5	87.4
大後頭孔示数	45	81.93±0.54	10	80.55±0.96			5	86.2
矢状後頭示数	59	83.60±0.32	13	82.91±0.81			6	85.1
上顔示数(V)	30	70.07±0.44	10	71.65±0.88				
眼窩示数(左)	39	80.25±0.51	13	82.45±1.44				
鼻示数	36	51.05±0.52	13	51.38±0.82				
口蓋示数	24	*90.53±1.28	11	86.63±2.18				
縦頭顔示数	31	54.67±0.46	10	54.25±0.87				
垂直頭顔示数	31	53.23±0.36	10	54.64±0.90				
横頭顔示数	25	97.66±0.49	6	98.45				

表1　弥生時代人頭骨（♂）の計数値（単位は mm および degree）

示数の三項目にすぎないが、広田人は成川人に比して、頭骨長・頭骨幅は小さく、頭骨長幅示数は大きい。その間に差はあるが、しかし両者に共通なのは、さきの土井ヶ浜人・三津人に比して、頭骨長がいちじるしく小さく、頭骨幅が大きい。また長幅示数がきわめて大きい。また広田人のばあいには、頭骨高が小さく、幅高示数が非常に小さい。推定身長の点でも、北の二群に対して、南の二群はあきらかに小さい（表3）。

この、南北九州弥生人のあいだの差は、三津人と広田人とが、おなじ中期人に属する点からみて時代差とは考えがたい。それよりもむしろ地方差と考えるほうが考えやすい。これを地方差と考えるならば、こうした地方差は弥生時代に発生し、あるいは弥生時代のみにみられる、その時代の特殊の現象であっただろうか。

これをあきらかにするためには、まず縄文時代における北九州（山口）群と南九州群とのあいだに、どういう体質上の関係があったかを知ることが必要になる。つぎの、表4にしめす御領人骨は、熊本県御領貝塚発掘（昭和五年および二六年[3]）、御領式土器を伴出する。阿高人骨は同県西阿高貝塚発掘（大正五年[4]）、阿高式土器伴出、長崎

頭骨最大長	182 mm
頭骨最大幅	142 mm
バジオンブレグマ高	135 mm
地平周径（gl 上）	513 mm
頭骨長幅示数	78.02
頭骨長高示数	74.18
頭骨幅高示数	95.07
顔長	87 mm
上顔高	72 mm
頬高弓幅	133 mm
鼻高	49 mm
全側面角	86°
上顔示数（Kollmann）	54.14
眼窩示数（1）	79.76
横頭顔示数	93.66
縦頭顔示数	47.80
垂直頭顔示数	52.55

表2　古浦弥生前期人の1例（♂）

	n	M
土井ヶ浜	18	162.8
三津	7	162.0
成川	26	160.8
広田	15	154.7

表3　男性推定身長(cm)

	御領(晩期)			阿高(後期)		出水(中期)		長崎鼻(晩期)	
	I_1	I_3	II_1	n	M	n		n	
頭骨最大長	186.5	196	190	9	183.6	1	194	1	185
頭骨最大幅	141	137	139	9	145.6	1	143	1	151
頭骨長幅示数	77.5	70.7	71.6	9	79.4	1	78.4	1	84.9
バジオンブレグマ高	124.5		136	1 1	134 136	1	131	1	111.5
頭骨長高示数	66.8		71.6	1 1	72.4 78.2	1	71.9	1	60.3
頭骨幅高示数	88.3		98.0	1 1	93.7 95.1	1	96.6	1	71.0

表4　九州の縄文時代人(♂)

鼻人骨は鹿児島県長崎鼻出土(昭和三〇年)[5]、黒川式土器を伴出する。出水《いずみ》人骨は鹿児島県出水貝塚発掘[6](昭和二九年)、中期土器をともなう。鹿児島県ではあるが熊本県にちかい。男性骨は一例のみである。御領・阿高・出水は北九州とはいえないが、その男性における計測値は岡山県津雲貝塚男性人骨の計測値[7]に匹敵し、これと同一群とみてさしつかえないから、これらをもってかりに北九州縄文人の資料とする。長崎鼻人は一例にすぎないが、これ以外に南九州縄文人骨の資料がないので、これもかりに、同地方の縄文人の一般よりはなはだしく偏していないものと仮定してもちいることにする。

以上の条件のもとに表4をみると、長崎鼻人は頭幅において他群よりいちじるしく大きく、頭高ははなはだしく小さい。したがって頭長幅示数は大きく、幅高示数はいちじるしく小さい。これらの点では、弥生人相互間における九州南北の両群のあいだの差と、その傾向をおなじくしている。弥生人間にみる九州南北地方の人間の体質差は、縄文時代よりすでに発生していたかとのうたがいがおこる。また、同一の傾向は、現代九州人の南北の地方差のうえにも、部分的には、少なくとも生体における頭長幅示数においては、そのままのこっている。

土井ケ浜周辺の現代男性一七五人の平均八一・三、(8) 三津周辺の同上一八七人の男性平均八〇・四(9)に対して、サツマ人(10)（松村瞭による）一三九人の平均八二・九、広田周辺の同上一〇五人の平均八三・三(11)をみると、依然として南は北より大きいことがわかる。

これらからみると、現代九州人の南北の体質差、少なくともその一部は、おそらく縄文時代から存在していたか、と想像されるが、少なくとも弥生時代には、かなりあきらかにその差が発生していた。このことは弥生人の体質の由来や、その変化を論ずるばあいには、一定の地域における、地域的の現象として限定しないと、混乱をきたし、ひいては過誤におちいることになるということを暗示する。弥生人全体としての結論は、こうした地域的の多くの研究の成果が、総括されてはじめて到達されるものとおもう。

だから、ここでは、山口県もふくめた北九州地方の弥生人について述べることにする。これは、弥生人の地域的研究の一つであるということになる。いまのところは弥生人骨の資料の比較的豊富にえられたのが、この地方であるからではあるが、いま一つには、新しい弥生文化をうんだ、大陸的文化要素の、日本に入りきたった門戸が、ほかならぬこの地方であった、ということもあって、この地域をとくに問題としてとりあげることは、当然でもあり、必要でもあるとおもわれるからである。

さて、この地方における弥生人の体質が、どのような特徴をもっていたか、ということについては、男性頭骨については、さきの表1によって、そのいくぶんを知ることができる。またその推定身長（男性）については、表3によっておしえられる。こうした弥生人の特徴が、どこに由来し、その後どのように変化して、現代の同地方人につながってくるかの問題、――これはつまり、現代の同地方の日本人が、いかにして形成されたかの問題になってくるが、――弥生人の研究の課題のふくむ、一つの大きな興味が、ここにあるといえるであろう。

北九州の弥生人の由来を知るためには、まずその地方の縄文人がどのような体質をもっていたかを知る必要がある。ところが、この地方の縄文人の人骨はほとんど知られていない。さきには便宜上、熊本県下およびその周辺の資料をもちいたが、例数が非常に少なくて、これをもちいるのは不安なしといいがたい。その個所でもいったように、これらの中部九州の縄文人男性頭骨の二、三の重要な計測値は、岡山県津雲貝塚人のそれとあまり変わっていない。それで、ここでは便宜上、例数の多い津雲貝塚人の成績を比較資料とする。津雲は縄文後・晩期の土器を伴出する。北部九州・山口地方の弥生人の資料としては、例数がより多く、時期的にも古い土井ケ浜弥生人をとりあげる。これは論述の煩瑣をおそれるからである。

つぎに、この地方の弥生人のその後における変化を知るためには、これにつづく古墳時代人から、歴史時代における各時代人の資料を必要とするが、この地方では歴史時代の人骨資料が欠けているので、城一郎の集成(12)した、主として西部日本の古墳時代の材料に、その後の中国地方、北九州地方発見の古墳時代人の資料を加算したものを、「古墳時代人」として比較にもちいる。ただし、これには一例の土井ケ浜弥生人の成績が古墳時代人として加算されている。現代日本人としては、原田忠昭の報告(13)による、瀬戸内海西部沿岸をふくむ、主として九州地方の現代日本人の頭骨の成績をもちいる。これには鹿児島

	津雲		土井ヶ浜				西日本古墳時代人				現代西南日本人			
	n	M_1	n	M_2	M_1-M_2	|R|	n	M_3	M_2-M_3	|R|	n	M_4	M_3-M_4	|R|
1. 頭骨最大長	16	186.4	52	182.8	3.6	0.55	31	181.6	1.2	0.18	108	181.4	0.2	0.03
2. 頭骨底長	13	103.4	43	101.7	1.7	0.43	25	102.4	− 0.7	0.18	108	102.3	0.1	0.25
3. 大後頭孔長	11	34.8	46	36.5	− 1.7	0.77	8	36.4	0.1	0.05	108	36.2	0.2	0.09
4. 頭骨最大幅	18	144.4	54	142.6	1.8	0.36	33	140.4	2.2	0.44	108	139.3	1.1	0.22
5. 大後頭孔幅	10	30.0	46	30.0	0	0	7	29.0	1.0	0.53	108	30.2	− 1.2	0.63
6. Ba-B-高	13	134.0	43	134.7	− 0.7	0.14	29	133.1	1.6	0.32	108	139.3	− 6.2	1.24
7. 頭骨地平周(G)	15	532.3	44	526.8	5.5	0.37	16	518.5	8.3	0.55	108	514.6	3.9	0.26
8. 頭骨横弧長	16	310.3	50	315.2	− 4.9	0.45	21	317.2	− 2.0	0.18	108	315.5	1.7	1.55
9. 正中矢状弧長	13	375.0	47	375.3	− 0.3	0.02	11	367.5	7.8	0.60	108	378.0	−10.5	0.81
10. 顔長	12	*102.7	33	*99.9	2.8	0.54	21	100.7	− 0.8	0.14	99	97.8	2.9	0.58
11. 頬骨弓幅	6	143.2	26	139.9	3.3	0.62	11	134.7	5.2	0.98	106	134.5	0.2	0.38
12. 上顔高	13	67.0	34	72.5	− 5.5	1.38	34	68.4	4.1	1.03	92	71.8	− 3.4	0.85
13. 眼窩幅（左）	14	43.5	37	42.5	1.0	0.53	29	43.0	− 0.5	0.26	108	43.0	0	0
14. 眼窩高（左）	12	33.5	40	34.2	− 0.7	0.35	27	34.7	− 0.5	0.25	108	34.4	0.3	0.15
15. 鼻幅	13	26.6	38	27.1	− 0.5	0.25	34	26.3	0.8	0.40	108	26.0	0.3	0.15
16. 鼻高	14	48.6	39	53.2	− 4.6	1.59	33	51.4	1.8	0.62	108	52.2	− 0.8	0.28
17. 全側面角	13	*81.9	34	*83.7	− 1.8	0.55	14	82.5	1.2	0.36	92	83.8	− 1.3	0.39
18. 顔面三角∠N	12	*69.3	33	*67.7	1.6	0.50					92	66.2		
19. 顔面三角∠A	12	*72.5	33	*70.2	2.3	0.66					92	71.7		
20. 頭長幅示数	16	77.7	48	78.1	− 0.4	0.09	28	77.6	0.5	0.11	108	76.6	1.0	0.22
21. 長高示数	13	71.6	42	73.7	− 2.1	0.64	25	73.3	0.4	0.12	108	76.9	− 3.6	1.09
22. 幅高示数	13	92.2	43	94.3	− 2.1	0.45	25	95.3	− 1.0	0.21	108	100.1	− 4.8	1.02
23. 大後頭孔示数	9	86.0	46	82.4	3.6	0.60	16	80.9	1.5	0.25	108	83.6	− 2.7	0.45
24. 矢状後頭示数	13	83.6	55	83.2	0.4	0.15	3	83.8	− 0.6	0.23	108	82.8	1.0	0.38
25. 上顔示数(V)	8	67.7	30	70.1	− 2.4	0.60	17	68.7	1.4	0.35	91	71.8	− 3.1	0.78
26. 眼窩示数(左)	12	76.5	39	80.3	− 3.8	0.83	27	80.6	− 0.3	0.07	108	80.2	0.4	0.09
27. 鼻示数	12	54.5	36	51.0	3.5	0.88	31	51.5	− 0.5	0.13	108	49.8	1.7	0.43
28. 縦頭顔示数	12	55.3	32	54.7	0.6	0.22	16	55.9	− 1.2	0.44	99	54.7	1.2	0.44
29. 垂直頭顔示数	11	50.7	32	53.2	− 2.5	0.71	7	50.6	2.6	0.74	92	51.7	− 1.1	0.31
30. 横頭顔示数	6	98.0	25	97.7	0.3	0.08	7	96.2	1.5	0.38	106	96.6	− 0.4	0.10

表 5　縄文人，弥生人および古墳人（♂）の頭骨の計測値の比較

県人はふくまれていない。

以上の四種の資料における、男性頭骨の重要な計測平均値（M_1, M_2, M_3, M_4）、その間の関係偏差（R）を表示すると、表5がえられる。ただしRは平均値間の差を変異係数（σ）で除したもの、すなわち、たとえば $R=\frac{M_1-M_2}{\sigma}$ である。$|R|$はその絶対値である。Rの大きいほど、比較された平均値間の差の重みが大きくなる。このさいのσは今村・島の一般数値[14]を用いた。

表5によって、津雲人と土井ヶ浜人とのあいだの関係をみると、関係偏差（R）の絶対値の0.4以上のものについて、その差をいえば、

最大長(1)、底長(2)、顔長(10)のごとき頭骨の長径、

頬骨弓幅(11)、眼窩幅(13)のごとき幅径、

顔面三角(18)(19)のごとき角、

大後頭孔示数(23)、鼻示数(27)のごとき示数においては、土井ヶ浜人は津雲人より小さい。これに反して、

大後頭孔長(3)、横弧長(8)、上顔高(12)、鼻高(16)、全側面角(17)、

長高示数(21)、幅高示数(22)、上顔示数(25)、眼窩示数(26)、垂直頭顔示数(29)

においては、土井ヶ浜人は津雲人より大きい。例数が少ないので、数学的に有意味の差を呈するものはほとんどないが、こうした傾向の存在を推定させる事実とみることができる。すなわち、これによると縄文後・晩期人に比して、弥生前期人はまず頭長が減じている。そのために長幅示数がやや大きくなってくる。また頭高がやや大きくなったため、長高・幅高の両示数が大きくなる。幅径では顔幅が減じて

いる。これに反して、上顔高や鼻高のごとき顔面の高径がいちじるしく増している。したがって上顔示数や垂直頭顔示数は大きくなり、鼻示数は小さくなる。眼窩幅がやや減じて、眼窩高が増したために眼窩示数が大きくなる。以上の変化のうちでは、顔面の高径の増加、したがって、これに左右される示数の変化がいちじるしい。

こうした変化のうち、頭長や頬骨弓幅の減少は、人類頭骨の発達経過中の、自然的な一般現象ともみられる。そのつぎの古墳時代人で、さらにいくぶんの減少の傾向がみられて、現代人におよんでいるのは、その裏づけになるかもしれない。顔面骨の高径の増大も、こうした自然的な現象とみられないことはない。しかし、このばあいもそうだとすると、弥生人とつぎの古墳人とのあいだで、これらの数値がふたたび減少し、頭長や頬骨弓幅のばあいと逆になっている点を説明することができない。表中にはしめされていないが、下顎骨をふくめた（全）顔高は、M_1一一五・八mm、三津人一二五・〇mm、M_3一一八・二mm、M_4一二二・二mmで、ここにも同様の変化がみられる。もしこれらの顔面骨の高径の増加が、自然的現象だとするならば、弥生人と古墳人とのあいだでは、不自然な現象がおこった、ということになる。

同様の現象は頭骨以外の骨にもおこっている。大腿骨長よりの推定身長にも同様の変化がみられることは、『日本考古学講座』[15]Ⅳにおいて述べたとおりである。すなわち身長においても、縄文晩期より弥生前期にはいると、急に大きくなり、その後、現代にいたるまでに、ふたたび数値が低下して、同一地方人の身長は以前の縄文人の数値にもどってくる。この、身長における変化を説明しようとして、私はさきに、つぎのような推測をした。

弥生文化とともに……身長の点ではるかに後者(縄文時代人)を凌駕する、新しい種族の、相当な数が、新渡の種族として日本に渡来し、九州地方のみならず、畿内地方にまでひろがった。しかるに、これにはその後ひきつづいて渡来する後続部隊がなかった。またその数においては、在来の日本石器時代人に比してはるかに少なかったため、時代をかさねるとともに、その特異の形質、すなわち長身が、しだいに在来種の形質中に拡散し、吸収されて、ついにその特徴をうしなうにいたった。そして弥生人の推定身長が、現代の南朝鮮人や対馬島人のそれと、ほとんど一致しているところから、南朝鮮において古代から現代にいたるあいだに、もし住民の身長に変化がなかったとすれば、という仮定のもとに弥生時代におけるこうした新渡の種族は、おそらくは朝鮮半島より渡来したものであろうとの想像をあわせて述べた。

頭骨の特徴においても、同様のことがいえるのではないか、との予想が、みぎのような事実からなりたつ。身長のばあいには、古代朝鮮人に関する資料が欠けているが、頭骨については、一、二の比較材料がある。ただし、それらは、弥生時代とコンテンポラルというわけにはいかない。また南朝鮮発見のものでもない。北朝鮮の新石器時代人である。

その一つは咸鏡北道雄基(16)、いま一つはおなじく鳳儀(17)出土の人骨である。両者とも例数が非常に少ないので、比較上明確なことはいえないが、雄基、鳳儀のいずれのばあいにも、頭形の点で二つのタイプをふくんでいる。

そのⅠは頭骨長が非常に小さくて、頭骨幅が大きい。Ⅱはこれに反して、頭骨長が比較的大きく、頭骨幅が小さい。しかし、これらの計測値と、それに関係する示数値以外の点では、両形のあいだにははなはだしい差はみられない。いま頭骨長と頭骨幅についてはは両タイプ別個の、他の諸計測については両タイプの合計の平均値を、男性頭骨について表示し、津雲・土井ヶ浜両群の数値と対照すると、表6がえられる。

これによると、土井ヶ浜人の平均値と、朝鮮石器時代人のそれとが、ことごとく近似しているとはいえないが、土井ヶ浜人と津雲人とのあいだの数値の大小の関係は、朝鮮石器時代人と津雲人とのあいだの数値の大小の関係と、ほとんど完全に一致している。ただ、Ⅰタイプの頭骨長と、頭骨幅との数値は、比較群のいずれの数値に対してもかけはなれている。例数が少ないので、この関係はもちろん厳密にそうだとはいえないが、もし朝鮮新石器時代人のⅡタイプの存在を予想しうるとすれば、そうした要素が、晩期縄文人に影響をおよぼすことによって、土井ヶ浜人のごとき形質が成立する、という可能性は考えられる。朝鮮石器時代人の身長については、その数値を知ることができないが、雄基人骨の報告書の図版(Ⅰ)(Ⅱ)の伸展葬姿勢をとる男性人骨(Ⅲ、E)の写真をみると、四肢の長さ、ことに大腿骨の長さは、相当大きく見え、長身をおもわせるものがある。人骨Eは第Ⅱタイプ、人骨Ⅲは頭骨不完全で、いずれのタイプに属するか不明である。

こうしてみると、土井ヶ浜人の推定身長と、現代南朝鮮人の身長との類似から推測したような関係は、頭骨の点からも、推測できないことはない。ことに顔高・上顔高・鼻高のような、顔面骨の高径に関す

	朝鮮石器時代人		津　雲	土井ヶ浜
	n	M	M	M
頭骨最大長 I	4	174.3	186.4	182.8
頭骨最大長 II	3	183.0		
頭骨底長	4	98.0	103.4	101.7
大後頭孔長	4	36.8	34.8	36.5
頭骨最大幅 I	4	147.5	144.4	142.6
頭骨最大幅 II	3	137.3		
大後頭孔幅	4	29.0	30.0	30.0
バジオンブレグマ高	5	136.0	134.0	134.7
頭骨地平周（G）	5	514.4	532.3	526.8
頭骨横弧長	5	325.2	310.3	315.2
正中矢状弧長	3	374.0	375.0	375.3
顔長	3	98.0	102.7	99.9
頬骨弓幅	3	140.0	143.2	139.9
顔高	3	123.7	115.8	125.0
上顔高	3	73.3	67.0	72.5
眼窩幅（左）	3	42.2	43.5	42.5
眼窩高（左）	3	35.5	33.5	34.2
鼻幅	4	26.5	26.6	27.1
鼻高	3	53.2	48.6	53.2
全顔面角	3	90.3	81.9	83.7

表6　朝鮮石器時代人頭骨（♂）の直接計測値とその比較

る数値については、この推測が非常によくあてはまる。縄文晩期と弥生前期とのあいだに、身長のばあいにおこった変化と、顔面の高径のばあいにおこった変化との一致は、それがいずれも身体の高さに関する数値である点をおもいあわせてみれば、けっして偶然とはいいがたい。

以上を要約すれば、縄文時代の晩期に、北九州（山口）では、朝鮮新石器時代人、ことにそのⅡタイプのごとき体質的要素が、より高級な新しい文化とともに渡来した。この渡来者は身長においてもおそらく現代南朝鮮のごとき比較的長身者であったか、とおもわれる。これが従来の縄文人の体質に影響をあたえて、土井ケ浜人のごとき体質を生みだした。しかし、その渡来は一時的であり、その数は在来の縄文人に比してはるかに少数だったために、さきに引用したごとき逆行現象が、その後におこった。少なくとも頭骨においては、古墳時代にすでにこの逆行がはじまった、と考えられる。ただし、これは少数例の観察にもとづく憶測であって、明確に証明された結論だということはできない。しかし、これは北九州・山口地方で起こった現象である。南朝鮮経由とおもわれる新しい人種要素は、南九州までは達していない。少なくとも、南九

	古墳時代人（近畿）		古墳時代人（西日本）		朝鮮新石器時代人（Ⅰタイプ）		朝鮮新石器時代人（Ⅱタイプ）	
	n	M	n	M	n	M	n	M
頭骨最大長	11	178.6	31	181.6	4	174.3	3	183.0
頭骨最大幅	10	142.7	33	140.4	4	147.5	3	137.3
頭骨長幅示数	10	80.0	28	77.6	4	84.7	3	75.0
バジオンブレグマ高	8	135.0	29	133.1	3	136.0	3	133.9
頭骨長高示数	8	75.5	25	73.3	3	78.2	3	73.0
頭骨幅高示数	8	93.6	25	95.3	3	89.8	3	97.5
頬骨弓幅	4	140.3	11	134.7	2	141.5	1	137.0
上顔高	4	71.8	34	68.4	2	74.0	1	72.0

表7　近畿および西日本古墳人と朝鮮石器時代人（Ⅰ，Ⅱ）との比較（♂）

州の縄文人に一時的の変化をあたえて、北九州・山口地方の弥生人のごとき、新しい体質を生む程度の勢力をもっては進出しなかった。このことは、さきの弥生人の地方差のくだりで述べたことから推定できる。

それならば、東方に対する進出はどうか。日本海がわでは、島根県の古浦の前期はじめの弥生人が、土井ケ浜人とほとんど同様の体質者であったらしい、ということをさきに述べた。それよりさらに東方にむかっても、あるいはかなりつよい進出があったかと、おもわれる。国府遺跡発掘の人骨中には、非常に長身の人骨があり、また同遺跡からは問題の人骨以外にも、あきらかな弥生人骨が発掘されている[18]から、その長身人骨はおそらく弥生人の遺骨であったろう、とおもわれる。しかも近畿地方人の身長は、北九州・山口の例のごとく、その後も縄文期の低身長に逆行することなく、現代までその大きさを保持したと考えられる。これは弥生時代からひきつづき古墳時代以後にわたっても、ある程度の大陸要素の渡来が持続したことを想像させる。——この時期の渡来は、北九州・山口地方ではもはや終止していた。

島五郎・寺門之隆の整理[19]によって、いま近畿地方の古墳時代人の男性頭骨と、北九州人を多くふくむ近畿以西の一般西部日本の古墳人のそれとを比較すると、その間にある程度の差が傾向的にみとめられる。この古墳時代人の地方差のよってくるところを察するために、それらの差ありとおもわれる計測値をあげ、こころみに朝鮮新石器時代人の上記の二要素の成績を個別に対照してみると、表7がえられる。

表7をみると、近畿古墳人と西日本古墳人とのあいだの、各数値の大小関係は、ほとんど完全に、朝鮮新石器時代人のⅠタイプとⅡタイプとのあいだの大小の関係に一致する。いずれも例数が少ないので、確実な結論はだせないが、西部古墳人には、弥生時代に北九州・山口地方に渡来した朝鮮新石器時代人のⅡタイプの影響が残存し、近畿古墳人にはⅠタイプの影響が現われている、と想像できないこともない。弥生時代の文化現象において、前者の銅剣銅鉾文化に対して、後者の銅鐸文化というような、いちじるしい差のあることをおもいあわせると、朝鮮北部の新石器時代には、同一地域に混在していたⅠ・Ⅱの両要素が、南朝鮮ではたんなる要素ではなく、個々の別群として存在していたかもしれない。北九州・山口地方に渡来したものと、近畿地方に渡来したものとは、あるいはその体質を異にしているごとく、その文化においても、すでにやや異なるものを有し、その渡来の持続、その量においても、あい異なるところがあったかもしれない。少なくとも、近畿のほうは、その持続は北九州地方よりも長かった。近畿地方人が、いまも朝鮮式体質をつよく有していることは、これによって説明されるのではないか、と考えられる。ただし、この憶測の当否については、近畿地方の弥生時代の体質が明らかにされたうえでないとなんともいえない。その時期がくればあるいは撤回しなければならないかもしれない。

最後に、弥生人が古墳時代人をへて、現代日本人に直続していることは、いうまでもないが、その体質は、時代と地域とには無関係に、いかなる類似度を、東亜の各種の地方群に対して有しているかを知るために、土井ケ浜人男性の頭骨の、表1にあげた三〇計測の平均値を規準として、各群に対するその平均型差を表示する[20]（表8）。方法はポニアトフスキーによる。表中のNは各項目の計測例数、前記表5の三〇項目（アイヌは二九項目）の平均例数、Sは比較された項目数、Tm は平均型差、m（Tm）はその標準誤差である。この平均型差の数値の小さいほど、頭骨の形質の類似度は大きいのである。

誤差が比較的大きいため、明確な結論はできないが、同一地方の弥生人である三津人に対して、もっとも類似が大きいというのは、予想に一致するが、これについでは古墳時代人・現代日本人の各群に近似し、縄文人に対しては、一般にそれよりよわい類似性をしめしている。その現代西南日本人に対する数値（74.3）と津雲人に対する数値（101.3）との差は二七・〇となり、この差の標準誤差は±13.6であるから、両群のあいだの差は証明されたとはいいがたい。しかし、かなりのつよさで、その差の実在を予想させるものがある、といえるであろう。すなわち頭骨の形質を全体的にみて、土井ケ浜の弥生前期人は、津雲の縄文晩期人に対するよりも、現代西南日本人に対するほうが、より類似性がつよいという予想がなりたつ。

	N	S	Tm±m (Tm)
三津弥生人	11.4	30	59.1±12.3
古墳時代人	20.9	30	70.7± 9.8
現代北陸日本人	29.9	30	71.1± 8.8
現代西南日本人	104.0	30	74.3± 6.8
現代畿内日本人	29.8	30	96.3± 8.8
津雲貝塚人	12.5	30	101.3±11.8
現代関東日本人	143.2	30	102.9± 6.5
タガログ	25.5	30	103.6± 9.7
福建中国人	36.0	30	107.5± 8.4
北海道アイヌ	77.9	29	109.8± 7.2
太田貝塚人	4.9	30	115.4±17.5
現代朝鮮人	170.3	30	119.0± 6.4
先史時代中国人	35.0	30	120.7± 8.5
琉球島民	31.9	30	124.5± 8.7
北京中国人	81.5	30	133.7± 7.0
吉胡貝塚人	18.1	30	141.0±10.3

表8　土井ヶ浜弥生人男性頭骨（N=40.2）を規準とした東亜各群（♂）の平均型差

(1) 土井ヶ浜頭骨についての成績は、金関丈夫・永井昌文・佐野一「山口県豊浦郡豊北町土井ヶ浜遺跡出土弥生式時代人頭骨について」『人類学研究』七、付録(昭35)。三津頭骨については、牛島陽一「佐賀県東脊振村三津遺跡出土弥生式時代人骨の人類学的研究」『人類学研究』一(昭29)。広田人骨については、永井昌文「日本解剖学会第一四回九州地方会口演抄録」(昭33)によった。成川人骨については未発表。
(2) 金関丈夫・小片丘彦「着色と変形を伴う弥生前期人の頭蓋」『人類学雑誌』六九(昭37)。
(3) 金関丈夫・原田忠昭・浅川清隆「熊本県下益城郡豊田村御領貝塚発掘の人骨について」『人類学研究』二(昭30)。
(4) 大森浅吉「故南山大学教授中山英司博士により測定された阿高貝塚人骨の測定値」『人類学研究』七 付録(昭35)。
(5) 金関丈夫「種子島長崎鼻遺跡出土人骨に見られた下顎中切歯の水平研歯例」『九州考古学』三―四(昭33)。
(6) 大森浅吉他「薩摩国出水貝塚出土(昭和二九年)の人骨について」『鹿児島医学雑誌』三三(昭35)。
(7) 清野謙次・宮本博人「津雲貝塚人の頭蓋骨」『人類学雑誌』四〇(大14)。
(8) 加生忠義「山口県豊浦郡豊北町土井ヶ浜住民の生体学的研究」『人類学研究』四(昭32)。
(9) 三宅與四男「佐賀県神崎郡脊振村住民の生体学的研究」『人類学研究』六(昭34)。
(10) Matsumura, A. Journal of the Faculty of Science, Imper. Univ. of Tokyo, Sect. V. Anthropology 1. 1925
(11) 永井昌文の昭和三五年の調査による。未発表。
(12) 城一郎「古墳時代日本人の人類学的研究」『人類学輯報』一(京都)(昭13)。
(13) 原田忠昭「西南日本人頭蓋骨の人類学的研究」『人類学研究』I(昭29)。
(14) 今村豊・島五郎「東部アジア諸種族の相互関係」『人類学雑誌』五〇(昭29)。
(15) 金関丈夫「(弥生式)人種の問題」『日本考古学講座』Ⅳ 河出書房(昭30)。
(16) 今村豊「朝鮮咸鏡北道雄基附近で発掘された石器時代人骨について」『人類学雑誌』四七(昭7)。
(17) 鈴木誠「朝鮮咸鏡北道会寧鳳儀で発掘された石器時代人骨について」『人類学雑誌』五九(昭19)。
(18) 山内清男・島五郎・鎌木義昌「河内国国府遺跡調査略報」『第一二回日本人類学会・日本民族学協会連合大会報告』(福岡)(昭32)。
(19) 島五郎・寺門之隆「近畿地方古墳時代人頭骨に就いて」『人類学雑誌』六六(昭32)。
(20) 注(1)の金関・永井・佐野の文献による。ただしタガログ、琉球島民、先史時代中国人の三群は新たにくわえた。この三者に対する場合の土井ヶ浜頭骨のNは三九・六である。

日本人種論

起源論

外国人による見解

日本人の人種論、あるいは人種起源論については、日本人学者によるある程度の探求がなされているのはいうまでもない。それを紹介する前に、今の海外の人類学者は、この問題について、どの程度のことを言っているのか、それにまず触れておこう。日本と海外との二つの学界があるわけはないが、この問題についての海外の学者の最近の論考は、あまり問題にされていない。他山の石といえばまた語弊があるが、これを等閑にしては、やはり怠慢の譏りを免れえないであろう。

M・G・レーヴィンのアイヌ問題　紹介しようと思う発表の一つは、第一〇回太平洋学会（一九六一年、ホノルル）での、M・G・レーヴィンの「アイヌ問題再説」である（Levin, M. G. : Once more the

Ainu Problem. Abstracts of Symposium Papers, Xth Pacific Science Congress. 1961, Honolulu. p. 62)。同氏の一九五八年のアイヌの人種論の再演であるが、表題はL・シュテレンベルグ(一九二九年)の「アイヌ問題」につながっている(Sterenberg, L.: The Ainu Problem. Anthropos XXXVII 1929, p. 755—799)。アイヌ問題であるが、しかしその所論は日本人の人種起源問題に重要な関連をもっている。

レーヴィンはまずアイヌの人種起源について、一八世紀以来しばしば問題になったアイヌ白人説については、何ら科学的な根拠がないという。アイヌの人種性への、比較的新しいモンゴロイド要素の混入を除去して考えると、アイヌとポリネシア人との類似は、これら両種が、共通の古代「オーストラロイド」の基底から起こったことを明示する。アイヌの人種起源に関する以上の説は、日本列島の新石器時代人の頭骨が、その主要な特徴においてアイヌのそれに酷似していることからも明らかにされる。このことによって、日本新石器時代人とアイヌの祖先を結びつけることができるのであるが、そのアイヌ的要素は現代日本人の体質、ことに琉球列島人に明らかに遺っている。日本列島はアイヌの祖先がその南方の故地から北上したルート上の、重要な位置を占めているのだ。シュテレンベルグの、そのアイヌの故郷を西部オーストロネシアに比定する説は、決定的とはいえないが、しかしまた、古代アイヌの原住地として、インドシナを除外することもできないであろう。インドシナの中石器—新石器時代の住民は、広義におけるオーストラロイド人種に属していたからだ。アイヌの起源問題の解決は、東部および北部アジアの諸民族の、民族学的—人種学的起源に関する、多くの問題を解くのにきわめて重大な意義をもつものである。

以上がレーヴィンのアイヌの人種起源説であるが、これを要するに、アイヌは南方から北上したオーストラロイドの子孫であり、その人種要素の中には、比較的新しく混入したモンゴロイド要素を含んでいる。日本新石器時代人は、アイヌ要素の強いものであって、このことは、この列島が古代アイヌの北上のルートに当たっていたことを証する。これはまた、現代日本人の中、ことに琉球列島人の中にもアイヌ要素が見られることからも傍証される、というのである。

かりにこれを敷衍すれば、現代アイヌと現代日本人との間の人種差は、そのモンゴール化の濃薄の差にある、ということになるのではないか。このことはレーヴィンの次の論考からも知ることができる。

レーヴィンの日本人成立説　先の発表と同じ年に、レーヴィンは日本人の成生についても、一文を草している（Levin, M. G. : НЕКОТОРЫЕПРОБЛЕМЫЗ ТНИЧЕСКОЙ АНТРОПОЛОГИИ ЯПОНИИ. Академия Наук СССР, Советская Зтнография No. 2, 1961, p. 63—75)。

材料は小浜基次（「生体計測学的に見た日本人の構成と起源に関する考察」『人類学研究』七巻一号、一九六〇年、五六—六五頁）、その他の日本人学者の報告による生体計測及び観測の成績である。その数は日本全国にわたって、一万人以上に達しているが、これを北海道・東北（青森・岩手・秋田）・四国・香川・琉球・宮崎に分け、これらの六地方群と全国群のそれぞれについて、身長、頭形等一一項目の生体計測、およびエピカンツス（内側まなじりを縦に覆う皮膚の襞、いわゆるモーコ襞を作る）など四項目の生体観測の材料をとりあげる。判別の方法としては、以上の計測および観測の項目のうちの一二項目について、独自の図式法を用いる。これによって各群の間の形体の親疎関係を論じている。その結果は次のように要約される。

日本の領域内における体質のバラエティの小さいこと。しかし同一性が顕著だといっても、地方群の間に幾分の差は認められる。中でも琉球地方の体質は特に変わっている。この群は他の地方群に比して、身長は最小、顔面は絶対的にも、幅との比率においても、最も低い。皮膚の色は濃く、鬚、眉毛、体毛の豊富なこと、内まなじりのエピカンッスの少ないこと、鼻示数が多群に比して最も大きい(鼻の長さに対して幅が大きいことを意味する)こと。これらの点では、宮崎群は幾分琉球群に近い。全日本人に対する琉球人のこれらの差のほとんど全部が、前者に対するアイヌの場合にもほぼ認められる。琉球人がアイヌ・タイプだと断言することはできないが、両者のタイプに幾分の近似性のあることは、認められるであろう。

もうひとつ変わっているのは、四国群の体質複合である。その特徴は、身長の小さいこと、頭型示数の小さい(長頭)こと、鼻示数の大きいこと(広鼻)、鬚の薄いことである。全体的に見て、こうした体質は、南方モンゴロイド型、というよりは「インドネシア人」として知られている長頭のモンゴロイドとの類似を思わせる。このインドネシア人的の体質は四国群のうちでも、特に香川群に著しい。

日本人のうちで、アイヌ型と南方モンゴロイド型との識別法を作りあげるのははなはだめんどうである。今の材料では、これら両型の混合の様相を全国にわたって明示することはできないが、その様相のはっきりした地区は判明している。本州の北部と北海道とでは、鬚が比較的濃く、身長が大きく、顔面は高く、鼻示数は小さい。そして皮膚の色はもっとも白い。そのうちいくらかの特徴を見ると、これらの地方群は朝鮮人のタイプに近いところがある。この現象の説明としては、南方のインドネシア人と、朝鮮人によって代表された極東人との混血の分量のちがい、すなわち北日本では、後者の混血の量が、南日本よりは多かったためであろう、と考える。

これにはしかし、他の因子も考えられる。身長の増大は、一つの種族が、いくつかの異なった群の混血によって成り立っている場合に見られると人類学者はいっている。これは混合によって通婚範囲が拡大されるため、と考えられている。現に北海道人は各地方からの植民によって成り立っている。

結論としては、アイヌ系はこの列島の最古の渡来者であろう。この系統は日本の最南端と最北端とに、はっきりと遺っている。インドネシア系体質は、特に四国、なかんずく香川群に最も著しい。極東系体質の浸透は、弥生文化を日本に拡げたであろう。これらの諸型の、国内における混血の長い連続と、長い間の日本の孤立性とが、現代日本の体質の、多少の地方差はあるが、その著しい同一性を生んだのであろう。

日本人の成立に関するレーヴィンの考えは、このようなものである。

ハルスの日本人成立説

次に、第八回国際人類学・民族学会（一九六八年、東京）の「日本民族の起源」を主題としたシンポジウムの席上で発表された、F・S・ハルスの説を、簡単に紹介しよう（Hulse, F. S. : Reflection of physical anthropologist on the ethnogenesis of the japanese people. Proceeding Ⅷth International Congress of Anthropological and Ethnological Sciences. Ⅲ Science Concil of Japan. 1968, p. 476)。

ハルスの材料は現代日本人の体質的——解剖学的・生理学的——また考古学的遺物、特に人骨および移民に関する歴史である。ハルスによると、上部旧石器時代の日本人の体質はよくわかっていないが、少なくとも五〇万年前の周口店およびそれより後の中国発見の古人骨は、現代の東アジア人類の体質に幾分のつながりがある。たとえばインカ骨、ショベル形切歯。日本発見の約一万年来の多数の先史時代人の骨格は、W・W・ハウウェルズによれば、アイヌとの間にいくらかの類似があるという(後説参照)。これに反して、今から二〇〇〇年あまり前の人骨は、現代日本人により強く似ている。この変化に伴って、考古学上では弥生式土器と、進んだ農耕文化の起こったことが証せられている。この弥生人の体質上の変化の原因の説明に中国人をもってくることは困難である。歴史時代に入ると、その後の中国人とともに、多くの朝鮮人の渡来がある。しかし、歴史時代開始以来にも、日本への異種の移入は、日本人の形質の基底をゆるがすほど大量のものではなかった。日本は歴史時代一五〇〇年の間を通じて、大移動を受け入れたことはなかったのだ。

生体の研究では、暗色の眼と頭髪、一般的の直髪、ヨーロッパ人やインド人に比して少ない体毛、しかし上肢下肢の毛はアイヌ以外の東アジア人よりは多い——おそらくこの点はアイヌとの混血によるらしいが。短頭は極端ではない。鼻はシナ人よりは長く、ヨーロッパ人や西アジア人ほど隆《たか》くない。顔の大きいことは、英領コロンビアのインディアンに似ている。身長はまちまちだが「小」より今は「大」になった。頑強でひどく短い脚。これらの点は多くの北東アジア人に似ている。皮膚の色は白いものが多いが、まれには赭《あか》いのもある。最近のハルスの調査では、地方的・階級的の平均的差が大きい。これらのすべて日本の地域的の環境やセレクションの結果で、たとえば寒冷に対する指の反応の点で、南部よりも北部の住民に抵抗力が強い。同様のことは、他の東アジア人にも見られ、地理的に予想することのできる現象である。

しかし地方的の変異とともに、おそらくは混血もその原因であろう。中国人に対しては、北シナよりは江南人により近く、マライ人には類似が少ない。朝鮮人にはより強く類似している。しかしマライ人の皮色が北方の風土に慣れて、より白くなれば、彼らは日本人にもっと近い変種（Variation）と見られるであろう。

ＡＢＯ血液型では、北シナ人よりはＢが少なく、Ａが多い。日本人のうちにも変化があるが、全体として高度Ｂ型の下限にとどまり、フィンランド人などに似ている。ＭＮ型ではアイヌ以外の東アジア人に似ており、アジア人、ヨーロッパ人の一般と変わらない。Ｒｈ型では南シナよりはＲが少なくて、ｒが多い。その他では一般東アジア人と同様である。

以上、多くの点で現代日本人は、揚子江以南の住民により近い類似性を示す、と考えるのが、今日の判断では最善とさるべきであろう。すなわち、可能性ある解釈としては、日本人は南方の古（プレ）シナ人と、それよりははなはだしく少数の朝鮮人との混血種であろう。日本の一般民はマライ人、支配者はツングースであろう、という古い観念は、人種学的にも、言語学・考古学・民族学の上からも成り立たない。最も蓋然的なのは、先史時代、あるいはそれに次ぐ原史時代の移入者よりも古く、非常に多く、江南よりの、日本人の人種的基本となった最大比率の祖型がやって来たのだという想定であろう。そのルートはよくわからないが、おそらくいくつかの、たとえば南朝鮮、あるいは沖縄列島経由などがあっただろう。日本列島はアジア大陸とは環境の影響性が非常に異なっていて、進化の道程がとぎれない、ということを忘れてはならない。縄文人がどのくらい現代日本人の成生に寄与しているかについては、まだまだ議論が残っている。

これを要するに、日本人は日本列島における古い住民であり、その本源は東アジア種であるが、地方的変化を遂げると同時に、幾分の混血をしたのである。しかしその混血は歴史時代を通じてはなはだ微少であったことに留意する必要がある。

G・F・デベッツの調査結果

以上がハルスの日本人起源説の大略であるが、なおこの講演のあとで、ソヴィエトのG・F・デベッツの追加があった。その趣旨は次のとおりである。

第二次大戦後、一万人の、日本全地方出身の捕虜を調査した結果は、彼らは東アジア、ことに東南アジア人に非常に似ていたが、しかし両者の間には差異もあった。後者にくらべて日本人は髭が濃く、鼻梁が隆い。また頬骨の突出が比較的弱い。これらの相違点から見て、日本人の生成には明らかにアイヌとの混血が、重要な役割をはたしたことが推定される。

ハウウェルズの日本人起源説

次にW・W・ハウウェルズの日本人起源説を紹介する（Howells, W. W. : Craniometry and multivariate analysis. The Jômon population of Japan : A study by discriminant analysis of Japanese and Ainu crania. Papers of the Peabody Museum of Archaeology and Ethnology, Harvard University, Vol. LVII, No. 1, 1966, p. 1〜)。これはハルスのさきの論説中に言及されたものである。その大要は次のごとくである。ハウウェルズの用いた「判別関数」のシリーズ分析の材料は、アイヌ頭骨一一二個、日本人頭骨九一個。日本先史時代の材料にもこの方法が用いられる。計測項目は二八。第二部ではアイヌ、現代日本人、鎌倉時代(一四世紀)日本人、佐賀県三津出土の弥生時代人、縄文時代人の頭骨を計測し、著者の判別方式によって相互間の比較をしている。

結論としては、アイヌが日本人の祖先であったということはありそうにない。弥生人はアイヌとはつながらない。彼らは現代日本人の祖先であったらしい。鎌倉時代人には説明がつかないが、縄文時代人によって血統的の影響をうけたものか。縄文人は日本人の初原的祖先ではないが、地方的には日本人に影響を与えているらしい。しかし本来(the essential)の日本人は、弥生時代に西部日本に移住民として渡来したものだ。一般的に見て、以上の結論は、これまでに考古学者によって提示された説と矛盾しないが、さらに客観的クリテリアと、従来より進んだ考察法によって、支持されるであろうと自讃している。

以上が筆者の眼についた海外諸学者の、比較的新しい日本人種観である。これらの諸説には、その間に共通点もあれば、相矛盾する説もある。またたとえば、ハウウェルズが自信をもって提出する結論の中には、そのままではとうていいただけない説もある。これらの説を批判し、不合理な点があれば、それを論駁するのは、われわれ日本の人類学者の義務であろうが、それを果たすことは、あるいはもうすでに発表された日本人学者の論文を紹介することで済むかもしれない。

日本人学者による見解

そこで、まずさきのレーヴィンの研究に主要な材料を提供した、小浜基次の論説を紹介しよう（「生体計測学的に見た日本人の構成と起源に関する考察」『人類学研究』七巻一号、一九六〇年、五六〜六五頁）。

小浜基次の二型式論

小浜は従来の日本人生体計測の結果により、日本人に二つの顕著な地方型がある、とする。その一つは「東北・裏日本型」である。この型に属するグループは東日本を本拠とし、北関東を含む東北地方、北陸・山陰の裏日本、山陰の連続としての北九州、およびこれらの地方の離島に分布する。いま一つのグループは「畿内型」である。畿内を中心とし、西は瀬戸内海沿岸を経て対馬に連なる。東は東海道・中仙道より南関東に分布する。これら両型の中間に移行型と見るべき地方型はあるが、基本的なのはこの二型である。小浜はこの二型、すなわち東北・裏日本人と畿内人をもって日本人を代表せしめ、日本周辺のアイヌ、朝鮮人、蒙古人、満州人、北シナ人、タイ人、パプア（ニューギニア）、オロッコ、東北シベリア諸族との体質の関連を検討する。比較に用いた計測項目は、体部では身長以下の六項目、頭部では頭最大長以下の六項目、顔部では頬骨弓幅以下六項目。比較の方法としてはポニアトフスキーの平均偏差法を用いている。

結果を綜括すると、まずさきにあげた日本人の二型、すなわち東北・裏日本型と畿内型との存在がはっきりする。これら二群と周辺の諸民族との間の体質的関係を要約すると、東北・裏日本型はアイヌ系、畿内型は朝鮮系であろうといえる。最も代表的な畿内型の畿内地方人は、東北・裏日本人に対するよりは、朝鮮人への類似がより大きい。一方ではまた、裏日本型に属する西部の離島（たとえば壱岐）にも、アイヌに近似する集団が少なくない。

この結果から、これら両群の集団的異動を推定すると、まず最初に東北・裏日本群が広く日本に分布した。その後朝鮮半島より新しい長身、短頭、高頭の集団が渡来し、瀬戸内海を経て畿内に本拠を占め、その一部はさらに東進した。これが今日の畿内型を生成したのであろう。東北・裏日本型が西方離島の諸所に遺されていることからも、西部における両型の移動の様相はわかるであろう。

アイヌと日本人との関連については、現代の混血アイヌ（アイヌと日本人との）の体質が、東北・裏日本のグループに最も近似することを挙げ、アイヌ要素の上に後来の和人、すなわち朝鮮系日本人との混交によって、今日の東北・裏日本型が生まれたであろう、と推定する。結局、現代日本人の基本型はアイヌ型と朝鮮系であろう、というのであるが、しかしそれらの基本型以外にも、小浜は南シナ、また南方系のミクロネシア、インドネシアの一部の加入のあったことを予想する。これは将来の研究に譲るといっている。

以上が小浜の論説の大略である。われわれが見て、日本人の中でいま一つの特殊型をなすかと思われる、南九州・琉球型の存在については、小浜は特に言を費やしていない。といってこれが小浜のいうところの「中間的移行型」に入るものとも思われない。おそらくは、その言及は、南方的要素を考える折に譲られたものであろうか、と想像する。

鈴木尚の生活環境による体質の変化論

次に、目下の問題に関する最も新しい発表である鈴木尚の「先史時代より現代に至る日本人の小進化」を紹介する(Suzuki, H.: Microevolutional change in the japanese population from the prehistoric age to the present-day. Journal of the Faculty of Science. University of Tokyo. Sec. v. Vol. III. Part 4, 1969, p. 279—306)。

鈴木の研究に使用された材料はすべて南関東、主として東京湾周辺の出土人骨、および現代人骨である。その種目は、縄文時代人(八二体)、弥生時代人(五体)、古墳時代人(五三体)、鎌倉時代(一七〇体)、中世後期人(六七体)、江戸時代人(一六五体)、現代人(一四三体)。いずれも正常の男性骨。計測項目は頭部一〇、顔面二三。比較図式としてはモリソンの偏差曲線を用いている。

結論として、まず縄文時代人と古墳時代人との間のいくらかの形質差は、前者の狩猟・採集生活から、後者の農耕生活に移ったための、生活モードの変化による自然的変化だとする長谷部言人の説(一九四九年)を引用する。そして、千葉県佐野洞窟の弥生人の形質が、縄文人と古墳人の中間型を呈し、後二者の間には断絶のあとのなかったことが、先の長谷部説を証明するという。その他、顔面骨の形体のあるものが、食生活の方式の変化によって、容易に変化する例を挙げ、縄文人と古墳人の間、また後者と現代日本の間にも、同様の現象が起こったにちがいない。日本人人骨における時代的変化の著しいのは、弥生時代と近代とであり、他の時代には何らかの変化もない。弥生時代は狩猟時代(縄文時代)から農耕時代(古墳時代)への、近代は封建時代(徳川時代)から現代の文明社会への移り変わりの時代である。これに反して、長い縄文時代と、歴史時代の大部分の期間には、人骨の形相はほとんど変化していない。

これらの時代には住民の基本的生活法にほとんど変化がなかったのである。すなわち、日本人の歴史の上で、体質的変化が現われるのは、住民の生活ムードに大きい変化のあった時期だった。いい換えれば、人骨形体の変化は、環境の影響によって起こったのである。

アイヌと縄文時代人との関係については、鈴木は、形体の上で両者には幾分の類似はあるが、それよりも重要な点で顕著な差がある、という。

鈴木はまた、混血説に対する反駁として、古墳時代に大陸文化の強い影響のあったことは認めるが、しかし古墳時代人の体質を、広範囲にわたって一様に変貌させ得るほどの大量の移民が、当時の海運状態から見て、果たしてそのころ渡来し得たであろうか、と疑う。

最後に日本人の起原説を、次のように述べる。日本人の最古の祖先は、静岡県牛川、三ケ日、浜北出土の人骨で代表される洪積期人であろう。アジア大陸との間の陸橋によって、当時の動物とともに、大陸の南方から、日本の西部に渡来したであろう。氷期が終わり、海水が上昇して陸橋がとだえて以来は、はじめの渡来者はそのまま列島にとり残されて、現代まで住みついた。その間に断絶はなく、混血なくして一系を保持してきたのだ、というのである。

起源論の諸問題

各論の共通点と矛盾点

内外の学者による以上の諸説を、そのうちの主要問題について通観すると、日本新石器時代人（縄文時代人）とアイヌとの間の関連を強く見るものはレーヴィンと小浜。幾分の関係はあろう、というのがハルス。関係は少ないと見るのが鈴木。ハウウェルズはアイヌが日本人の祖先だったとは考えられぬ、という。

混血の問題。鈴木のほかはみな混血を認める。レーヴィンはオーストラロイドの基底に、モンゴロイド――北は朝鮮人、南はインドネシア人が加わった、という。ハルスは中国江南人の基底に朝鮮人が入った。縄文人の加入は不明だ、という。デベッツはアイヌおよび東南アジア人の参加を認める。ハウウェルズは日本人の基底は弥生時代の移住民であるが、縄文人も地方的には影響している、という。小浜はアイヌ系、朝鮮系の二地方型を考え、他にミクロネシア、インドネシア系の混血を予想している。

現代日本人の地方型については、レーヴィンは一般的に変化少なし、というが、琉球のアイヌ型、東北の朝鮮型、四国のインドネシア型を認める。小浜はアイヌ型と朝鮮の二型に割り切り、鈴木は南関東人で全国を代表せしめて、一系説を強調する。

この結果を見ると、日本人の起源の問題に関するこれら諸学者の、あるいは共通し、あるいは相矛盾する説のこの多様性はどこからくるか、これが一つの問題になりそうである。しかし、それはさておき、これらの相反する結論の一つ一つを取りあげて、その可否を検討するのは、容易なことではない。中でも最も際立っている鈴木の一系説と、他のすべての学者によって支持された混血説との対立の問題を、ここでは取りあげることにしよう。

縄文・弥生人の人骨について

南関東の資料より

縄文時代人の人骨と、北九州・山口発見の弥生時代人のそれとの間に形質差がとくに目立つのは、推定身長と、身長に幾分の関係を持つ顔面の高径、すなわちウイルヒョウ上顔高(V)、同じく上顔示数、鼻高、鼻示数などである。弥生人は縄文人に比して、身長大きく、顔が長いのである。いま、これらの五項目についての比較表を第1表に掲げる。材料はすべて男性成年骨である。表内のカッコのある数は、計測個体数を示す。

第1表は鈴木尚の前掲の論文による、南関東の材料である。推定身長は記載がないので表示できなかったが、かつて鈴木の門下にいた佐野一によると、脛骨長よりの推定身長は、南関東古墳時代人の五体の平均が一六一・一センチであったという。この数字はこれ以後に表示する大腿骨長よりの推定身長と直接比較することはできない。

この表を見ると、問題になっているこれらの四項目では、この地方の材料による縄文時代人、弥生時代人、古墳時代人を通じて、その数値はよく似ている。一系説には非常に都合のいい資料だ、ということになる。

第1表　南関東（♂）（鈴木尚による）

	縄文人		弥生人		古墳人	
推定身長						
上顎高（V）	(46)	66.0mm	(4)	67.5mm	(34)	66.8mm
上顎示数（V）	(41)	63.2			(28)	65.1
鼻高	(45)	49.6mm	(3)	51.2mm	(35)	51.5mm
鼻示数	(45)	54.8	(3)	54.5	(35)	52.7

第2表　西部日本（♂）

	縄文人		弥生人	古墳人
	津雲	九州	西部九州その他	西部日本
推定身長	(13) 159.9 cm	(4) 159.6 cm	(11) 158.8 cm	(3) 161.5 cm
上顎高（V）	(13) 67.0mm	(2) 67.5mm	(3) 67.6mm	(34) 68.4mm
上顎示数（V）	(13) 6.77	(1) 63.5	(3) 64.9	(17) 68.7
鼻高	(14) 48.6mm	(2) 51.0mm	(3) 50.0mm	(33) 51.4mm
鼻示数	(12) 54.5	(2) 52.6	(3) 54.9	(31) 51.5

第3表　北九州・山口地方の弥生人（♂）

	土井ヶ浜		三津	
推定身長	(18)	162.8 cm	(7)	162.0 cm
上顎高（V）	(35)	72.4mm	(13)	74.5mm
上顎示数（V）	(31)	70.1	(10)	71.7
鼻高	(39)	53.1mm	(14)	53.0mm
鼻示数	(36)	51.0	(13)	51.4

西日本の資料より

次に西日本における、同様の三つの時代人の比較表（第2表）を掲げる。「津雲」とあるのは岡山県津雲貝塚人（縄文後晩期、一四体、注1）、「九州」とあるのは、熊本県阿高貝塚人（九体。注2）、出水貝塚人（一体。注3）、御領貝塚人（三体。注4）より得られた材料の合計である。弥生人の「西部九州その他」とは、長崎市深堀（三体。注5）、同県根獅子（ねじこ、一体。注6）、福岡県八女郡上吉田（一体。注7）、同浮羽町大野原（一体。注8）より得られた材料である。ただし推定身長の数値には、右のほかに長崎県宇久島松原（二体。注9）、福岡市金隈（五体。注10）、の資料が加算されている。古墳時代の材料は城（注11）の集成より、西日本地方の材料を抜いたものである。

（注1）清野謙次・宮本博人「津雲貝塚人々骨の人類学的研究、第二部、頭蓋骨の研究」『人類学雑誌』四一巻三、四号、一九二六年。
（注2）大森浅吉「故南山大学教授中山英司博士により測定された阿高貝塚人骨の測定」『人類学研究』七巻附録、一九六〇年、二一二～二三〇頁。
（注3）大森浅吉他「薩摩国出水貝塚出土（昭和二九年）の人骨について」『鹿児島医学雑誌』三三巻三号、一九六〇年、二六九～二七四頁。
（注4）金関丈夫他「熊本県下益城郡豊田村御領貝塚発掘の人骨について」『人類学研究』二巻一号、一九五五年、九三～一六三頁。
（注5）長崎大学医学部解剖学第二教室、人類考古学研究報告第一号『長崎市深堀町深堀遺跡』一九六七年、一頁～。
（注6）金関丈夫他「長崎県平戸島根獅子免出土の人骨に就て」『人類学研究』一巻、一九五四年、四五〇～四九八頁。
（注7）竹重順夫他「福岡県八女郡上吉田発掘の弥生式時代後期の人骨に就いて」『久留米医学会雑誌』二二巻一号、一九五九年、一～一一頁。
（注8）金関丈夫他「福岡県浮羽郡大野原及び秋成発掘の弥生式時代人骨に就いて」『人類学研究』二巻一号、一九五五年、七二～九二頁。
（注9）内藤芳篤「宇久島松原遺跡出土の弥生人骨」『解剖学雑誌』四四巻二号附録、日本解剖学会第二四回九州地方会記事、一九七〇年。
（注10）「福岡市金隈遺跡第一次調査概報」『福岡市埋蔵文化財調査報告』第七集、一九七〇年、二六頁。
（注11）城一郎「古墳時代日本人の人類学的研究」第一部。『京大医学部清野教室人類学輯報』一輯、一九三八年、一頁～。

この表によると、縄文、弥生、古墳、各時代人計測数値は、古墳時代人の推定身長と鼻示数とが、他の二時代の材料に比してやや異なっているが、これを除けば、他は全群にわたってほぼ一致している。第2表に示したこれらのグループの数値はまた、そのままで南関東各時代人の数値（第1表）とほぼ一致する。南関東でも、古墳人の鼻示数は、他よりもやや小さくなっている。

土井ケ浜・三津の弥生人にみる異質な数値

ところが、第3表に示された、山口県土井ケ浜（弥生前期終末。注12）と、佐賀県三津（弥生中期人を主体とする。注13）の弥生人の場合は、これらの高径の数値は、第1・2表の群のそれとことごとく異なっており、身長とともに顔面の高径が他群に比して大きいことを示している。未発表の資料の山口県吉母《よしも》や福岡県立岩の弥生人なども同様である。これらの地方以外には関東にも西日本にも見られなかった、長身、高顔を特徴とする一群の異分子が、弥生時代前期のころにあらわれた、ということを、右の事実は示している。

（注12） 金関丈夫他「山口県豊浦郡豊北町土井ヶ浜遺跡出土弥生式時代人頭骨について」『人類学研究』七巻附録、一～三六頁。推定身長については、財津博之「山口県土井ヶ浜遺跡発掘弥生前期人の四肢骨に就いて」『人類学研究』三巻三―四号、一九五六年、三二〇～三四九頁。

（注13） 牛島陽一「佐賀県東脊振村三津遺跡出土弥生時代人骨の人類学的研究」『人類学研究』一巻三―四号、一九五四年、二七三～三〇三頁。

この異分子はおそらく弥生初期以来、その新しい文化を、朝鮮半島から西日本に移入した人びとの系統であっただろうとの想定を、筆者はすでに数回発表した（注14）。これが日本人の人種生成に、どれほどの寄与をしたかについては、筆者はきわめて控え目の発表をしておいた。人骨の分布から察し得る限りでは、彼らは南関東はおろか、北九州周辺、あるいは北九州の一部（金隈）にも、到達した痕跡を遺していないのである。

（注14） 金関丈夫「人種の問題」『日本考古学講座』Ⅳ 弥生文化、河出書房、一九五五年。同「弥生時代の日本人」、『第一五回日本医学会総会学術集会記録』第一巻、一九五九年、一六七～一七四頁。同「弥生時代人」『日本の考古学』Ⅲ 弥生時代、河出書房、一九六五年、四六〇～四七一頁。

もしこうした北九州・山口の弥生人のごとき体質が、縄文人のそれの連続であり、弥生の生活革命によるムードの変化によって、現地で小進化を遂げた結果だというならば、その近い周辺の、同じ時に、同じ変革に接した住民が、なぜ縄文人（人種的の）そのままでとり残されているかを、説明しなければならない。縄文時代人が弥生文化を受容して弥生時代人になりはしても、人種的弥生人へは変化しなかった。独特の弥生人種は、日本中どころか、九州中にも広がらなかったのだ。拡がらなかった地方では、鈴木の一系説は説明がつくが、拡がった地方では、混血は当然あったと見なければならない。これまでの発表で筆者のいっていることは、いまいっていることと少しも変わったことではない。鈴木は南関東の事象をもって、日本全部の事象とするが、筆者は北九州・山口をもって全日本を代表させたことはない。われわれの間の違いはそこにあって、論説が対立しているわけではないのである。

最近発行された『座談会・現代の考古学』という本で（八幡一郎他『座談会・現代の考古学』学生社、一九七一年、一〇七〜一一〇頁）、杉原荘介は、土井ヶ浜人が縄文人と異なっているといっても、土井ヶ浜遺跡は時代的には弥生中期に近く、この文化の開始からすでに一〇〇年、二〇〇年の時がたっている。新しい文化の与えた好条件に、土着の縄文人の生活ムードは変わり、長身、高顔の弥生人に進化したとも考えられる。少なくとも土井ヶ浜人骨は、混血論にとって好適の材料とはいえない、との意見を述べている。板付遺跡あたりでたくさんの人骨が出るとよかったが、出なかったのは筆者も残念に思っている。

しかし、土井ヶ浜よりは少し古い、前期中葉の土器を伴う島根県古浦や、山口県中の浜出土の人骨は（金関丈夫他「本年度における島根県古浦埋葬遺跡の発掘調査概報」日本解剖学会第一八回中国・四国地方会抄録、広島、一九六三年、『解剖学雑誌』第三九巻一号　第八附録、一九六四年、五頁)、長身、長顔の土井ヶ浜式人骨であったのが、自説にとってのせめての援兵であろうか、と思っている。一方では、弥生文化に浴した九州地方の多くの縄文人が、少しも弥生人種化しないで、いつまでも縄文人の体質をもち続けている。生活の変化による体質の変化は、それらの地方では起こらなかったのである。

文化遺産から推定する混血説

土器製作より推定

弥生人の渡来説に対する反駁として、ときどき聴かされるのは、縄文土器と弥生土器とに連続があり文化はとぎれていない、という説である。この大変革中の小連続は、その社会の土器作りが、女性の仕事であったことを考えると問題でなくなる。初期の移住者は、世界各国どこでも同様であるが、そのほとんどが男性で、彼らは行くさきの女性を容れて新しい社会を作るのである。しかし甕棺のような大形の土器は男性でなければ作れない。それも長身の頑丈な男の力を要する仕事で、これを作ったものは、新渡の大陸人男性であったにちがいない。台湾新竹州の鶯歌という窯は、水甕のとき大形の陶器を巻き上げ、胴接ぎしているが、これには長身と腕力とがいる。小柄な、ひ弱な台湾人にはできない仕事だときめて、むかしから福建省から職人を呼んでやらせている。甕棺の製造地が、長身長顔の弥生人地区と一致していることは非常におもしろいことである。

抜歯の風習

混血説に対するいま一つの論告は、新渡の大陸人がその郷貫で抜歯風習を知っていたというならば別だが、山東省には竜山文化のころから戦国時代にかけてその風習があったが、満州から朝鮮半島までは抜歯人骨の発見された例がない。もしこれを知らずに渡来したものが、しかもケタ違いに高等な文化を携えてやってきたものが、縄文人文化の中でも、格別にいまわしいこの風習をなぜとりあげたか、という問題である。しかし、中期のころまで抜歯をやっていた根獅子や、深堀や金隈の弥生時代人の骨格は、新渡の大陸人とは思われず、体質的には土着の縄文人の裔であったから、これは説明がつくが、土井ケ浜や古浦の前期弥生人で、新しい体質を備えた連中が、他よりもむしろ盛んにこれをやっている。なぜだろう。これに対する答えを、筆者は次のように考えている。台湾の山地民のある地方や、清朝のころまでこの風習を遺していた西南シナの獠族（打牙犵狫）などは、抜歯の施行者（手術者）、その行事の管理者はすべて女性であり、抜歯風習はいわば「女性文化」なのだ。女性によってこの風習が弥生時代まで生きのこった事情は、これも女性文化の一つである原始製陶法が、縄文社会から弥生社会にまで生きつづけたのと、同様の現象だと見ていいのではないか。

筆者の説は人類学の資料から論じ得られる範囲では、鈴木説とそう異なったものではない。新渡の要素は、量も少なく、浸透の地域も限られている。土着民と入れ替るどころか、やがて自分たちが土着民の中へ吸収されて消えてゆく。日本人の根幹は、この列島の新石器時代以来の先住民だ、ということを、筆者は幾たびも、はっきりといっている。

しかしとにかく紀元前一、二世紀のころに、大陸渡来民との間の混血が少なくとも、文化受入れの日本の玄関にあたる地方には、たしかにあったはずだ、と筆者は信じている。ただ、吸収されて消え去ったとはいっても、その gen が水のように解け去ったはずはなく、どこかに潜在していて、地下水のように浸透し、いまもその活動は止まっていないだろうと想像している。

以上は、これまでの貧弱な材料に基づく、比較的確実性の乏しい憶説に過ぎぬ、ということは記憶しておきたい。材料と方法を得て解明すべき仕事は無限に遺されている。言語学・民族学の方面からは、非常に明白なデータがあがっており、かえって人種学は役に立たぬといわれそうな事態である。若い人たちの努力をお願いして筆を擱く。

人類学から見た古代九州人

一　文献及び造形資料による考察

北九州先史時代の日本人に関する文献資料――というのもおかしな話で、その頃日本人に接触した海外文明国の文献資料ということになるが――としては、『魏志東夷伝』の「倭人」の記録の他に利用されるものがほとんどない。しかも、ここで問題とする当時の日本人の形質に関する記事は、この文献にも何ひとつない。しかし、その何もないところを利用して、辛うじてにしても、何ごとかを推測することはできぬでもない。

「三世紀の《魏志倭人伝》に、異民族の体質の形容としてしばしば用いられた、深目広鼻だとか、捲髪面白ないしは微黒というような記載も、倭人については特に記されていない。しかし、この記載を欠くということから、一の推定はなりたつわけである。記録者である北シナの古代人とほぼ同一の体質、すなわち古代シナ人の画像などが明らかに証している一般モンゴロイド型の体質を、弥生時代末期の北九州人がもっていたのではないか、ということが想像できる。」

これは筆者がかつて「民族のことばの誕生」『日本語の歴史(1)』(平凡社)の一部に書いた文章である。——ついでに加えて言えば、もし当時の北九州人が、しばしばアイヌ的要素を今ももつといわれている琉球列島人の代表的な相貌をもっていたとすると、倭人伝には深目多毛というような語が遺されていたにちがいない。それがない、というところに、つまり文献不記載ということから、この程度のはかない資料を倭人伝は提供しているともいえるであろう。

しかし、これもはかない資料であるが、も一つある。古代の日本を「倭」と称したのは、日本人ではなく中国人であったことは、いうまでもないことで、この名の現われるのは魏志をはじめとするのでもない。[1] それならば、なぜ彼らは日本を倭と呼び、またその字を用いたか。考えようによっては、この命名の問題から、当時の日本人の形質の、多少の形質の、多少は積極的な資料が得られるかも知れない。先ず日本をなぜ倭と呼んだか。これを考えた先覚は古くからあり、『釈日本紀』の編者は次のようにいっている。

問、唐人謂我国為倭奴国、其義如何。荅、師説、此国之人昔到彼国、唐人問曰、汝国之名称如何。自指東方荅云、和奴国……、和奴猶言我国、自其後謂之和奴国。[2]

つまり、ヤマトとか日本とか、総括的な国の名がまだなかった頃に、中華(恐らくは楽浪)を訪れた日本人が、その国名を聞かれて、「我ぬ国」だといった(この「ぬ」は今の「の」で、その用法は万葉集にもあり、琉球には今ものこっている)。これに当てる漢字などは無頓着にただワヌ国だといった。そのワヌに

漢人が倭奴の字を当てて国名としたというのである。(3)

卜部氏のこの説に対しては、古くは本居宣長、最近にも上田正昭の批判(4)があり、上田はこれを「こっけいな説」として一笑に付している。しかしこれは必ずしも滑稽とはいえないのであって、私などは一種の卓見だと思っている。外来人から「ここは何という国（所）だ」と問われて、まだ国名を持たなかった未開人が「我が国」だと答える、「お前たちは何人だ」と問われて、同様に「人間だ」と答える、その「我ら」が国名に受けとられ、その「人間」が種族名と誤られる例はかなり多い。これは既に民族学者の一般的常識になっている。(5)

しかし今ここで問題にしようとするのは、「ワ」の語源ではない。この「ワ」に漢人が与えた「倭」の字である。

中華の文明人であった漢族の、これも常套であるが、この倭字は決して無造作に当てられたのでなく、また好意的の当て字でもなかった。塞外の蕃族の名を虫だとかけだものの意を含む字をもって表わした例はきわめて多い。のちに晋の張華が東西南北中央五方の住民の風貌を挙げたときに、中央は「其人端正」なり（『博物志』）(6)といった華人の自信から出て、ワ人を醜なりときめたのであろう。倭は醜を表わす字である。倭は委に通ずる字であり、そのみにくさは委靡として振わぬ、萎びた、委然として、委屈し、などと上から見下される形容である。短身の矮とも関連するであろう。(7)

もし右の解釈が妥当だとすると、新石器時代から今日に至るまで、連続して一七〇センチメートル以上を男性の平均身長としていた華北の端正人の眼に写った古代の倭人とは、こうした名称で揶揄(8)される

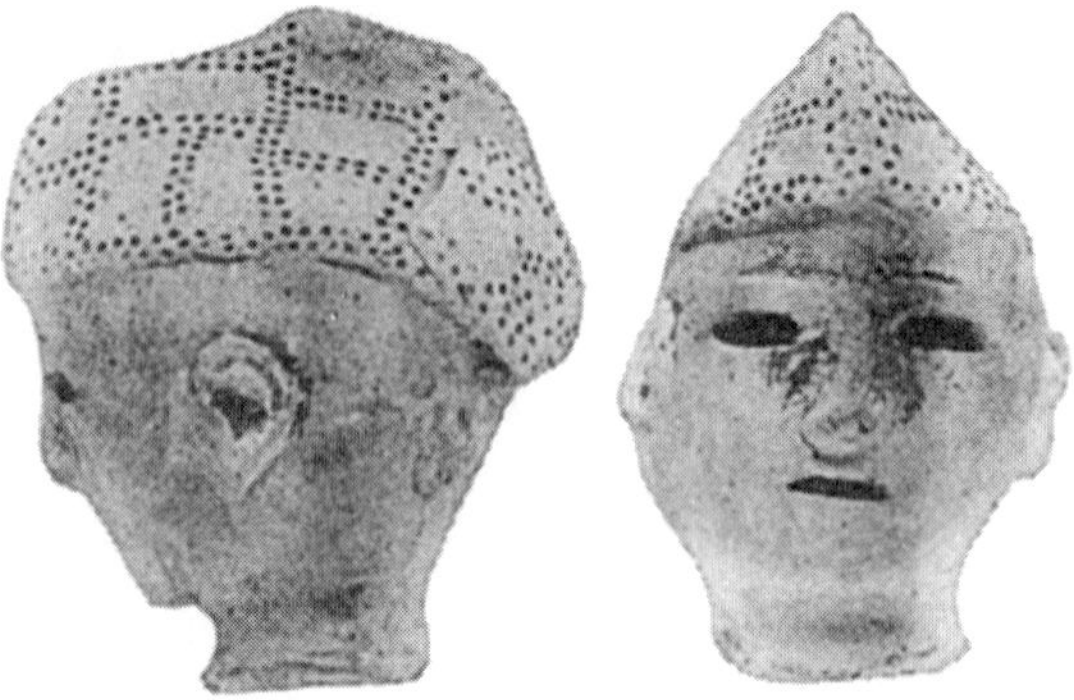

図1　埴輪・男性頭部像（福岡県八女郡乗場古墳出土）

ほどの体質をもっていたのではないか、ということが想像される。後にもいうが、その頃に大陸と交渉のあったと思われる北九州土着人の男性平均身長は、出土遺骨からの推測では一六〇センチを超えるものではなかったという事実が、この想像を裏書きする。

古代日本人の体質に関する中国文献の暗示的な資料から得られたものは、三世紀の北九州人は深目多毛のアイヌ型ではなくて、既にモンゴライズされており、身長の点では、土着の日本人は、倭人の名称の起ったころから北シナ人よりは目立って小さく、この二つの点から見ると、日本周辺の民族のうちでは、今日の中国江南人に匹敵するような形質の所有者であったであろう、ということが、おぼろ気ながら察せられる程度の知識だといえそうである。

以上は文献資料による先史時代日本人の不十分な推測であるが、先史時代の日本人を北九州人に限らなければ、ある程度の形質資料は、縄文、弥生、古墳時代を通じて、土偶や絵画の如き造形遺物からも得られる。縄文土器には非写実的な土偶は別として、まれに人面の塑像がある。弥生土器にもそれがある。また古墳時代には非写実的な石人とか、壁画像があり、殊にかなり写実的の、そしてかなり多数の埴輪人物像がある。しかし、これらの造形物でここに利用されるほどの適当な資料は、九州地方では残念ながら多くは見出されていない。そのまれな例の一として、ここに図示する（図1）ものは、福岡県八女郡乗場古墳出土の男性頭部[9]であるが、かつて鈴木尚が各地方の埴輪の一般像として挙げた[10]、扁平な円顔、狭いしゃくれた鼻などを、古墳期の人骨における顔面の所見に一致するものと考え、その写実性から、当時の人々は、円ら眼でなくして狭い切れ長の眼をしており、口も小さかったであろうと推定している描写に、そのままの形体であることがわかるであろう。福岡県嘉穂郡次郎太郎古墳、同じく下の谷窯跡の埴輪人物像[11]も正しくこれに類するものである。

　絵画として遺っている最初の日本人の像は、六朝梁の元帝（世祖、五五二―五五四年在位）の原図といわれる「職貢図巻」の倭国使の像（図2）である[12]。解説者西嶋定生は、六世紀には日中間の交渉がなかったから、この図は古来の所伝に基づいて作製したであろうといっているが、筆法から見て全くの想像画とは思われない。拠るところがあったにちがいない。皮膚の色は赤らび、しょぼしょぼ髯はあるが、全身多毛ではない。胴体は長く脚は短い。鼻は円味をもった

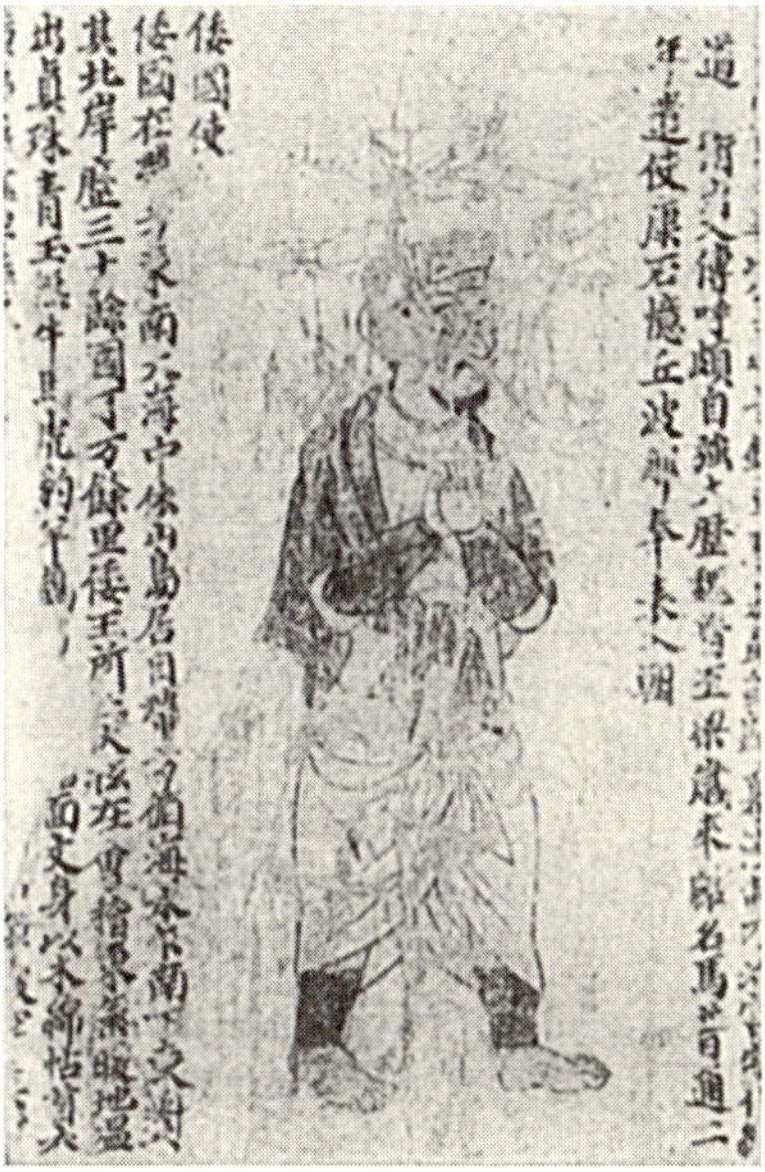

図2　「職貢図巻」の倭国使像

いわゆる団子鼻。眉毛と眼の間は広く、眼は切れ眼で、全身にくらべて頭部は大きい。身長はこの体格から察すると、大きいとはいえない。この顔かたちは、今の日本人の間にも、いたる所で見られる。大まかにみて、モンゴロイド（広義モーコ型）の体質であることは動かせない。ただ、これが古代日本人の像を表わすとしても、ここに問題とする古代九州人の像を示す資料であるとは一概にはいえぬかもしれないが。

二　形質から見た現代九州人

以上の文献、造形遺物などによって知り得た、あるいは知り得たと思われる、古代九州人の形質に関する知識は、甚だ曖昧であり、不十分である誹りを免れ得ない。これに対して、考古学的発掘によって得られた人骨資料が、より確実なデータを提供するであろうことには疑いはない。ただ、多くの場合にその資料には数に不足があり、数学的に見てその結果を確実だといえるものは、甚だまれである。また一方では、現代九州人については十分の数を用いて、その人種学的の位置を論ずることはできるし、その地方別を明らかにすることもできる筈だが、これは水平の比較で成功する可能性はあっても、これが垂直に、過去の九州人との間にどのような関係があるかを知るためには、やはり古代人骨の資料の豊富であることを必要とする。

して見ると、いまはじめようとする仕事の結果は、あまり信頼がおけるものではない、ということを、あらかじめ覚悟しておかなければならない。結局倭人伝の記載や、埴輪や職貢図の像からの想像よりもあ

表1　現代九州地方男性の平均計測値（注　括弧内は計測員数）

		身長 cm	頭形示数
福岡県			
玄海沿岸	1. 宗像大島	160.2 (173)	78.4 (173)
	2. 志賀島志賀	159.8 (189)	79.4 (189)
	3. 〃 勝馬	161.2 (89)	81.2 (90)
	4. 芥屋	162.1 (151)	81.0 (151)
西南山地	5. 大隈	158.9 (115)	81.0 (115)
	6. 小石原	159.3 (200)	80.5 (200)
	7. 浮羽	161.3 (187)	81.6 (186)
	8. 黒木	160.8 (186)	80.8 (186)
有明海沿岸	9. 沖ノ端	159.9 (81)	79.0 (81)
	10. 中島	159.6 (61)	78.3 (61)
	11. 古開	161.1 (61)	77.9 (61)
瀬戸内海沿岸	12. 蓑島	160.9 (177)	80.6 (177)
	13. 角田（スダ）	160.6 (59)	79.5 (59)
	14. 友枝	159.5 (44)	80.3 (44)
佐賀県			
玄海沿岸	1. 浜崎	159.7 (120)	81.8 (120)
	2. 呼子	160.5 (125)	81.5 (125)
	3. 波多津	158.8 (103)	82.4 (103)
	4. 黒川	161.1 (91)	82.2 (91)
	5. 山代	159.9 (100)	82.2 (100)
	6. 東山代	159.6 (100)	82.5 (100)
西南山地	7. 大山	161.2 (103)	80.6 (103)
	8. 有田	160.5 (100)	82.7 (100)
	9. 嬉野	160.1 (101)	82.4 (101)
	10. 吉田	160.5 (102)	83.2 (102)
有明海沿岸	11. 塩田	161.0 (85)	82.7 (85)
	12. 浜	161.3 (102)	80.6 (102)
	13. 七浦	159.9 (105)	80.9 (105)
	14. 多良	162.4 (102)	82.6 (102)
	15. 大浦	160.9 (77)	80.8 (77)
	16. 錦江	161.8 (192)	81.0 (192)
中部山地	17. 小城	159.3 (164)	82.2 (164)
	18. 東脊振	160.9 (187)	80.4 (187)
長崎県			
北松浦（本土）	1. 小佐々	159.5 (85)	80.2 (85)
	2. 鹿町	158.8 (93)	81.1 (93)
	3. 田平	161.1 (105)	80.8 (105)
	4. 上志佐	160.4 (91)	81.0 (91)
	5. 吉井	159.4 (70)	81.3 (70)
	6. 柚木	159.1 (128)	80.7 (128)
東彼杵	7. 折尾瀬	160.9 (100)	80.3 (100)
	8. 上波佐見	160.9 (100)	81.9 (100)
	9. 崎針尾	159.4 (100)	79.7 (100)
	10. 川棚	160.6 (95)	81.7 (95)
	11. 千綿	159.1 (120)	81.3 (120)
西彼杵	12. 三重	159.4 (103)	80.4 (103)
	13. 神浦	159.2 (105)	79.3 (105)
	14. 瀬戸	158.9 (113)	80.5 (113)
	15. 七釜	160.8 (118)	81.1 (118)
	16. 瀬川	160.9 (97)	79.8 (97)
	17. 亀岳	160.8 (103)	82.8 (103)

	18. 村松	160.1 (117)	82.4 (117)
北高来	19. 田結	160.9 (102)	80.2 (102)
	20. 森山	161.3 (110)	80.2 (110)
	21. 湯江	160.8 (105)	81.9 (105)
野母半島	22. 長与	159.1 (101)	82.0 (101)
	23. 大草	157.5 (84)	81.0 (84)
	24. 矢上	159.5 (107)	81.3 (107)
	25. 茂木	158.4 (122)	79.8 (122)
	26. 川原	158.6 (101)	80.1 (101)
	27. 野母	160.3 (110)	80.1 (110)
	28. 蚊焼	159.1 (100)	78.5 (100)
	29. 式見	159.6 (105)	79.0 (105)
南高来 (北)	30. 三合	161.5 (148)	79.1 (148)
(島原半島)	31. 大三東	161.1 (117)	79.4 (117)
	32. 湯江	160.5 (99)	80.0 (99)
	33. 多比良	159.9 (102)	79.4 (102)
	34. 土黒	161.2 (108)	79.4 (108)
	35. 神代	160.8 (103)	80.0 (103)
	36. 西郷	161.1 (102)	80.6 (102)
	37. 大正	162.9 (101)	79.9 (101)
	38. 吾妻	160.8 (104)	80.5 (104)
	39. 愛野	161.6 (103)	80.8 (103)
	40. 千々岩	162.8 (104)	79.4 (104)
南高来 (南)	41. 富津	160.2 (67)	79.5 (67)
(島原半島)	42. 小浜	162.5 (79)	80.4 (79)
	43. 北串山	160.2 (94)	79.8 (94)
	44. 南串山	161.6 (101)	80.3 (101)
	45. 加津佐	160.4 (106)	79.2 (106)
	46. 中之浦	161.2 (101)	81,5 (101)

	47. 南有馬	162.2 (101)	81.6 (101)
	48. 北有馬	161.1 (102)	79.7 (102)
	49. 西有家	160.3 (101)	80.8 (101)
	50. 有家	159.2 (101)	80.0 (101)
	51. 堂崎	161.1 (109)	80.4 (109)
	52. 布津	161.3 (103)	79.9 (103)
	53. 深江	161.5 (101)	80.0 (101)
北松浦	54. 平戸	160.3 (108)	81.6 (108)
(平戸島)	55. 中野	159.4 (95)	80.5 (95)
	56. 獅子村	162.4 (118)	79.4 (118)
	57. 紐差	160.8 (115)	80.9 (115)
	58. 中津良	160.7 (129)	80.5 (129)
	59. 志々伎	160.1 (120)	80.7 (120)
	60. 津吉	160.7 (140)	80.6 (140)
北松浦	61. 小値賀島	162.6 (150)	80.0 (150)
(群島)	62. 斑島	161.6 (65)	78.0 (65)
	63. 野崎島	159.4 (46)	76.9 (46)
	64. 六島	163.7 (38)	76.5 (38)
	65. 宇久島	162.0 (113)	79.4 (113)
	66. 生月島	159.3 (125)	80.2 (125)
	67. 大島	160.2 (102)	80.8 (102)
	68. 鷹島	159.9 (120)	80.5 (120)
	69. 福島	159.5 (106)	80.6 (106)
五島列島 (上)	70. 北魚目	160.2 (142)	77.4 (142)
	71. 魚目	162.0 (157)	78.4 (157)
	72. 有川	162.9 (218)	78.2 (218)
	73. 青方	162.5 (175)	77.8 (175)
	74. 浜浦	160.9 (109)	78.0 (109)
	75. 日島	161.0 (87)	78,3 (87)

	76. 若松	162.8 (128)	77.6 (128)
	77. 奈良尾	162.6 (133)	78.4 (133)
五島列島（下）	78. 奈留島	161.4 (136)	77.8 (136)
	79. 久賀島	163.5 (123)	77.1 (123)
	80. 奥浦	161.8 (70)	77.8 (70)
	81. 岐宿	162.4 (104)	78.8 (104)
	82. 三井楽	160.8 (158)	78.0 (158)
	83. 玉之浦	161.2 (164)	78.6 (164)
	84. 富江	161.1 (167)	79.7 (167)
	85. 大浜	164.7 (68)	79.5 (68)
	86. 本山	161.0 (81)	79.1 (81)
	87. 崎山	161.0 (102)	78.3 (102)
	88. 福江	163.5 (126)	79.2 (126)
壱岐	89. 勝本	164.0 (100)	79.3 (100)
	90. 箱崎	162.2 (102)	78.6 (102)
	91. 那賀	160.5 (95)	80.8 (95)
	92. 沼津	161.5 (70)	81.0 (70)
	93. 渡良	160.2 (168)	79.2 (168)
	94. 初山	160.6 (100)	80.6 (100)
	95. 石田	161.1 (110)	80.3 (110)
	96. 田河	161.3 (108)	79.5 (108)
対馬（上）	97. 豊崎	164.0 (77)	83.0 (77)
	98. 鰐浦	164.5 (52)	83.5 (52)
	99. 佐須名	161.8 (33)	82.4 (33)
	100. 仁田	161.9 (78)	81.3 (78)
	101. 峯村・三根	160.9 (63)	81.6 (63)
	102. 〃　志多賀	160.9 (61)	81.3 (61)
	103. 琴	160.4 (34)	82.1 (34)
対馬（下）	104. 雞知	162.5 (24)	81.7 (24)
	105. 佐須阿連	161.6 (52)	81.5 (52)
	106. 佐須	158.4 (82)	82.5 (82)
	107. 豆酘	163.8 (64)	80.9 (64)
	108. 〃	164.3 (106)	80.8 (106)
	109. 久田瀬	159.3 (44)	82.0 (44)
	110. 久田村	162.3 (41)	81.9 (41)
	111. 〃　内院	161.2 (28)	82.4 (28)
	112. 仁位	163.2 (62)	82.3 (62)
	113. 奴加岳	161.3 (42)	81.0 (42)
熊本県			
有明海沿岸	1. 伊倉	159.4 (221)	80.1 (221)
	2. 三角	161.6 (111)	79.9 (111)
	3. 文政	161.1 (133)	80.5 (133)
	4. 芦北	159.6 (102)	79.6 (102)
	5. 湯津	158.0 (92)	78.6 (125)
上天草	6. 登立	159.2 (114)	79.2 (114)
	7. 今津	158.4 (130)	80.1 (130)
	8. 姫戸	160.1 (125)	79.4 (125)
	9. 島子	161.5 (126)	79.4 (126)
	10. 御所浦	159.1 (99)	76.3 (99)
下天草	11. 富岡	160.7 (108)	81.5 (108)
	12. 下田	158.6 (95)	81.6 (95)
	13. 高浜	160.3 (112)	80.8 (112)
	14. 富津	160.0 (92)	80.7 (92)
	15. 須口	163.0 (120)	76.2 (120)
	16. 魚貫	160.7 (93)	80.4 (93)
	17. 牛深	159.0 (136)	77.8 (136)
	18. 大島	161.0 (91)	77.9 (91)
	19. 深海	160.4 (102)	79.6 (102)

	20. 宮野	159.9 (96)	79.4 (96)
	21. 大多尾	157.6 (118)	79.1 (118)
山地（北）	22. 旭野・合志	158.0 (107)	79.9 (108)
	23. 黒川	157.4 (47)	77.9 (47)
	24. 柏村	158.9 (114)	80.0 (114)
	25. 古城	160.2 (105)	80.5 (105)
	26. 尾ケ石	159.1 (145)	79.0 (145)
	27. 白水	160.0 (107)	80.6 (107)
	28. 南小国	158.1 (115)	80.8 (115)
山地（南）	29. 海東	157.7 (87)	79.2 (87)
	30. 五個荘	159.7 (61)	81.7 (61)
	31. 人吉	158.4 (104)	82.4 (104)
	32. 一勝地	158.7 (31)	80.5 (31)
	33. 岡原	157.5 (104)	81.1 (104)
大分県			
	1. 姫島	160.7 (126)	80.2 (126)
	2. 杵築	160.7 (154)	82.2 (154)
	3. 四日市	162.3 (144)	82.2 (144)
	4. 臼杵	158.0 (92)	80.6 (92)
	5. 〃	161.5 (185)	82.0 (185)
	6. 大入島	160.8 (111)	79.9 (111)
	7. 竹田	161.0 (166)	82.9 (166)
	8. 〃	161.7 (81)	83.4 (81)
	9. 日田	159.8 (151)	80.7 (151)
宮崎県			
北部	1. 上鹿川	158.7 (38)	78.5 (38)
	2. 下鹿川	157.2 (53)	79.7 (53)
	3. 北方	158.4 (52)	80.4 (52)
	4. 日ノ影	159.1 (47)	80.9 (47)

	5. 高千穂	157.8 (81)	77.6 (83)
	6. 椥木	158.4 (16)	80.3 (16)
	7. 椎葉	156.0 (126)	84.5 (126)
	8. 〃	161.1 (118)	78.6 (118)
	9. 西郷	159.6 (127)	79.7 (127)
	10. 目津井	162.1 (162)	81.0 (162)
	11. 南郷	160.3 (92)	83.0 (92)
	12. 岩脇	159.2 (123)	80.7 (123)
	13. 田野	159.1 (146)	81.3 (146)
	14. 東米良	159.1 (62)	79.9 (62)
	15. 上穂北	156.1 (47)	79.5 (47)
	16. 広瀬	160.2 (59)	79.3 (60)
南部山地	17. 飯野	159.4 (142)	82.7 (142)
	18. 西岳	159.8 (126)	81.6 (126)
	19. 都城	160.7 (100)	82.4 (100)
	20. 福島	159.2 (151)	79.0 (151)
鹿児島県			
北部山地	1. 伊佐（山野）	160.0 (142)	82.1 (142)
	2. 〃	162.9 (×)	85.6 (×)
	3. 牧園	160.8 (117)	82.5 (117)
	3′. 鶴田	161.9 (138)	84.0 (138)
シナ海沿岸と島嶼	4. 長島	160.8 (138)	80.4 (138)
	5. 里村（上甑）	159.4 (135)	80.5 (135)
	6. 藺牟田（下甑）	160.2 (122)	80.5 (122)
	7. 手打（〃）	158.8 (167)	81.2 (167)
	8. 出水	159.8 (70)	82.2 (68)
	9. 〃 （上知識）	160.0 (76)	81.1 (76)
	10. 〃 （名護）	158.8 (124)	80.1 (124)
	11. 〃 （大川内）	160.8 (32)	84.1 (32)

	12. 野田	161.8 (136)	80.9 (136)		36′. 大島	158.1 (92)	81.0 (92)
	13. 東市来	159.1 (129)	83.2 (133)		37. 加計呂麻島	157.7 (117)	81.2 (117)
	14. 伊作	160.9 (95)	86.3 (42)		38. 与路・請島	158.0 (90)	80.8 (90)
	15. 枕崎	161.1 (×)	83.8 (×)		39. 喜界島 (沿海)	157.6 (219)	81.1 (219)
	16. 頴娃	159.9 (119)	80.8 (121)		39′. 〃	157.0 (73)	78.8 (73)
	17. 山川	160.8 (61)			40. 〃 (山地)	155.6 (55)	78.8 (55)
	18. 大村	160.3 (×)	85.1 (×)		41. 徳之島	156.3 (191)	82.6 (191)
	19. 国見	161.9 (68)	79.3 (68)		42. 沖永良部島	155.0 (121)	79.6 (121)
鹿児島湾周辺	20. 知覧	160.1 (×)	83.1 (×)		43. 与論島 (城)	159.1 (181)	80.7 (179)
	21. 谷山	162.9 (×)	86.3 (×)		44. 〃 (茶花)	157.3 (57)	80.9 (57)
	22. 郡山	158.5 (57)	83.5 (57)	(附) 沖縄県	1. 本島	158.1 (133)	80.7 (133)
	23. 鹿児島市	159.8 (159)	86.6 (159)		2. 〃 (国頭)	157.5 (140)	82.3 (140)
	24. 大山	161.8 (×)	80.6 (×)		3. 〃 (久米島)	158.1 (133)	82.1 (133)
	25. 鹿屋	158.6 (313)	81.3 (313)		4. 宮古	157.7 (99)	80.9 (99)
	26. 高山(コウヤマ)	159.2 (100)	82.2 (100)		5. 波照間	159.0 (104)	81.3 (104)
	27. 大根占	159.5 (94)	83.8 (94)		6. 与那国	157.6 (121)	81.6 (121)
太平洋沿岸と島嶼	28. 伊佐敷	159.7 (117)	82.5 (117)	南朝鮮	1. 京畿道	163.3 (103)	85.6 (104)
	29. 佐多岬	161.3 (94)	80.2 (94)		2. 江原道	163.3 (110)	83.7 (110)
	30. 内之浦	160.5 (143)	81.5 (143)		3. 忠清北道	162.5 (102)	84.4 (102)
	31. 大崎	160.4 (102)	81.1 (102)		4. 〃 南道	161.7 (125)	83.6 (125)
	32. 種子島	159.6 (269)	81.6 (281)		5. 慶尚北道	162.7 (104)	84.1 (104)
	33. 〃 中種子	162.2 (53)	81.6 (53)		6. 〃 南道	163.0 (171)	85.4 (171)
	34. 〃 南種子	162.0 (39)	83.3 (39)		7. 全羅北道	161.8 (100)	84.6 (100)
	35. 屋久島	158.6 (105)	81.5 (105)		8. 〃 南道	163.1 (100)	86.5 (100)
奄美群島	36. 大島 (名瀬)	156.1 (118)	84.7 (118)		9. 済州島	164.3 (245)	85.7 (245)

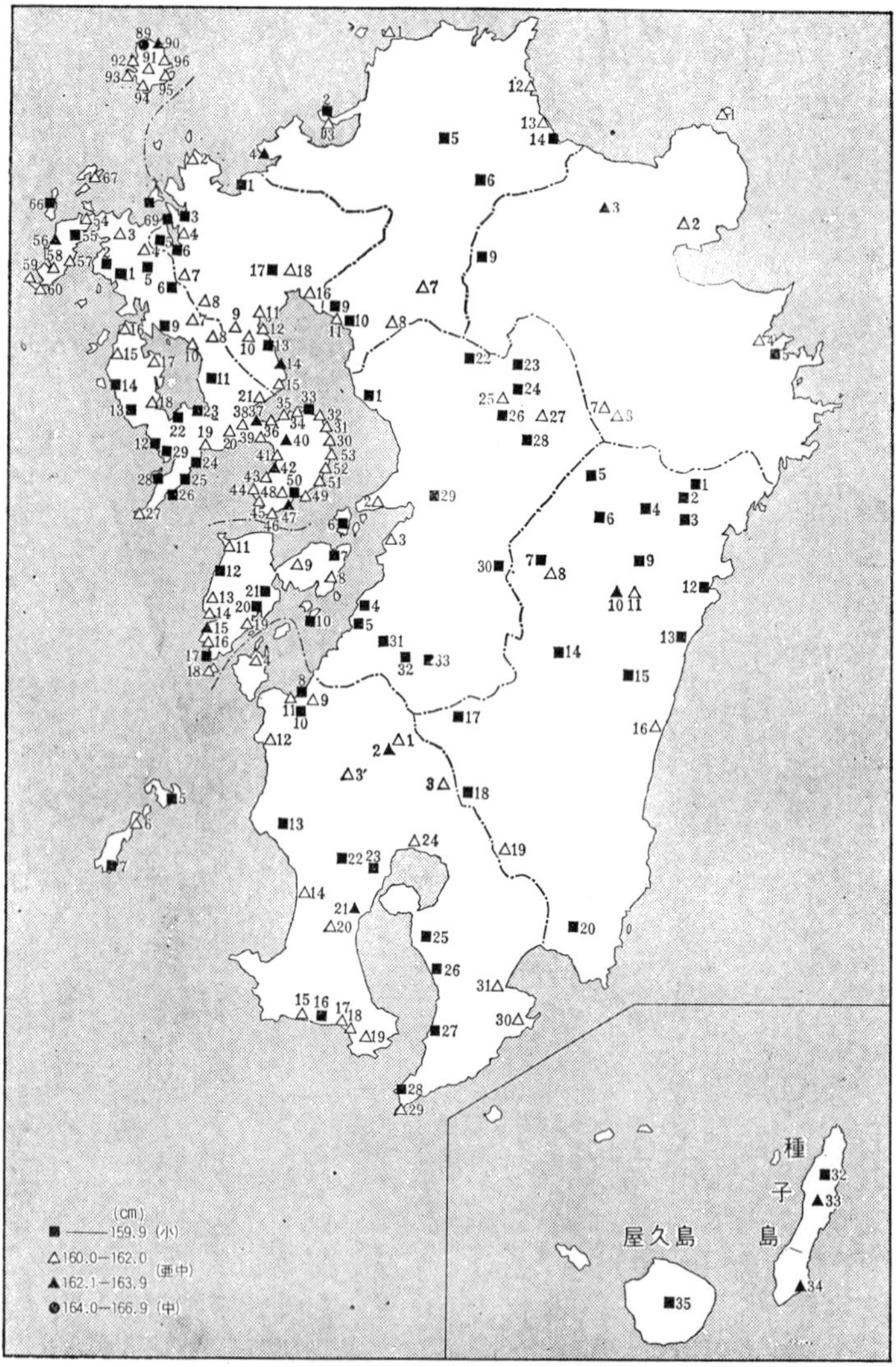

図3　九州男性平均身長の分布図

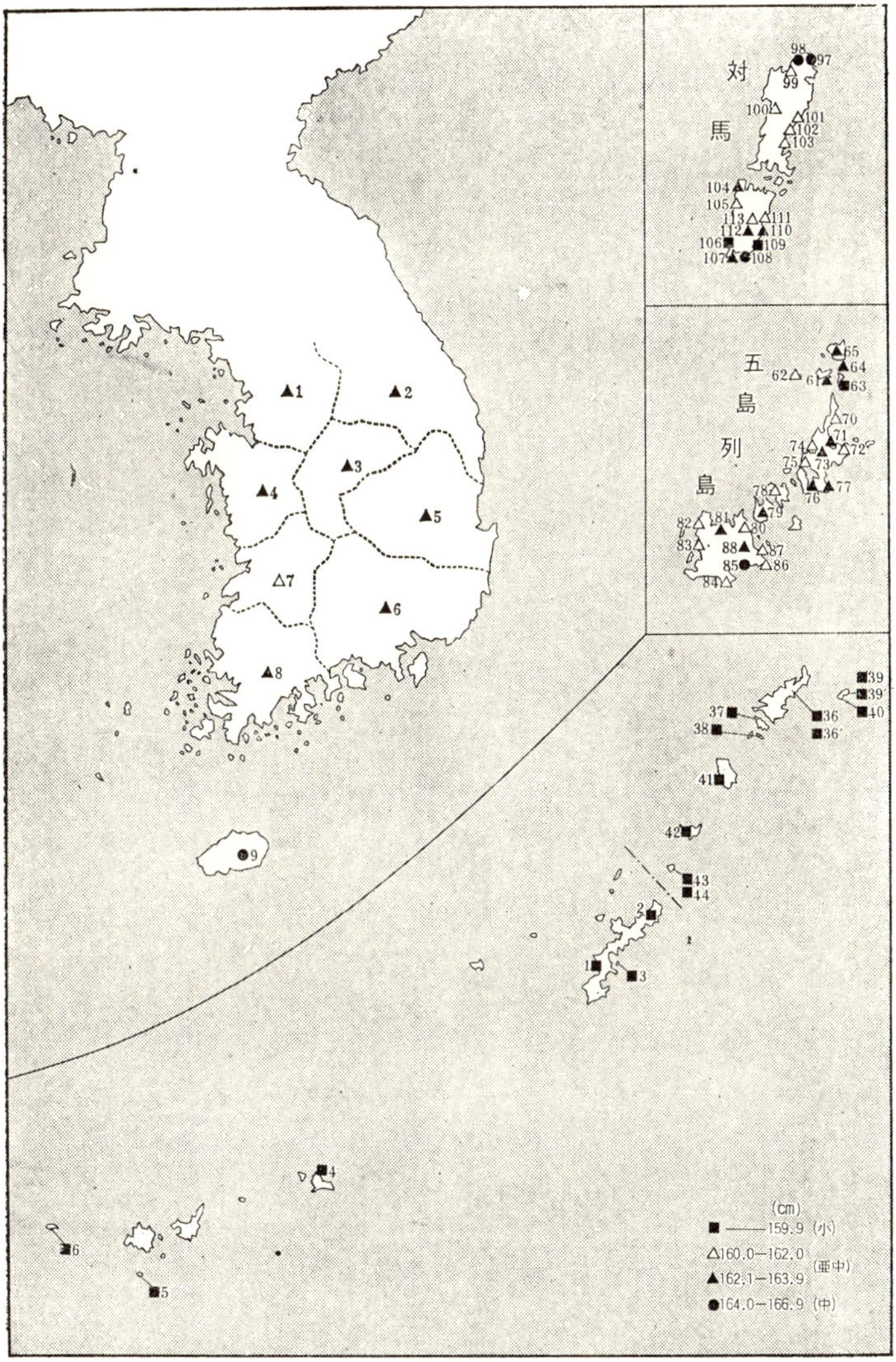

図4　南朝鮮・琉球列島男性平均身長の分布図

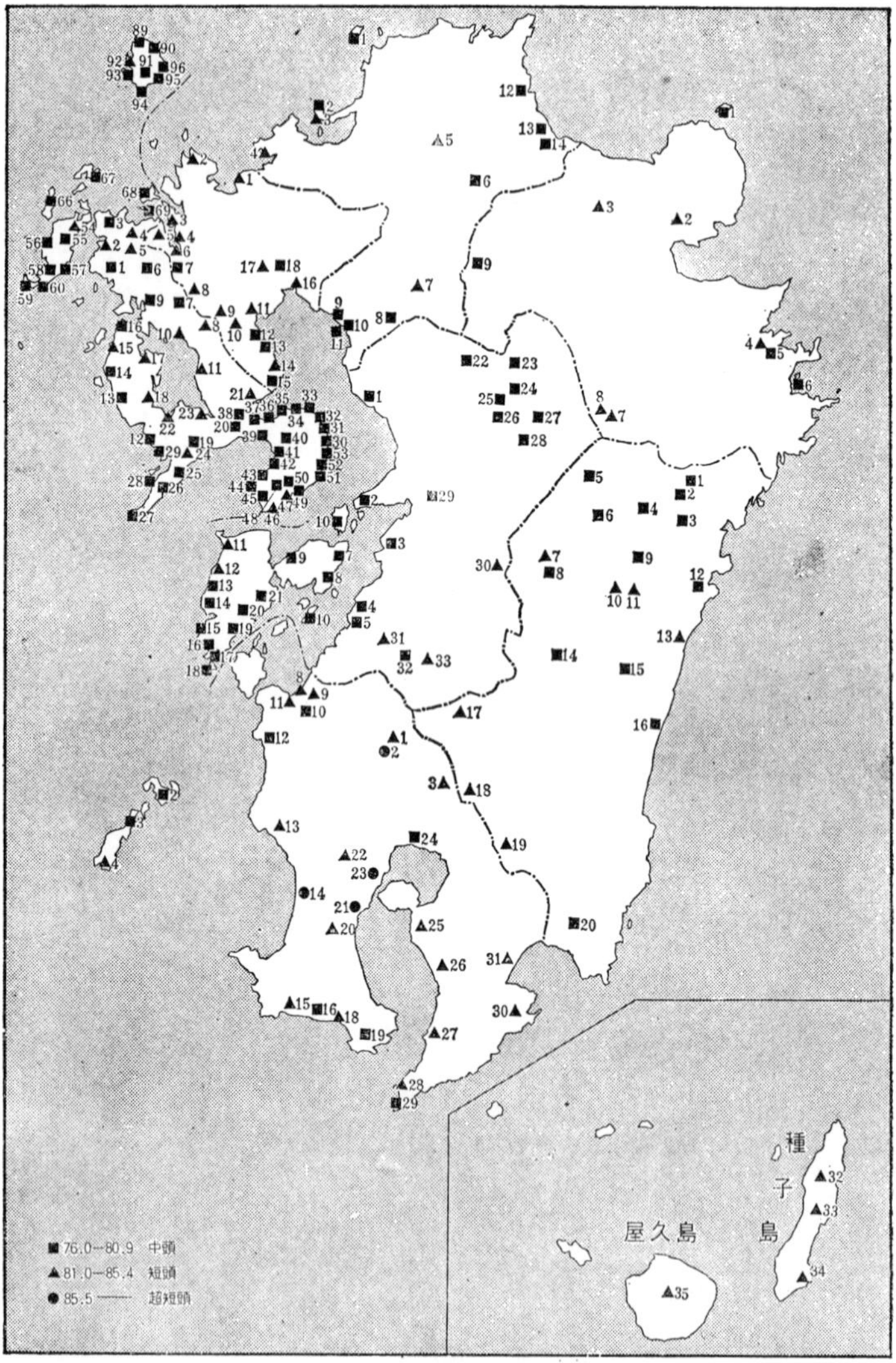

図5　九州男性頭形示数の分布図

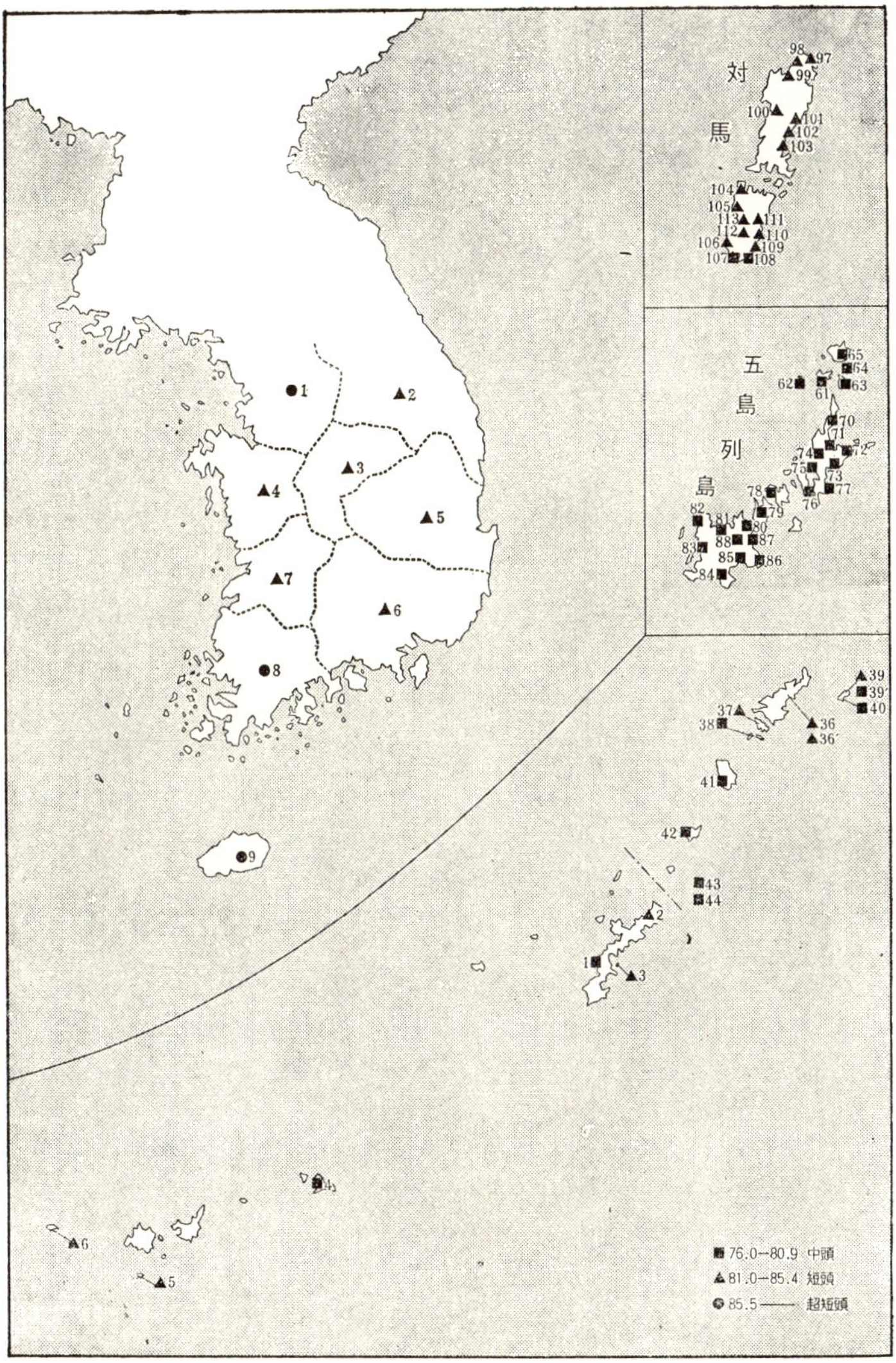

図6　南朝鮮・琉球列島男性頭形示数の分布図

る程度ましだ、ということになるのかもしれない。

古代九州人を計る前に、まず現代九州人の体質的地方差はどうであろうか。これを知っておいた方がいいかと思う。そして単に地方差を知るだけの目的ならば、さほど細かく多くの項目にわたって比較する必要はない。ここでは男性の身長と頭形示数 Cephalic Index の二項目の計測値を利用する。(13) 第1表は戦前戦後にわたって、日本各機関の人類学者による調査の成果である。煩瑣を避けて調査者、文献の指示を省略する。

また、右の表によって九州各地の現代男性の身長と頭形示数の平均値の分布を図示すると第3図、第4図のようになる。

なお、比較のために琉球列島及び南朝鮮住民より得られた成果を第5図、第6図としてつけ加える。

三　現代九州人の人種論に関する学説

以上に掲げた材料によって、現代九州人の形質の分布を新しく論ずる前に、この問題に関して、先人はどのように論じているかを、簡単に述べておく。

長谷部言人は壮丁の身長に基づいて、九州人のうち佐賀、長崎両県を、畿内、岡山、鳥取と共に身長大のグループに、福岡県をその次に、宮崎県を島根、徳島、愛媛のグループに入れ、大分、熊本、鹿児島を最小圏として「熊曾群」と名付け、全国におけるこれらの四段階の差を「日本人種の二元又は多元である痕跡にして、未だ全く融合し尽さざるものと認め得る」という。(14) この日本人多系説はその後とり消されたことはいうまでもないが、九州人の男性身長の分布の地方差を学術的に認めたこれが手はじめであることには変りはない。

松村瞭は現代九州人の北部（筑前、筑後）人と南部（大隅、薩摩）人との間では、前者に比して後者には短頭型が非常に多い、「南北両部には別個集団の形成を認むべきが至当ではなかろうか」といっている。[15] この「別個の集団」というのは人種的の異集団の意を含むようである。またこれに身長の計測量を加えると、「日本人には九つの地方的集団が認められ[16]」、その一つは短頭・低身長を特徴とするという。これは当然九州南部の一集団に当るわけである。

上田常吉は戦後の全国一五八ヵ所の調査の成果に基づき、男性頭形示数の分布を論じた。まず示数の八一を境界とし、八二以上を短頭、八〇・九以下を中頭として図示したものでは、九州では福岡・熊本・宮崎の諸県が中頭、対馬・薩摩が短頭、その他はその中間にあり、この中頭、短頭の二型の差の大きさはヨーロッパの北欧人種とアルプス人種との間の差に匹敵するところから見て、基本的集団を異にする可能性がある。また平均値の標準偏差の大小を比較すると、短頭型の方に偏差が大きい。これは短頭型住民と中頭型住民との間に混血のあった可能性の大きいことを表わすという。ただし上田は対馬や近畿地方などを中心とする短頭型については短頭型の朝鮮よりの移入者との混血にさらに論及するが、薩摩の短頭型については特に言及していない。[17]

九州人の身長に関しては、上田は次のようにいっている。[18]「北九州の平均身長やや大であるのは、中国及近畿と同様に取り扱っていいかは疑問がある。何となれば頭形で北九州は中国又は近畿と大分相違しているからである。」

今村豊・岩本光雄は、身長一六〇センチ、頭形示数八一を交点として、九州各国の住民及び九州離島民の占める位置を図示した。(19) 身長では豊前の一部を含む豊後群と日向・薩摩群は一六〇センチより下るものはほとんどなく、これに反して肥後のほとんどすべてと豊後の一部が、一六〇センチ以下にある。筑前・筑後と豊前群は一六〇センチの上下にわたって交点に近く、肥前も同様であるが、上下ともに範囲は広い。頭形示数では肥前・肥後は交点(八一)を挟んで上下同範囲にわたっている。豊前の一部を含む豊後及び日向・薩摩群も同様であるが、前者の多くは交点上に、後者の多くは交点下に位置する。豊前の一部と筑前・筑後群は交点より上るものはなく、その過半数が七九以下である。

今村・岩本はまた別に九州離島の住民について、同様の分布図を作り、日本における他地方の離島の成績と比較している。これによると、対馬島民は身長、頭形示数の大きさにおいて朝鮮群の範囲に入り、壱岐・北松浦離島・五島・天草は、それぞれその一部が、身長大きく、頭形示数の小さい点で、隠岐島住民に近く、また天草(20)及び五島群の一部は短身と頭形示数の小さい点でアイヌ群の圏内に入っている。一方、九州南部の離島民は身長小さく、頭形示数の交点付近にある点で沖縄群に近い。ただ喜界島は長頭に傾いてこの群を離れる。以上の事実に関する結論として、「少なくとも頭長幅、身長からするかぎり、同じ日本人にも著しい地方差があり、その多くの部分は南シナ人に、少なからぬ部分は朝鮮人に、そして小部分はアイヌに類似している」といい、ただしこうした類似は頭長幅と身長との両者において必ずしも一致するものではないという。

小浜基次は、形質人類学的特徴に基づき現代日本人を二つの地方型に分った。その一は畿内型で、畿内を中心とし、西は瀬戸内海沿岸を経て対馬に、東は東海道・中仙道より南関東に繋がる。この形質を朝鮮系と見る。二は東北・裏日本型で、東日本を本拠とし、北関東を含む東北から北陸・山陰・北九州と、それらの離島にわたる。これをアイヌと日本人との混血系とする。九州に関していえば、頭形示数八一を境界として、北九州・中九州はそれ以下にあり、対馬を除く一部の離島は混血アイヌ型の範囲に入り、東九州・南九州は八一以上に位置して、その一部は対馬とともに朝鮮型に入る。図7には対馬が省かれているが、小浜による図像である。[21] ただし小浜は、本図に示す東・南九州人の短頭が近畿を中心とするいわゆる朝鮮系に入るものだとはべつに特示してはいない。またアイヌ系、朝鮮系以外の混血系をも小浜は予想し、その考察を今後の研究にゆずっている。

以上の他に血液型、手掌紋などについて九州人の人種的地位を論じたものはあるが、古代九州人の人種性を問題とする本編には直接

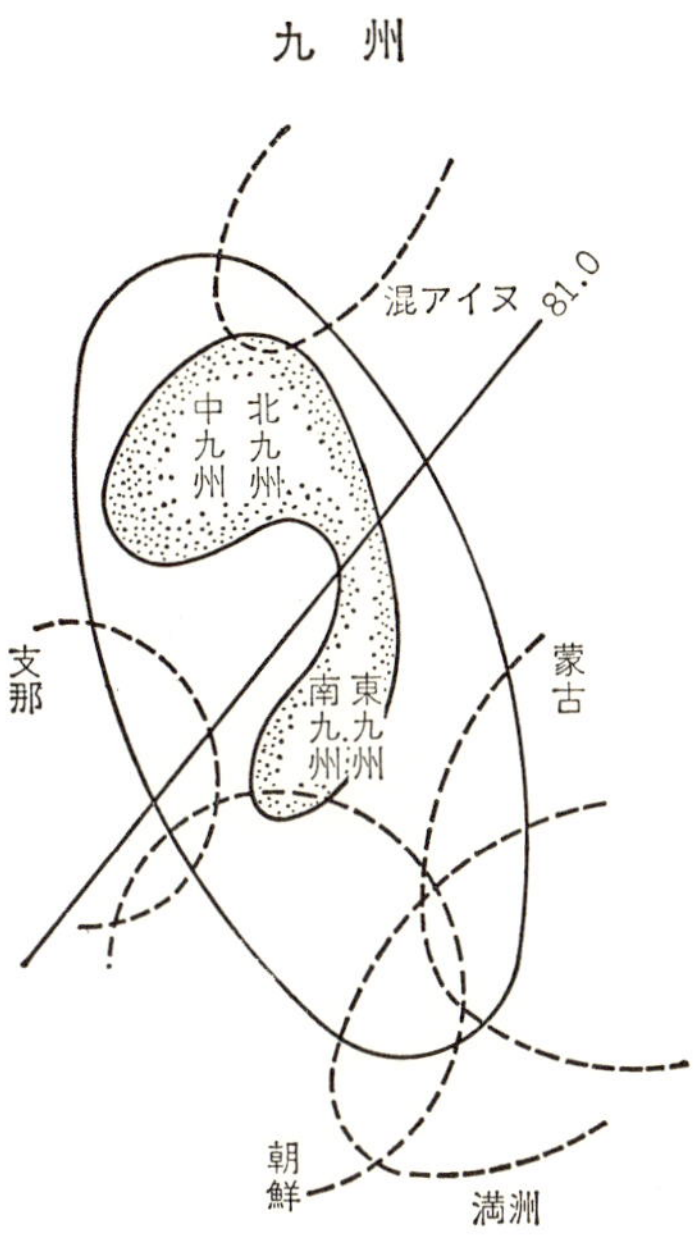

図7 頭形示数の分布図における九州人の位置(小浜)

参考になるとは思われないので省略し、必要があればのちに引用することにする。

また、特に九州人を問題とはしないが、日本人全体を人種的に一系と見、垂直の時代的変化をいわゆる「小進化論」[22]をもって説明するが、水平の地域的変化に関しては、とるに足らぬ小混血の可能性を無視するのではないという程度の許容を発表する鈴木尚の説がある。その先駆者としては、さきに挙げた長谷部言人の第二期の説がある。[23]現代日本人が全体的に見て、頭形、身長の点では中国江南人に最も強く類似することは、今村豊もしばしば言及しているが、長谷部も同様の観察をもち、両者の共通の祖先が、洪積世の後期に陸橋を渡って西南方面から日本に入ったものが日本人の祖先だという。鈴木はそうした祖先に当る、いま知られている最も古い形体として、静岡県三ケ日発見のネアンデルターロイド人骨を考えている。しかし、これらは日本人の起源問題に関する学説であって、その後におこった日本人の地方差を説明するのが現下のわれわれの問題である。鈴木の「小進化説」は一般論としては認めなければならぬにしても、それのみで万事が説明されるか否か、否ならば二系以上の混血の可能性をいかに証明するかに問題は絞られるのである。上記の鈴木・長谷部（第二期）以外の諸説に示されている九州人の地方型の変化《バラエテイ》は、この問題の解説に対してどういう意味を持つであろうか、これが現下の問題である。

四　現代九州人の地方差に関する総括

序文めいた部分が長くなったが、先ず図3の九州男性平均身長の分布を見る。ただし島原半島と天草諸島は注20にあるような理由で無視することにする。

一、身長の亜中等型上部（一六二・一）以上（▲—●）のグループは、五島及びこれに接近する北松浦諸島に密集し、平戸島の一部がそれに加わる。これを仮りに第一群とする。第二の密集地は対馬南部であり、北部の北端及び、恐らくは壱岐島の北部と共に一群をなしている。これを第二群とする。北九州にはその他に玄海に沿う芥屋（福岡4）、また玄海にひらく平地の四日市（大分3）、有明海沿岸の多良（佐賀14）がある。さきの二群との関係は地方的には不明であるが、芥屋、四日市は恐らく第一群に、多良は地域的には島原群に関係があるであろう。▲—●グループのうち●群は欠けているが、宮崎、鹿児島にはところどころに散在しており、山地（宮崎10、鹿児島2）にも沿海地方（鹿児島21、33、34）にもあり、これらが北九州のグループとの間に何らかの関連を持つか否かは判らない。仮りにこれを第三群とする。

すなわち現代九州人のうち、身長の比較的大きい地方群は、対馬・壱岐・五島列島を含む西北地方に最も多く、或いはほとんど密集している。これに図4の南朝鮮の男性平均身長分布図を参照すれば、その系統は自ら明らかだといいたくなるであろう。第三群については、その身長の系統はいまのところ不明といわざるを得ない。

現代九州人男性平均身長の小（一五九・九以下■）に属する地方は、同じく図3によると、北部では北松浦郡の本土及び離島、東・西彼杵郡にほぼ密集し、鹿児島県を除けば、その他の地方では一部では玄海、有明、太平洋の沿岸にもわたっているが、その多くは山地に分布している。交通の少ないところにこのタイプの多いということは、これが混血の機会の少なかったために遺された土着の原形であったかを思わせる。従ってその間に散在する亜中頭型下部（△）は、混血の産物であるかとの疑いをさし挟ませる。しかし鹿児島県では、■タイプは沿海にも多く、北部とは異相を呈している。図4の琉球列島の分布図を一見すれば、これが南方に連絡するものであり、さきに挙げたこの地方の▲—●型が、異系の混入者ではないかと思わせる。△型はここでも、その混在の産物ではなかったかと思わせるのである。

以上の男性平均身長の分布から見ると、現代九州人男性には身長の小（■）なる土着民と、朝鮮系の中身型（▲—●）、その間の混血型かと認められる△型、及び南島系の短身型（■）との四層が見られる。ただし短身型の土着者が、南島系の短身者とどのような関係にあるかは、さらに一考を要するところであろう。

二、現代九州人男性の平均頭形示数の分布を図5で見ると、示数八五・五以上の超短頭型（●）は鹿児島県ことに薩摩地方のみに見られ、これに匹敵するものは周辺地方では図6の南朝鮮の三群（1・8・9）があるのみである。しかし鹿児島は一般に短頭型（▲）が多く、図6の琉球列島の短頭型との連関を考えさせる。示数八〇・九以下の中頭形（■）は、九州本土では身長における小身長（■）の分布にほとんど一致している。併せて土着民の原型と見ていいようである。ただ問題は五島列島とその周辺及び壱岐の大部分は頭形において南朝鮮型とは離れており、身長、頭型を複合すれば比較的にいって長身長頭の特殊型をなしている。この長身長頭型を周辺地域に求めると、華北人があるのみであるが、両者の間に歴史的に交流があった記録は八幡船時代の伝説程度のもので、確実には摑めない。示数八一・〇—八五・五の短頭型（▲）は、身長の亜中頭型下部（一六〇・〇—一六二・〇、△）のそれにほぼ一致して分布するが、対馬に圧倒的に多いのは、南朝鮮との関連の強さを語っている。

以上のように身長と頭型の分布の、周辺との連関の想定は必ずしもすべて一致しないが、比較的意味での短身長頭型が九州人本来のタイプであり、北部の短頭長身型は南朝鮮、南部の短頭短身型は琉球列島との間に関係がある（但し五島列島は例外）であろうという、きわめて常識的な結果に到達したことになる。なお右の九州人の本来型と呼んだ短身長頭型は北松浦群島人などを混血アイヌ系と呼んだ小浜の考えからいえば、これもやはりそのうちに入るべきであるかもしれない。

五　古代九州人の形質

古代九州人の遺骨の今までに知られており、多少ともに人類学的に調査されたものは表2に示す通りである。但しこれには見落しがあるかも知れない。図8はその分布図である。

そのうち、頭蓋長幅示数とあるのは生体における頭形示数に当るものであるが、生体のものは頭蓋に軟部を着せたものを測ったものでその絶対値はやや大きく、従って示数もやや大きい。その差は約一単位である。身長も生体の直接計測によったものとは異り、ピアソン（Pearson）の方式によって、ここでは大腿骨の最大長から推定したものであるが、発掘現場で直接に測ったもの、また大腿骨以外の長骨の長さから推定したものもある。これらは注の中で一々ことわっておく。直接測定の数値はやはり軟部の厚さだけ小さくなっているはずである。表2の順列は各時代ともに古い方を上位にしたが、必ずしも

	推定身長cm	頭蓋長幅示数	注
縄文時代			
1.下本山岩陰(長崎)	158.4(1)		(24)
2.轟貝塚(熊本)	153.3(1)		(25)
3.阿高貝塚(〃)	157.7(1)		(26)
4.　〃	161.2(4)	79.4(9)	(27)
5.出水貝塚(鹿児島)	159.4(1)	78.4(1)	(28)
6.宮下貝塚(長崎)	158.6(1)	76.9(1)	(29)
7.山鹿貝塚(福岡)	157.6(6)	70.1(2)	(30)
8.脇岬貝塚(長崎)	161.4(4)	中　頭	(31)
9.御領貝塚(熊本)	161.6(3)	72.8(4)	(32)
10.長崎鼻(鹿児島)	*159.4(1)	84.9(1)	(33)
11.境崎貝塚(熊本)	*約143(1)	66.3(1)	(34)
弥生時代			
12.有喜貝塚(長崎)	167.6(1)	83.7(1)	(35)
13.広　田(鹿児島)	154.7(15)	*89.3(10)	(36)
14.宇久松原(長崎)	157.4(1)	中→短頭	(37)
14.'有　川(〃)	*	*	(38)
15.根獅子(〃)	155.8(1)	75.9(1)	(39)
16.　〃	低 身(4)	中→長頭	(40)
17.深　堀(〃)	156.4(2)	76.9(2)	(41)
18.一の谷(熊本)	161.4(5)		(42)
19.金　隈(福岡)	A. 165.5(7) B. 158.2(8) C. 159.8(5)		(43)
20.立　岩(〃)	163.4(4)	81.6(3)	(44)
21.下三緒(〃)		84.3(1)	(45)
22.大野原(〃)	159.7(1)	79.1(1)	(46)
23.三　津(佐賀)	162.0(7)	78.5(10)	(47)
24.上　地(〃)	164.6(1)	77.1(1)	(48)
25.金立町大門(〃)		短→中頭	(49)
26.大　友(〃)	*155.7(16)		(50)
27.亀ノ甲(福岡)		73.7(3)	(51)
28.下本山岩陰(長崎)	165.2(1)		(52)
29.上吉田(福岡)	*約165.0(1)	75.5(1)	(53)
30.成　川(鹿児島)	*160.8(26)	83.9(20)	(54)
31.高　江(福岡)	約160(1)	79.1(1)	(55)
32.秋　成(〃)		82.2(1)	(56)
33.立願寺(熊本)	164.5(1)	79.8(1)	(57)
古墳時代			
34.七　曲(福岡)	B. 163.4(1)	A 72.6(1) B 81.2(1)	(58)
35.上柴山(〃)	166.7(1)		(59)
36.節　丸(〃)		79.3(1)	(60)
37.春日町(熊本)	A. 164.2(1) B. 156.2(1)		(61)

表2　古代九州人男性の骨格計測値　(カッコ内は計測数)，右端は注番号

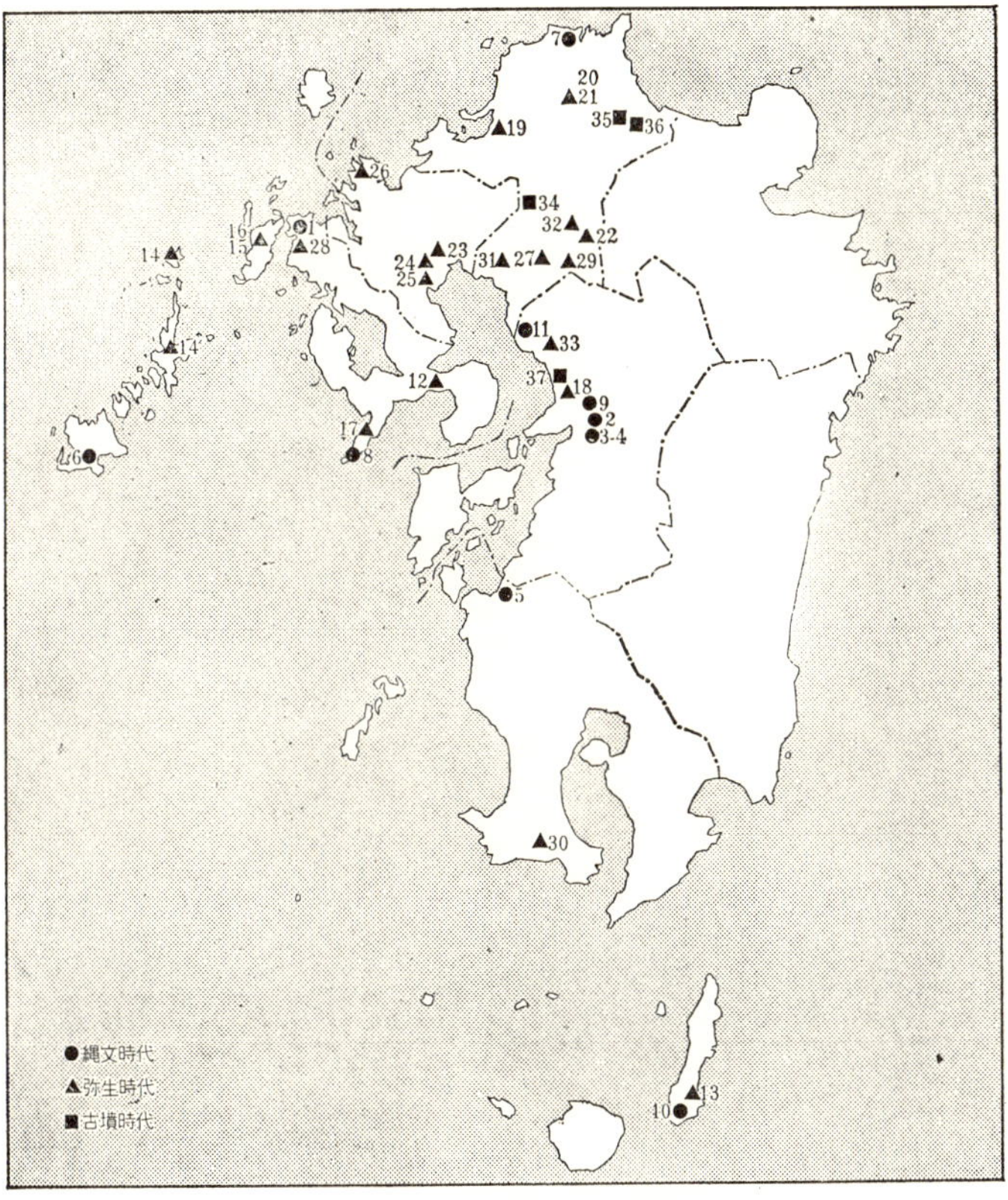

図8　九州先史時代人骨分布図

正確ではない。

一、男性身長（推定）。縄文時代。いずれも例数が少くて、正確な結論を得ることはできない。長崎鼻及び境崎貝塚は除いて、その他の縄文時代人は、下本山人の早期から御領人の晩期に至る年数を考えると、数千年間ほとんど変化のなかったことを知ることができる。仮りに全体を一グループと見ると、身長の範囲は最小一五三・三センチ、最大一六一・四センチで、「小」から「亜中等」の下部にわたる。全二二例の平均は一五九・五センチとなり、「小」の範囲に入る。

弥生時代に入ると、個々の例数の少いことは同様であるが、縄文時代人同様の「小」から「亜中等」身長に属するものも少くない。内藤芳篤の、いわゆる西九州出土人の宇久[37]、有川、深堀及び根獅子、北九州では大野原、大友、上吉田、中部以南では、一の谷、成川、広田また金隈の一部はみな縄文人と同じ範囲に入る。しかし、この時代になると、有喜、立岩、金隈の一部、三津、上地、下本山、上吉田、立願寺の如き、九州中部から北の地方では、一六二センチから一六七センチを超す「亜中等」の上部から「超中等」の身長が現われる。ほとんど一斉にといってもいい。詳細の数値は略すが、北九州に近い山口県の玄海沿岸の弥生時代前期人骨（土井ヶ浜、中の浜、吉母《よしも》）の身長も、このグループに入る。古墳時代人の例は少いが、わかっている範囲では、「亜中等」上部から「中等」の上部にわたる。地方としては、弥生人の比較的の意味での長身の分布地方に一致している。この長身の現象は弥生人のそれに関連したものであろう。

二、男性頭蓋長幅示数。縄文時代の九州人の数値は（長崎鼻と境崎は問題にしない）、長頭蓋型から中頭蓋型の間にある。全一七例の平均値は七六・五（長頭蓋型）である。

このように弥生時代になると、人為的変形と思われる広田の超短頭は別として、九州人の間にはじめて短頭蓋型が現われる（有喜、立岩、下三緒、成川、秋成）。成川を除けば皆中部以北であるが、そのうち身長の比較的大きいものと結合するのは有喜、立岩である。このタイプはそれまでの日本にはなかったタイプである。これに反して、縄文人と同様に、亜中等下部以下の短身と中頭以下の長頭との結合するものは、根獅子、深堀、宇久松原がある。これらは縄文時代より変化をしていない。すなわち九州の他地方におこった弥生期のこうした身体変化にはあずからなかったものと見られる（注7参照）。

古墳時代の材料はさらに少くなるが、頭蓋長幅示数は北九州の七曲人骨の一部に見えるだけで、他は縄文時代のなごりの中・長頭である。

以上を総括すると、九州古代人のうち、縄文人については問題はない。多少の例外はあるが、九州以外の本州の縄文人とほとんど変るところがない。また古墳時代人については、弥生人の連鎖にすぎないであろうといえば済みそうである。問題は弥生人である。弥生文化と共に突然に九州地方に現われたその体質を、どう考えるかの問題である。

これについては幸いに内藤芳篤の論説[62]がある。内藤はさきに挙げた西九州の弥生人をその体質において、縄文人と大差なく、北九州の弥生人（三津）との差も、人種差と見るよりは地方差と見ることができる。ことに女性骨において類似が強いという。その文化においては北九州の弥生文化はその地方には入っていないという。これはたいへん有益な報告であって、われわれは従来形質の比較では女性の材料をないがしろにしていたので、はじめて教えられるところがあった。既にわれわれの報告したことであるが、山口県土井ヶ浜の前期末の弥生人に比べると、三津人骨には縄文人的の形質がより強く残っていることは気づいていたが、女性においてそれがより著しいということになると、人種的に異系の弥生人が北九州に渡米したであろうというわれわれの考えには非常な助けになる。世界いたるところ、民族の移動は、先ず男性が先駆し、到達地の原住女性を容れて共生するのであり、それがあって初めて新渡の弥生人がその土地の女性の管理する風習（たとえば抜歯の如き陋習）をも当分は継続させる。女性の工芸である小形陶器の製作も一時はつづくのであるということを、[63]私はいっている。また弥生文化ですらその地方には到達していなかったならば、新渡の弥生人はもちろんその地にはまだ足を入れていなかった。従ってその地方人が弥生人の新しい体質の影響をうけるはずはなく、依然として縄文人であったのは当然である。北九州に新人が渡来し、弥生文化が始まったとして、それが一斉に九州中に広まるわけはなく、最後まで体質にも文化にも縄文人でのこる地方はあり得るのであり、あり得たことを推定はしていたが、内藤によってその例を明らかにされたのである。さきに「現代九州人のうち短身長頭型が九州人本来のタイプで」あろう（本篇四の結びの部）といったのも、「即ち縄文人以来のものであろう」といい足す必要があるかもしれない。弥生文化の伝播は、土器の如きは南では沖縄までいっているが（それも貨物としてであろうが）、甕棺の如き大形のものはその範囲は北九州にほとんど限られている。銅器の工芸などはさらにその範囲が狭い。弥生時代、弥生文化といっても、九州全体が一挙に弥生化したのではないのであって、最後まで稲を作らなかった地方はむしろ多く、縄文文化人の生きのこりはその体質とともに今でもいるのである。

内藤の説によると、弥生時代の九州人の体質に地方的の差のあることは認めるが、これは同一族の単なる地方差の範囲のものであるといっている。それまでに数千年間ほとんど何らの地方差を作らなかった縄文人に、弥生文化が天から降ってきたのちには何故急に地方差が発生したかの説明はしていない。近頃はやりの、新文化によって食物がよくなったから、身長が大きくなり、顔が長くなったのだ、というようなことはさすがにいっていない。米を作るようになっても、弥生期の始まりから今日まで背が高くならなかった地方もたくさんある。図4に見るように沖縄人は日本で最も身長の小さいグループだが、米はかなり古くから作っているし、魚は豊富であり、豚は日本人としては最も古くからたべている。砂糖や甘藷もお家元だ。おまけにおいしい焼酎。……あまりバカらしいことはいってもらいたくないものだ。

なるほど何かの時代には何かの原因があって、人類は自然に変化する。九州地方だけではなく、日本全島で、縄文時代からひきつづき生きつづけたものが、現代日本人の根幹を作っている。弥生人渡来説者にしても、騎馬民族侵入説者にしても、在来の日本人をみな殺しにしたなどとは、誰もいっていない。それは不可能だからである。しかし北九州や畿内などに、新文化の伝播者が移入し、畿内においてはその移入者が今日の畿内人の体質を規定するほど多量であっただろうというのは、これは可能であり極めて蓋然性がある。自然の進化によって日本人は変ってきた。異系の影響はなかったというのも可能性はあるが、それで現代日本人の今見るような地方差を説明することは不可能に近く、蓋然性に富む説明は恐らくできないであろう。可能性がなければ問題にはならないが、問題は蓋然性にあるのであって、その蓋然性の多寡は形質人類学一本では極められないはずである。

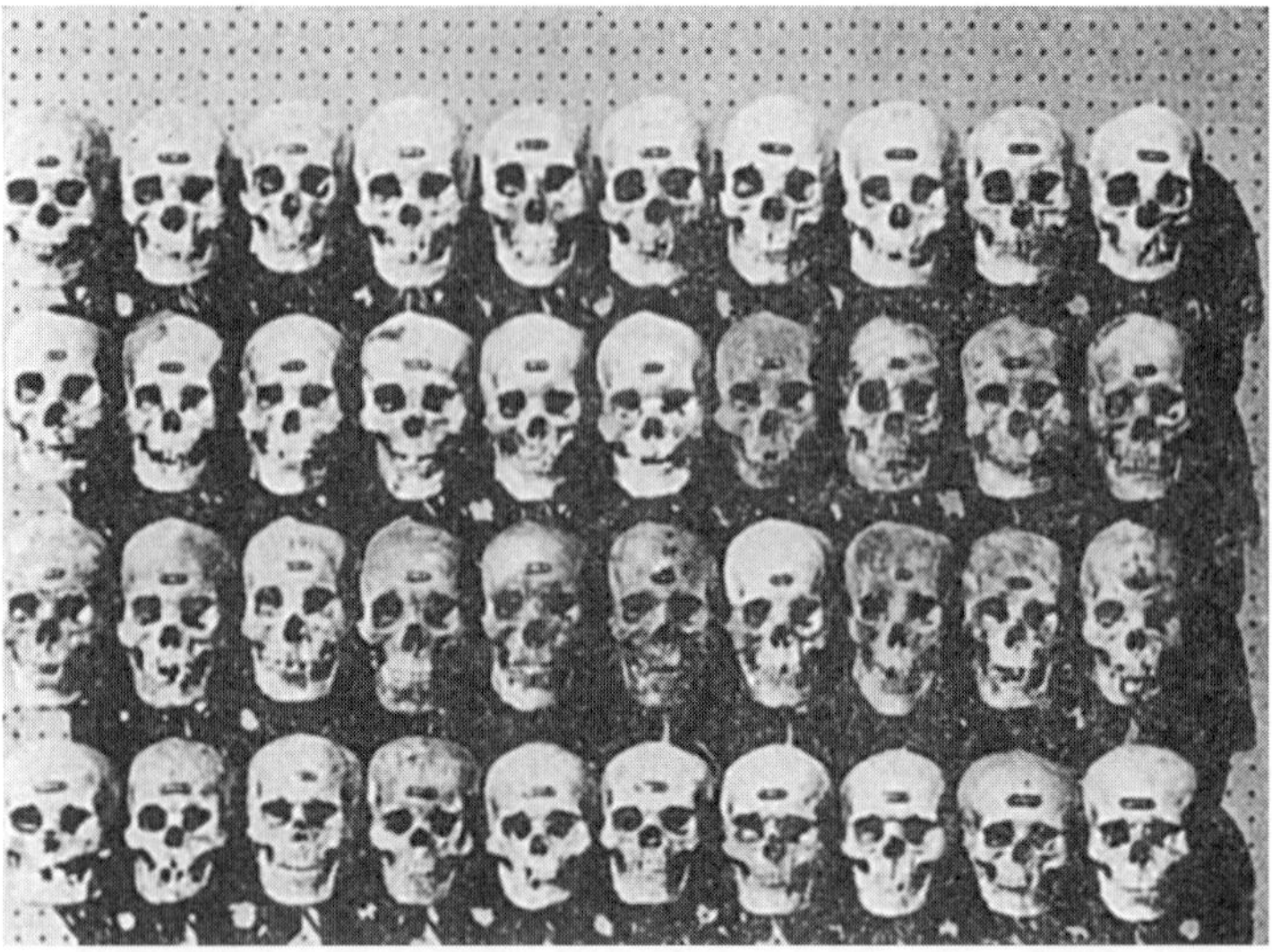

図9　北九州・山口・種子島広田の弥生人骨

第一列	土井ヶ浜	2	132	416	409	111	140	130	413	136	225
第二列	嘉麻盆地 福岡平野 甕棺葬	春日町1号	春日町豆塚山	春日町昇町八幡	春日町伯玄116	春日町伯玄68	春日町若葉台	蓆田	飯塚市下三緒	立岩34号	立岩竜王寺
第三列	筑後平野 佐賀平野 甕棺葬	神崎町小渕	三津124	三津101	三津125	三津5	三津126	上地I	切通	津古	大野原
第四列	種子島広田	N-II-W	D-IV-6	E-II-2	E-IX-1	D-VII-1	D-IX-1	D-III-1	D-IV-1	D-II-5	D-III-2

話がここまで来たから結論を先にいっておくが、この問題についての蓋然性の多い結論としては、北九州地方の、九州における弥生文化の中心地となった地方に、弥生時代に入ると同時に、従来九州には存在しなかった新しい体質が生れたことの説明としては、弥生文化の伝播者として新たに渡来した、異系の人種の影響であったろう、ということである。彼らは山口地方にも、出雲にも、また畿内の国府にも出動したが、その数はむしろ少く、九州では紀元前後五〜六〇〇年の間に、北九州の一部に住みつき、西九州にも、南九州にも膨張することはなかった。これらの地方が北九州の部族には敵国だったとすれば、当然のことであったに違いない。山口では玄海沿岸に海浜に沿うて南北に延びたが、出雲、国府では周辺への進出の跡もとどめていない。その伝来した弥生文化も、その精髄は北九州にとどまり、さきにもいう通り、西九州にすら及んでいない。その文化の面から見て、九州への渡来の経路は南朝鮮であり、南朝鮮の住民の人種性に、今日と大きな変化がなかったとすれば、従来の縄文人に比して、短頭長身により傾くその形質は、南朝鮮人より受けたものであったろう。彼らの北九州への移入は、三世紀以後にはしだいに薄くなり、それ以後は畿内に向きをかえて、九州を素通りするに至ったであろう。九州にのこった弥生人は、やがて土人の間に吸収されて、しだいにその原像を失ってゆくであろうが、しかしその遺伝子は潜在して、永く作用し、或いは浸透してゆくであろう。

さて、内藤はさきの論文において、三津の弥生人顔面の諸高径が、土井ヶ浜のそれに比して縄文人の数値に近いということを述べている。ここでは身長と頭蓋長幅示数の二項に限って論じたが、顔面の高いことは、身長の大きさに幾分かの関連があり、弥生人の特徴の一つであるので、次にこれを図説して簡潔を期すことにする。この図9は永井昌文の撮影提供によるものであり、上三段は山口及び北九州の弥生人骨、下一段は種子島広田のそれである。長顔の北方の弥生人と、縄文人の形質を偲ばせる弥生時代の原型九州人との顔面の差が非常によくわかるであろう。

六 問題はまだ残っている

最後に、いい残したいくつかの問題を挙げておくことにする。その一つは、諸先輩が、或いは現代日本人の祖型とし、或いは祖先とする中国江南人との関係である。現代九州人が一般日本人と同様に、その形質において江南人に近似しているとすれば、その系統はいつ九州に渡来したか。

第二は、中国前漢のころ、或いはその以前に九州人が中国人の眼にすでにモンゴライズされた種族と写ったとの想像が正しいとするならば、そのモーコ系の形質は、いつ、どこで獲得されたかである。考えようではこの二つの問題は一つで片づくかもしれないが、同時に非常な難問である。南朝鮮から、あるいは南朝鮮経由の弥生人が一説の如くアルタイ語と共にはじめてモンゴロイド形質を前三〇〇年ころに日本にもたらしたか、或いはそれ以前に日本原住民はすでにモンゴライズされていたか。前者だとすれば言語とはちがってその変化が速すぎるであろうし、後者だとすれば縄文時代人そのものがすでにモンゴライズされていたことになるが、彼らが出目で切れ目であったとは思われない。第三の解釈は多くの原始民族と共に南方語を日本に運んだものが、江南を経由するルート上でモンゴライズされたのだろうか。或いは長谷部の、さきに引いた日本人起源説のように、旧石器時代の共通の祖先から別れて、後に到達した形質が江南人のそれと日本人のはコンヴァージュしたものであろうか。そうなると、同様にモンゴライズされたということがまことに不思議だ。江南人はもともとアイクシュテット（Von Eeick-stedt）のいうプロトマライだったのだから。

わからないことだらけで、この問題は一向片づきそうもない。日本人は単純に縄文人の生きのこりだけだという考えを取り払わないと、何も考えられないことになる。もっといろいろなのが入ってきているのだと考えないと、可愛い娘の切れ目ひとつを解説することができなくなる。

（1）『山海経海内北経』に「倭属燕」とある倭は郭璞（晋）、注では恐らくは『魏志』によって、帯方の東の大海内に在る女王国だといっているが、これには多くの異論がある。『論衡』（王充、後漢・会稽人）に「周時天下太平……倭人貢鬯草」、また「成王之時倭人貢暢」（鬯、暢は同物、造酒材料）とある。著者が会稽の人であるだけにこの倭が東海の種族であった可能性がある。『漢書』（「地理志」第八下）に「楽浪海中有倭人、分為百余国、以歳時献見云」。また『魏略』に「倭在帯方東南大海中、依山島為国、渡海千里復有国、皆倭種」とあるのは、いずれも明らかに『魏志』にいう倭人である。

（2）ここでは倭奴国を問題にしながら、答えには和奴国とあるが、この和は倭字を唐書にいわゆる「不雅なり」として後人が改めたものであろう。北畠親房の『元元集』には、同様の文章の最後の句を「自後謂之倭奴国也」とし、一条兼良の『日本書紀纂疏』に、『釈日本紀』の意を引くものにも「漢人即ち吾字の和訓を取り、之に命じて倭と云ふ」としている。

（3）倭奴国の名は、紀元五七年に後漢の光武帝より与えられた、志賀島出土の金印の「委奴国」と同義であり、従って『後漢書』に見る「倭奴国」と共に、これを倭の奴（ナ）の国とする現代の定説から見ると、倭奴を国名とし、古くからの倭と同一視することはできなくなる。しかし倭奴の二字を倭と同じ国名であると考えたもの——或いはそう考える伝統——は中国にもあったらしく、『唐書』には「倭国古倭奴」、『新唐書』には「日本古倭奴」とある。『釈日本紀』の卜部氏はその伝統に従ったのであろう。

（4）本居宣長の『国号考』には、「釈日本紀、元元集などに載せられたけれども、信じがたき説なり」といって、「我奴国」説を否定している。上田正昭『大和朝廷』角川選書、一九七二、二九ページ。

(5) 近いところの例を挙げると、台湾のタカサゴ族にこれがある。アリ山のツォー族は「人」を tsou という。外人これを族名とする。我とか人とかいう名称が、族名に遅れて発生するとは考えられないのである。今は蘭嶼となった紅頭嶼も、住民は"Ponso no tau"という。このタウも人であり我々であり、ポンソ・ノ・タウは「人（我々）の島」を意味する。漢人弱音を省き、ポン（フォン）タウ即ち「紅頭」嶼と命名する。古代九州の襲族も、人を意味した南方語のツォーから出たかと私は思っているが、これは民族学者移川子之蔵のヒントによるのである。

(6) 『漢書』（前記注1）に「東夷柔順」とあり、委は柔順の意もあるから、倭人の倭はそれを表わすのであろう、という説もあるようだが、それならば『唐書』の日本国に「或曰、倭国自悪其名不雅、改為日本」とあって、倭人自らこの名を悪み、『唐書』の筆者は別にそれを誤解だと断ってもいないのが不思議に思われる。なお次注（7）の如淳の漢書注をも参照。

(7) さきの注（1）の『漢書』「地理志」の楽浪海中の「倭人」に対する三国の魏の如淳の注に、倭は「如墨委面、在帯方東南万里」とあり、「如墨」はよくわからないが「委面」は北面して君前に面を挙げないことをいうらしい。この注は同書にいう「東夷柔順」に基づくのであろう。それはともかくとして、少くとも、倭字は委字に通じるとここでは解されている。この如淳の注に対して顔師古は倭と委とは音を異にすると駁しているが、最近の中国語学者（例えば藤堂明保『漢字の語源研究』一九六三）は音の上からも、これらを同字と見てさしつかえないといっている。

(8) この揶揄をそれと受けとらないで、日本人が永くそのお仕着せに甘んじていたのは、無知もあり、中華心酔によって眼をくらまされてもいたのであろう。漢字の歴史がはじまり、一国としての矜持をもつに至って、はじめてこの名称を不雅だと悟ったのであろう。

(9) 福岡県立福島高校保蔵、小田富士雄撮影。

(10) 鈴木尚『古代史研究』第一集、古代史談話会編、朝倉書店、一九五四。

(11) 児島隆・藤田等編『嘉穂地方史』先史編二六五図、三〇八図、一九七三。

(12) 『世界美術大系』中国美術(一)、講談社、一九六三、第一七図。

(13) 身長と頭形を人種表徴に用いることには疑問があるということが、近頃の日本の学界では喧しくいわれているが、身長についてはその説の主な証左を、第二次大戦後の日本人の身長の非常な増加の事実に置くようだ。かつてシャピロが、ハワイの日本人第二世の身長が第一世や日本に残った同郷の彼らと同世代の男性に比較して甚だしく大きいことを見て、その原因を、ハワイにおける生活環境が郷土のそれに比してより「解放的」であることに帰した（Shapiro H. L.; *Migration and Environment, a Study of the Physical Characteristics of the Japanese Immigrants of Hawaii and the Environment on their Descendants.* Oxford Univ. London, 1939）。第二次大戦後の日本の社会生活、ことに精神生活の解放は、日本開闢以来の最初の大解放であったことに、今日の長身化は関係しているであろう。食物などの問題ではない。旧時代にも金持は良食をしていただろうが、すべての金持が長身であったためしはない。こうした社会生活の基本的大変動は、かつての日本にはなかったのである。短頭化の現象は人類全体の進化途上の一般的現象で、原始形態である長頭からの自然的脱出であり、一種の幼若化 Juvenatiion であって、その過程は徐々たるものである。北欧人種の頭長は新石器時代からほとんど変っていない。しかし一方では、アルプス人種の短頭が長頭種からの変化であろうということが古くからいわれているが、その特殊な原因はまだ明らかではない。混血の場合には必ずしも短頭型が遺伝学的に優性だとはいえない。同じネグリトイド体質と同程度の文化をもつ種族のうちで、マライ半島のセマン族（男性、以下同）（七八・一）、アフリカのバンブティ族（七九・七）に対して、フィリピンのアエタ族八二・三、アンダマンのオンギ（八三・五）という頭形示数の差が、いかなる環境の差に原因するかは誰も説明できない。また一方では、南アフリカ発見のドーンシデ Dooncide 女性人骨は、同地方の後期旧石器時代のサピエンス型のボスコップ（Boskop）型とブッシュマン型との混血型と認められるが、後二者がいずれも長頭種であるに拘らず、短頭型である。長頭種と長頭種との混血で短頭種が生れた場合の説明としては、ブッシュマンの頭の長径（小）とボスコップの幅径（大）との遺伝子がそれぞれ別個に伝えられたと解釈されている（Gates, R. R.:1962 *Race Grossing*. De Genetica Medica, Vol. II. p. 62)。頭形示数は同様であっても、長径・幅径の絶対値に差のある二つの人種の混血の場合には、こうした変化も起り得るのであって、アルプス地方や、フランスの長頭ケルトの短頭化、また各地のケルトの頭形が、長短まちまちであることには、こうした解釈もなりたつのである。これは環境の変化によるというようなものではない。頭形の変化の原因が、環境への適応性にあるというならば、多くの人種学者がその原因として認めている幼児の cradling の様式の民俗的原因をも先ず確かめる必要がある。『魏志東夷伝』の「辰韓」に「今辰韓人皆褊頭」とあり、その原因として「児生便以石厭其頭欲其褊」といっている。東亜では人工的短頭の最も古い記録である。辰韓の遺跡から出土した人骨にこうした頭を見れば、先ずこの記録を想起しなくてはなるまい。後に言う種子島広田弥生時代人骨の一例の頭形示数九五・一（一〇人平均八九・三）の如きも、こうした人為的のものであろうと考えているが、しかし、こうした意図的な変形ではなくて、非意図的な、さほど眼立たぬ人為的変形による短頭化は至るところで起っているはずで、この場合には自然的の変化と区別できない場合が多いに違いない。もしわかれば資料としては避けれればすむことだ。これは進化論の島に属する自然の幼若化現象とは異るものである。このように頭形の短頭化にはいろいろのファクターがあるが、その変化を抑えている遺伝性を頭から無視することは早計であろう。小野千吉郎によると、八世代の血族頭蓋の長幅示数の平均百分率変差（ε-Verschuer）は、父と息子との間の数値が二卵性双胎児の間のそれに強く類似し、八世代二三〇年間にわたってほとんど変っていない（小野「久世家歴代の頭骨について」『人類学研究』四巻一―四号、一九五七年）。ともかく九州地方において、過去二、〇〇〇年前後の間に自然或いは社会環境の地方的特殊性によって、まちまちに身長、頭形に変化を来したであろうとは考えられない。

(14) 長谷部言人「壮丁の身長より見たる日本人の分布」(『東北医学雑誌』二巻一冊、一九一七)。
(15) 松村瞭「日本人の頭形と其の地方的異同に就て」(『東洋学芸雑誌』三五巻四四六号、一九一九)。「日本人婦人の頭形と其の地方的異同に就て」同前、四四九号、一九一九。
(16) 松村瞭「人類学上より観たる日本民族」(『人類学雑誌』四一巻一号、一九二六)。Journ. of the Facul. of Scien. Imp. Univ. of Tokyo. V. Anthrop. 1, 1925.
(17) 上田常吉「日本人の生体測定」(『日本人類学会日本民族学会連合大会第十一回記事』天理七一、一九五七)。
(18) 上田常吉「朝鮮人と日本人との体質比較」(東京人類学会編『日本人』岩波書店、一九四〇)。
(19) 今村豊・岩本光雄「日本人の起源」(小川・吉田編『基礎医学最近の進歩』解剖学病理学篇Ⅱ、一九五八)。
(20) 天草諸島の住民に関しては、寛永一五年島原の乱の平定の後、島原半島の住民と共に住民の全部が処刑され、阿波その他の数藩から新しい移民が入っていることを考えに入れておかねばならない。
(21) 小浜基次「生体計測学的にみた日本人の構成と起源に関する考察」(『人類学研究』七巻一―二号、一九六〇)。
(22) Suzuki, Hisashi: *Microevolutional Changes in the Japanese Population from the Prehistoric Age to the Present-day*. Journ. of the Faculty of Science, Univ. of Tokyo, Sec. V, Vol. III, Part 4, 1969.
(23) 長谷部言人『日本人の祖先』岩波書店、一九五一。
(24) 内藤芳篤・坂田邦洋「佐世保市下本山岩陰遺跡出土の人骨について」(『人類学雑誌』七九巻一号、一九七一)。
(25) 鈴木文太郎「河内国府肥後轟貝塚等にて発掘せる人骨に就て報じ併せて石器時代の住民に及ぶ」(『京都帝国大学文科大学考古学研究報告』第二冊、一九一八)。
(26) 岡本辰之輔「肥後国下益城郡阿高村西阿高貝塚人人骨の人類学的研究其二、四肢骨に就て」(『人類学雑誌』四四巻第三附録、一九二九)。
(27) 大森浅吉「故南山大学教授中山英司博士により測定された阿高貝塚人の測定値」(『人類学研究』七巻附録、一九六〇)。
(28) 大森浅吉他五名「薩摩国出水貝塚出土(昭和二九年)の人骨について」(『鹿児島医学雑誌』三三巻三号、一九六〇)。
(29) 内藤芳篤・栄田和行「五島富江町宮下貝塚出土の縄文人骨について」(『解剖学雑誌』四一巻三号、一九六六)。
(30) 山鹿貝塚調査団『山鹿貝塚』第五章(執筆者永井昌文)、一九七二。
(31) 内藤芳篤「長崎半島脇岬遺跡出土の人骨(続報)」(『人類学雑誌』八〇巻一号、一九七二)。
(32) 金関丈夫他二名「熊本県下益城郡豊田村御領貝塚発掘の人骨について」(『人類学研究』二巻一号、一九五五)。
(33) 金関丈夫「種子島長崎鼻遺跡出土人骨に見られた下顎中切歯の水平研磨例」(『九州考古学』三―四号、一九五八)。 *身長は脛骨長より推定。

(34) 北条暉幸・青木紀保「熊本県荒尾市境崎貝塚出土の人骨について」（『解剖学雑誌』四四巻五―六号、一九六九）。＊身長は上腕骨の長さより推定。

(35) 宮本博人「東南亜細亜に於ける諸人種の人類学的研究」第二輯第六、六本松貝塚人人骨の人類学的研究（『人類学雑誌』四一巻一二号、一九二六）。

(36) 「鹿児島県種子島南種子広田遺跡出土の弥生時代人骨」未発表、＊頭形は後天的変化の跡が見られる。

(37) 内藤芳篤「宇久松原遺跡出土の弥生人骨」（『解剖学雑誌』四五巻二号、一九七〇）。

(38) 内藤芳篤「西九州出土の弥生式時代人骨」（『人類学雑誌』七九巻三号、一九七一）。＊＊有川遺跡出土人骨は深堀(17)、宇久松原(14)と共に一グループ（西九州弥生人）として考察されている。このグループの男性平均推定身長は一五八・八センチ（一六体）。頭蓋長幅示数は七九・二（二〇体）であった。

(39) 金関丈夫他二名「長崎県平戸島根獅子村根獅子免出土の人骨について」（『人類学研究』一巻、三―四号、一九五四）。

(40) 内藤芳篤・坂田邦幸「平戸島獅子出土の弥生人骨」（『解剖学雑誌』四八巻三号、一九七三）。

(41) 内藤芳篤・栄田和行「人骨」（長崎大学医学部解剖学教室『人類学考古学研究報告』第一号、深堀遺跡、第六章、一九六七）。

(42) 永井昌文・佐野一「一の谷遺跡出土人骨」（春日町教育委員会『一の谷遺跡』第六章、一九六九）。

(43) 永井昌文・佐野一「金隈出土人骨」（福岡市教育委員会『福岡市金隈遺跡第一次調査概報』一九七〇、『第二次調査概報』一九七一）。

(44)(45) 永井昌文調査「飯塚市、立岩、下三緒出土人骨」未発表。

(46) 金関丈夫・甲斐庸禹「福岡県浮羽郡大野原及び秋成発掘の弥生式時代人骨に就いて」（『人類学研究』二巻一号、一九五五）。

(47) 牛島陽一「佐賀県東脊振村三津遺跡出土弥生式時代人骨の人類学的研究」（『人類学研究』一巻一―二号、一九五四）。

(48) 佐賀県神埼郡上地遺跡出土、金関丈夫測定、未発表。

(49) 礒谷誠一「佐賀市金立町大門遺跡の出土人骨について」（『解剖学雑誌』四八巻三号、一九七三）。

(50) 礒谷誠一「大友弥生遺跡人骨について」（『人類学雑誌』七九巻一号、一九七一）。＊印は推定身長ではなく、現場で実測した値。

(51) 竹重順夫他七名「福岡県亀甲遺跡発掘人骨群の頭蓋骨に就いて」（『久留米医学会雑誌』二六巻、三―四号、一九六三）。

(52) 注(24)の文献に同じ。

(53) 竹重順夫他三名「福岡県八女郡上吉田発掘の弥生式後期の人骨に就いて」（『久留米医学会雑誌』二二巻一号、一九五九）。＊印は大腿骨全長より推定した最大長によって推測した値。

(54) 鹿児島県揖宿郡成川遺跡出土、金関丈夫計測、未発表。＊印は推定身長ではなく現場で実測した身長。

(55) 吉原正智他二名「福岡県筑後市高江発掘の弥生式の人骨に就いて」(『久留米医学会雑誌』二〇巻、一九五八)。*印は筆者未見。
(56) 注(46)の文献に同じ。
(57) 里一郎他二名「熊本県玉名郡立願寺発掘の弥生式時代人骨に就いて」(『熊本医学会雑誌』三三巻補冊第九、一九五九)。
(58) 竹重順夫他七名「久留米市山川町七曲山発掘の人骨群について」(『久留米医学会雑誌』二六巻、三―四号、一九六三)。
(59) 高橋静・伊藤泰照「福岡県京都郡犀川村上柴山古墳及び節丸大塚発見の古式古墳人骨に就いて」(『人類学研究』二巻、二―四号、一九五五。
(60) 注(59)の文献に同じ。
(61) 清野謙次・宮本博人『東亜細亜に於ける諸人種の人類学的研究』第一輯、第三。「肥後国熊本市北岡神社境内古墳より発見せし人骨に就きて」(『熊本県史蹟名勝天然記念物調査報告書』第二冊、一九二五)。
(62) 内藤芳篤「西九州出土の弥生時代人」(『人類学雑誌』七九巻三号、一九七一)。
(63) 金関丈夫「人種論(起源論)」(『新版考古学講座』一〇、特論下、一九九―二〇〇ページ、一九七一)。

弥生人の渡来の問題

昭和二四年から二七年の四年間にわたり、文部省の科学研究班の事業の一つとして、各大学の人類学者を動員して、日本全国の成人男女五万六、四九六人の生体測定がなされた。計測地区は一五八町村であるが、それを国別にまとめて、地方別の特徴を調査しようというのである。その後の整理は、いまなお進行中であり、最後の結論に達するまでには、なお数年の年月を必要とするであろうが、頭の長さと、幅と、その両者の割合との三点については、一昨年の秋一応まとめられて、班の代表者奈良医大の上田常吉によって報告された。

その報告中で、上田は、頭の長さの一〇〇に対する幅の割合が八一以下の、すなわち比較的長い頭を「中頭型」とし、八一以上の、比較的短い頭を「短頭型」と名づけて二区分し、両型の日本全国における国別の分布を示しているが、それによると、短頭型は近畿地方を中心として、西は瀬戸内海沿岸地方、東は中仙道、東海道から南関東におよんで分布している。九州の大部分、山陰、北陸の大部分、東部関東から東北にかけては、中頭型が分布している。そして後者は隠岐や五島地方のような周辺地に残っているのに反して、古代文化の中心地方は短頭型であるところから、先史時代のある時期に、短頭型の一

土井ヶ浜Ⅴ区（山口県豊浦郡豊北町）の人骨出土状況

要素が、中頭型人の占めていた日本島に、新たに、おそらくは大陸の農耕文化をたずさえて渡来し、占居したものであろう、と想像している。また現在短頭型の最も濃厚な地域は、弥生時代の銅鐸の分布地域にほぼ一致していると、このような興味ある事実をあげている。そして、弥生文化の一中心であった北九州が、短頭区でなくて、中頭区であることは、不思議であると言っている。

これによると、現在の日本人の頭型の分布状態の示す事実を、農耕文化をもった短頭型の新しい民族が、大陸から大量に渡来して、古代日本文化の中心地を占めた、ということで説明しようとするのである。その新しい文化とは弥生式文化であることは、言外において容易に察せられるから、つまり弥生人は、相当大量に新しい人種要素として大陸から入って来た、ということになる。

だから、もし弥生時代の文化の栄えた土地で発見された、弥生時代の人間が、事実において平均八一以上の指数を示す短頭型であることが証明されたら、上田の推定は、一つの証拠をうることになる。事実はどうであろうか。

われわれが、ここ数年にわたり、北九州および山口県の弥生式遺跡から発掘調査した人骨は、その多数が八〇に達しないものであって、みな上田のいわゆる中頭型である。人骨の実際の上からは、弥生時代に至って、短頭型が出現したという事実は、まだ証明されていない。弥生時代人の頭形は、頭長、頭幅以外の点でも、縄文時代の人間の頭形とあまり異なったところはないのである。

しかし、ただ一つ異なっているのは、縄文後晩期の人々の推定身長が、男で一五九センチほどであるのにたいして、北九州でも山口でも、弥生人の男性の身長は、平均一六三センチ以上になっている。これは突然の変化のようにみえる。そして、北九州でも山口でも、その遺跡に最も近い地方の現在の住民の身長は、また平均一五九センチ程度にもどっている。このことから、頭の形では、従来の縄文期の住民とあまり変わらない、しかし身長でははるかに高い、新しい一つの要素が、弥生文化とともに、おそらく南朝鮮から渡来した。しかし数においても原住民よりはるかに少なく、また後続部隊もそれほどはなかったので、しだいに在来要素の中に、長身という新しい特徴が吸収されていって、またもとの短身にもどったのであろう、と私は推定したのである。

人類学から見た九州人

からだの方からいって、九州人には、他の地方の日本人とは、多少ちがった特徴がある。

その一つは血液型である。九州人の血液型には、A型が多い。A型の血液型をもっている人間は、南朝鮮ではもうかなり少なくなり、北にゆくほど減ってくる。奄美大島では多いが、それから南に行くと、またしだいに減ってくる。日本内地では、東にゆくほど減ってくる。つまり、極東では、九州がA型の中心で、その周囲には、どこにもそんなにA型の頻度の高い地方はない。

元来A型は白人に多い血液型であるが、それだからといって、九州人が白人に近い体質をそなえているとはいえない。これは九州人の一つの謎である。

九州人の特徴の第二は指紋である。渦巻き形の指紋を持った者は、日本の他の地方にくらべると九州に多い。東にゆくほど少なくなる。しかし、これは北は朝鮮からモンゴルへとゆくにつれて多くなり、南は琉球から台湾へと下がるにつれて多くなる。北にも南にもつながる特徴だが、九州内部では、比較的南の方に多い。

九州人の特徴の第三はわきが（腋臭）を有する者が比較的多いことである。これは九州から北及び東にゆくほど少なくなっているが、南にゆくほど多くなる。明らかに南につながる特徴である。九州内部でも北より南に多い。

右のように、血液型と指紋とわきがの点で、九州人は他の地方の日本人に対して、いくらかの特徴をもっている。頭髪の形などにも、九州人の特徴は出るだろうと思っているが、これはまだよく整理されていない。しかし予想からいえば、これも南の方へ行くにつれて、頭髪のちぢれた度合いが多くなるのではないか、そして、それはやはり南の方へつながっているのではないか、と思われる。

頭の前後の長さに対する幅の比率から、頭形を見ると、長頭、中頭、短頭の三型に分けられる。平均値からいって、九州にはこの長頭型の地方は見られないが、北九州から、熊本、宮崎は中頭型で、九州人としては比較的長い方である。長崎、大分、薩摩、大隅は、これに対して短頭型であるが、中でも薩摩の短頭がいちじるしい。局部的には、種子島南部の短頭がことに目立っている。

身長の方では、対馬には非常に身長が高くその点では南朝鮮と変わらない所もあるが、同じ島内にそれほどではなく、九州の一般とそう変わらない所もある。それをしばらく除外すると、北九州から佐賀、長崎にかけて、九州としては長身の地方があり、ことに長崎県がいちじるしい。宮崎はこれらの地方に次いで高い。これに対して、大分から熊本、鹿児島にかけては比較的身長が低い一帯がある。

福岡、佐賀	中頭・長身
長崎	短頭・長身

大分	短頭・短身
熊本	中頭・短身
宮崎	中頭・長身
鹿児島	短頭・短身

右のうち、大分の短頭・短身は、鹿児島のそれとは関連なく、四国の方の短頭・短身型とつながっているらしい。

福岡、佐賀の中頭・長身と宮崎の中頭・長身は元来つながっていたものが、後来の大分の短頭・短身型に中断されたものかもしれぬ。

長崎の短頭・長身型は、対馬のそれを通じて南朝鮮につながるものかもしれない。ただし、対馬以外の地方では、短頭の程度も長身の程度も、南朝鮮には及ばない。

熊本は、身長の点では南に、頭形の点では北につながって、その中間型をなすもののようである。

以上の考えを要約すると、結局九州には北の中頭・長身型と、南の短頭・短身型との二型が、基本的な型として存在したのではないか、と思われる。

古人骨の資料は、現在の生きた人のようにまんべんなく見出されるわけのものではないから、当然、数においても、地方的にも、不完全であるが、ある程度の資料は発見されている。それによると、弥生時代の九州人にも、やはり北の中頭・長身型と、南の短頭・短身型があった。それよりも古い縄文時代人も、身長の点は不明だが、頭は北が長く南が短い。

そうすると、九州人の南北両型の差は、既に縄文時代から存在し、弥生時代を経て、今日までつづいている。そして、その南の短頭・短身型は、少なくともその短身の点、わきがと渦状指紋の多い点で、南方の琉球列島の方に関連がある。

日本文化の南方的要素

九州は古くから日本の窓口であった。日本文化の北方的要素も南方的要素も、その大きな部分は九州を窓口としてはいってきた。

ただ、このうち南方的要素を問題にする場合、まず考えておかなければならないのは、この「南方的」の意味である。これがはっきりしていないと、話が混乱するおそれがある。

南方要素だから当然南方からきた。それに違いはない。しかし、表口、たとえば南九州からはいったか、裏口、たとえば北九州からはいったかとなると、裏口からはいったものは北からきたのだ、ということになりかねない。それならばこれは北方要素なのか。

稲作は南方起源のものだ。北の方にあるその文化は、すべて南からきたもので、北にあっても南方要素であるにきまっている。そうすると、それが朝鮮半島からはいってきても、やはり南方要素といっていいか。

有肩石斧はふつうオーストロ・アジアティック語族の文化だと考えられている。靴形石器などとともに、南方に広くひろがっているが、これらは東シナ海沿岸から、華北、東北（もとの満洲）地方からも、朝鮮からも出る。日本の西部地方から出るものは、それでは南方要素なのか、それとも朝鮮からはいったからには、これは北方要素なのか。

同様のことは神話や説話、あるいは農耕儀礼のような民俗要素についてもいえよう。実際においては、華北や朝鮮を経由した南方要素が、北口からはいった場合、われわれはこれを南方要素とはいわない習慣になっている。それはそれでいいかも知れないが、しかし、混乱を避けるためには、南方とか北方とか、あいまいな言葉をつかわないで、もっと別ないい方、つまり目のつけ方はないものか。

土器だとか、稲作のようなものは別だが、日本にあるものは、たいていのものは、東シナ海をも含めての意味で、太平洋沿海地方に広くある。環太平洋文化圏のうちにあるといえばすっきりする。たとえば、日本石器時代の後期以後に現われる、磨製の石器で、独鈷石というものがある。大分県から出たような、中央にくびれがあって、やや扁平にできた両頭石器といわれているものもその一類で、フランス人はこれらを総称してカッス・テート（頭割り）といっている。これはオーストラリア、ニューカレドニア（この地方ではニュージーランドのものと同様の、単頭の石製カッス・テートが知られていたが、最近、フランスのシェワリエが発掘したのは、北海道の独鈷石そっくりのものだった）、インドシナ、日本、シベリアの東端（チュクチ族）から、アラスカのエスキモー、北米西海岸（カリフォルニアまで）、合衆国中部の平原インディアンにまでわたって、広く存在している。朝鮮や日本先史時代の、多頭で環状石器といわれているものも、同じくカッス・テートの一種と見られているが、これと全く同形のものが、ペルーの先史時代青銅器にある。東部ニューギニアの石製の多頭を有する環頭棍棒もこれに類する。

これは正しく環太平洋文化であるが、多くは土俗品であって、時代的には日本先史時代のものが一番古い。だからといって、しかし、これは日本的要素であり、そこから南へも北へもひろがったのだ、というわけにはゆかない。土俗品ではあっても、オーストラリアのものは、旧石器文化様相に伴ったものであって、一口に新しいとはいえないからである。

同じようなひろがりをもつものに、抜歯風習がある。オーストラリア、ポリネシア、メラネシア、インドネシア、東南アジア大陸、古代中国(竜山、殷、戦国の諸文化)、台湾、琉球と日本(先史時代)、シベリア、アリューシャン列島、ベーリング海峡沿岸から、北米西海岸を経て、南米西海岸に達している。これも環太平洋文化の一つである。日本のものが南方的であるかどうかは、これもオーストラリアの風習が、どのくらい古いかにかかっている。

その他の風習、または神話や説話の方でも、この文化圏に属することのはっきりしたのがいくらもある。たとえば死体の運搬法、天照神の岩戸がくれの話など。

白状すれば、いまのところ私は、日本文化の南方要素、北方要素の問題をうんぬんすることには、少少あきがきている。他にもあるいは、たとえばいまいう環太平洋文化圏というようなもので、それに属する各要素の組み合わせをていねいにやってゆけば、何とか日本文化の骨組みが、またその形成に九州の果たした役割がわかってくるのではないか、と思っている。

現在残っている民族学的要素の分析から、それぞれの要素を北方、南方へ結びつける仕事は、岡正雄が、『図説日本文化史I』（小学館）でやっているが、これには特に、九州地方に南方的な社会組織、慣習が多くはいっていることを明らかにしている。従来の日本ではいちばん遅れていた、この方面の仕事が、これらの有能な民族学者の努力によつて、これから展開しようとしている。

古代九州人

皆様よく覚えていて下さって、ありがとう存じます。また私に話をせよとのことで大変光栄に思います。

私は本来、解剖学を専攻しておりますが、特に人類学に関係した部門の解剖学を勉強しておりましたので、生きた人間を調査したり、また墓から出て来る古代の骨を調査するということが、九大に居た間に主に力を注いだ仕事となりました。九大にいましたので主に九州人の骨について調査をすることになりました。しかし、調査はしたが、結論的なことは出て来ませんでした。九大を定年で昭和三五年に退職したあとも、この問題をひきつづき手がけていますが、いまだに結論的なものは得られていません。

今日の日本の人類学界では、「ヒトの体質は環境によって変化するものである。遺伝の影響は強いものではない」という東大の鈴木尚教授の説があり、これが支配的です。この考え方によれば、「縄文時代の数千年の間、日本人の体格は殆ど変わっていない。それは、この縄文時代の間（今から三〇〇〇年前から約九〇〇〇年前までの間）、生活、環境に変化がなかったからであると考えられているのです。しかし、その後弥生式時代になると、農耕を行なうようになり、食糧は貯蔵されて冬の間にも飢え死にをしなくなるなど、環境に変化を生じ、体質の変化すなわち頭が短くなり、顔が長くなり、背が高くなるという変化を生じた。また、今日の日本人にいろいろと variety があるが、これは時代的、地方的環境の差によってできたものである。日本人はいわば万世一系であって、他より、後にはいって来た人との混血によって日本人の variety が出来たと考える必要はない。たとえそのようなことがあったとしても、ごく一部分であって、日本人全体としては外からの混血の影響はなかったのだ。」というのであります。

これは鈴木君だけでなく、鈴木君の先生である長谷部言人もこれに近い一系説をとなえている。鈴木君はこれを承け、更により綿密な調査を行なっている。しかしこの説の根拠となる調査は、日本全体について行なわれたものでなく、南関東、殊に東京、千葉、埼玉から出る骨についての調査にもとづいている。私共も縄文時代人の名ごりが日本人として今でも続いて残っているということについては、反対の必要はないと思っている。そもそも長谷部氏などの説は、「縄文時代人が南、北においはらわれ、その後に大陸からはいって来た弥生人がその後の日本人となった。これが大和民族であり、それ以前の日本人は土ぐも或いはアイヌのような人間である。」という説に対する反動説であります。

ところで、新しい優れた文化と武器をもって日本へはいりこんで来た種族があったとしても、従来の土着民を完全に追放したり、皆殺しにするということは、常識としてはありえない。したがって、縄文時代の人も残り、その血は今日まで続いているはずであると考えることができる。ただ問題は今日の日本人の生成に混血の影響がどの程度あったかである。この調査は各地方それぞれについて行なう必要があり、南関東だけの資料で日本人全体をはかることはできないであろう。この調査を行なうのに最も適当な資料を提供するのは北九州・山口地方である。北九州・山口にはこれに必要な資料を含む多数の遺跡があるからであります。

九大に来ることによって、この研究を行なうことができたのは非常に幸せであったと思う。その上に運よく、多数の骨を見付けることもできた。これらの骨について調べてみると、縄文時代の人の骨は、日本全国殆ど変わりがない。永年の間、殆ど変わっていない。背が低く、頭が長く、顔が短くて、マビサシが強く出ている。顔も広く、鼻も広い。熊本県には縄文時代の骨が多数でているが、皆この特徴をもっており、また九州以外の他地方の縄文人とも差はない。

弥生時代になると、玄海に面した地方（北九州・山口）の弥生文化に属する遺跡から出る骨は、これとちがってくる。まず背が高くなっている。

縄文時代の男の平均身長は一五八㎝であるのに、弥生文化に属している北九州・山口の男の平均身長は一六二㎝～一六三㎝に近い。頭は短く、顔は長くなり、従って鼻も長く、眼窠も高い。マビサシの発達も弱い。このように縄文人との間にはギャップがある。一方、文化はがらりと変わっていて金属を用い、米を作る農耕文化をもっている。いわば生活革命であります。その文化は大陸の方から渡って来たと考えられる。文化だけが来ることはないので、人が一緒に来たにちがいない。どこから来たかといえば、南朝鮮が先ず考えられる。南朝鮮の古代人と現代人とがあまり変わりないとすれば、現在の南朝鮮人は頭は長くなり、背は高く、顔も長い。弥生人に似ている。時代の異なるものを比較するので、無理ではあるが、弥生文化をもって来た者は、今日の南部の朝鮮半島人の祖先であっただろうと推定できる。金属器を加工し、使用する文化は、中国から朝鮮を経由して来ている。このように骨のみから比較するばかりでなく、技術史の比較でも朝鮮経由大陸伝来のものであろうということは確かであります。

それでは、この新しい文化とその伝達者は、九州地方ではどのように拡がっていったでしょうか。九州の北の方では福岡県でも山口県の西でも大陸型の骨が出る。佐賀県の背振山の南斜面でも同様な骨が出ます。背振のは弥生中期のカメ棺の人骨ですが、体の長い北九州弥生人と呼ぶことができる骨がでている。ところが同じ九州で、最近、長崎大学の解剖学教室の内藤教授が調べたところによると、長崎半島の先端の深堀の弥生遺跡、五島列島の弥生遺跡、平戸・松浦の遺跡では同じ弥生文化でありながら、骨の性質は縄文時代の人骨と変わらない。すなわち、背は低く、顔は短く、頭は長い。眉の出っぱりも強い。弥生時代人であるにかかわらずそのような点で、縄文人とちがわない。これを説明して内藤教授は、北九州では、何か環境の変化があったために長身型が出現したのであり、外から混血の要素が混入したのではないと述べている。新しい文化が、刺激となって新しい体質を作ったかと想像するもののようであります。

さて私はさきに北九州にはいった弥生人は背が高いとのべたが、カメ棺を作るには背が高い男でなければ作れない。(縄文時代の土器は女性が作っていた。)しかもカメ棺の作製はただの男ではだめで、よほど背が高い男でなければならない。このことについては、私は昔台湾で、台湾人が大きな壺を作るのを見ましたが、台湾人の男ではできないので、むかしから福建省の漢人を雇っている。これは確かな事実です。ところでカメ棺は従来の縄文時代の人では男であっても作りえない。北九州ではカメ棺が出る所と、背の高い骨が出る所は一致している。それより南には背の高い骨はでない。背の高い骨が出なかったところの弥生文化では、カメ棺も作りえなかった。深堀、五島の弥生文化では弥生文化は侵入したが、体格は変わらなかった。新しい人種は入らなかった。即ち、これらの地方までは海外からはいった人間が拡がっていないのだ。したがって、北九州で日本人を論ずる場合には、混血児が弥生時代から相当にあったと考えねばならない。南の方を問題にする場合には、弥生時代の混血は殆どなかったと考えざるをえない。つまり、北九州人で日本人を代表すれば、日本人は混血人だということになり、熊本の山の人で代表すれば、日本人は万世一系の土着縄文人の子孫だということになる。

もう一つ九州で変わっているのは鹿児島から沖縄につながる一つのグループがある。ここでは日本で最も背が低く、頭も短く、多毛である。これはフィリッピンのルソン島の山中にいる、ベイヤー博士のいわゆるフィリッピンアイヌの如きものとつながるように思います。このことについては、フィリッピンの調査が遅れているので厳密な比較ができない。しかしわずかな資料の比較からは上述のことが想像できる。背が低く、毛が深い。しかし今までの人類学者は、うっかりしたことが言えないのでだまっている。私だけが鹿児島・沖縄が南に近いということを説いているのです。しかし、その後考古学的遺物や言語から南に関係があることが次第にわかって来ました。骨だけで関係を調べることは本来困難で、人類学者、民族学者、言語学者が協同で調べるべき仕事です。人類学者のみで結論を出すことはできません。人類学者は資料の一部を提供するにすぎません。

結局、九州は縄文時代には南の一部をのぞいて変化なし。弥生時代になって北九州だけが非常に変わって来た。少なくとも九州では弥生時代に混血があった。今日の九州人もその影響をうけているであろうということになります。その外部から渡来した影響はいつまで続いたのであろうか。ある時期に止まったのではなかろうかということが問題になります。弥生時代のあとに古墳時代がありますが、九州の古墳文化は、近畿地方の古墳文化がこちらへ移って来たものであります。九州でできたものではない。つまり古墳文化は畿内のものの方が発達している。古墳文化は鏡などにみられるように、中国の文化をそのまま受け入れている。その後の大陸との交通は、北九州を素通りにして畿内に行っています。今日の畿内人は体質からいうと、頭が短くて背が高いことは日本一です。その点で今日の朝鮮人と一番近い。畿内人と朝鮮人の間よりも、畿内人と北陸人の間の方が差が大きい。北陸人と畿内人が同じ日本人であるなら、畿内人と朝鮮人はもっともっと同じ日本人です。それほど朝鮮式の体質を畿内人がもっているということは、弥生の後期から古墳時代以来朝鮮人が歴史に伝えられている以外にたくさんはいったであろうという結論に、学会でも今なりつつあります。九州は弥生時代に一時、大陸から文化が来たが、その後はおきざりにされた。北部九州の一部だけに文化も人もはいって来たが、その後はおきざりにされ、畿内にはいるようになった。畿内に王国ができた頃、九州はまだ田舎であったのです。ほかに話したいこともありますが、時間の都合で割愛いたします。

形質人類学

日本周辺の諸民族形質人類学及び日本人の皮膚隆線紋に関する研究業績については、須田[1]、金関[2]の諸文献目録が、それぞれの発表期までのものを収録している。アイヌ以外の諸民族に関する研究は、第二次大戦後は、ほとんど継続の途を絶たれたが、近年においては、池田次郎のイラン Dailamanistan の墳墓骨の調査（一九六〇）、小浜基次等のビルマ（一九五七）、小浜のパキスタン（一九六三—六四）、島五郎・鈴木誠等のサモア島民の研究（一九五九）の如き、海外調査が開始されてきた。中でも鈴木尚・高井冬二のイスラエル Amud 洞のネアンデルタール人の発掘（一九五七）は、目覚ましい成果である。永井昌文（一九五四、一九六四）、金子エリカ・国分直一（一九六〇）の琉球先島の調査もここに入れていいであろう。アイヌに関しては小浜の精力的な調査（一九五一—五八）がある。

（1）一九四九、朝鮮・台湾。一九五〇、台湾・ツングース・アイヌ・琉球。一九五一、中国、蒙古・華南・ミクロネシア。一九六〇、日本人。
（2）一九五三、台湾。一九五九、琉球。

以上の日本周辺及び海外諸民族の調査に対して、日本人自体についての人類学的調査は、少くとも生体学の方面では、古畑種基による広汎な血液型の調査以外にははなはだ振わなかった。戦後にこの欠陥を補う目的で、上田常吉を主班として、日本学術会議の日本人生体計測班が結成された（一九四九）。地区分けで動員された研究者によって、一九五二年に至る四年間に、全国にわたる一五八町村の男女五万六、四九五人の全身的計測が行なわれた。この調査によって初めて、比較的信用度の高い全国的のデータが利用できるようになった。そのデータは同班の報告書（一九四九―五三）で発表された。この方面の調査は、その後も盛んに施行されているが、戦前に見なかった現象は、異る機関、異る部門の研究者の、共同調査の風がおこったことである。九学会の共同調査もその一つで、日本人の生体計測に関しては、すでに対馬（一九五〇―五一）、能登（一九五二―五三）、奄美大島（一九五五―五七）、佐渡（一九六二）、下北半島（一九六三）が調査されている。

生体計測学の一部門というべき発育の研究にも多くの報告があり、生体観測の部門も同様であるが、ここでは省略する。ただ、その一部として、指紋については、小池敬事を主班とする、日本学術会議指紋調査班が一九五二年に結成され、これも全国の研究者を動員して、一九五五年までの四年間に、全国一八八郡にわたる男女四万人以上の指紋、手掌紋が集められた。そのうち二四万三、七二四個の男女指紋について、小池はその整理の結果を発表している（一九六〇）。指紋、掌紋、趾紋の研究は、その後も盛んに行なわれ、小池によって遺された資料と共に、全国的のとりまとめをすべき時期が、今はきているると思われる。

現代日本人骨格の人類学的研究としては、頭骨の計測学に関しては、戦前のデータが今村豊・島五郎によって、精密な修正の下に集められている（『人類学雑誌』五〇巻三号、八五―一一七、一九三五）。戦後これに加わった材料は、西南日本人（原田忠昭、一九五四）、与論島民（大山秀高、一九五六）、関東人（富樫外喜雄、一九五七）、喜界島々民（中野哲太郎、一九五八）、与呂島々民（菊池順正、一九五九）、徳之島々民（岩井成功、一九六〇）のデータである。現代日本人頭骨の各部分及び頭骨以外の骨格の研究も多く発表されているが略す。頭骨の観測（non-metric observation）の部分では、さきに赤堀英三の研究（一九三三）があり、その後もこれに続くものがある。

日本における古生人類の問題では、いわゆる「明石人類」が有名となった。これは直良信夫が一九一七年兵庫県明石町西八木海岸で採集した人類の左側の寛骨であるが、原物は戦災で失われ、その石膏模型にのこる形態の原始性から、一九四八年長谷部言人がこれを古生人類と認めて、Nipponanthropus akashiensis の名を与えたものである。その翌年の十月、東大で開催された形質人類学会の席上で、長谷部がその報告をしたのに対して、その席上で金関は「その原始性は、これを現代人骨と見ることを許さぬ程度のものであるか」との意味の質問をした。これに対して、長谷部は「それを許さぬ程度のものではない」という意味の返答をした。明石人類の問題は、その後学界で論議されることなく、そのままで今日に及んでいる。

豊橋市牛川鉱山の岩裂で発見（一九五七）された人類左側上腕骨骨体中央部の破片は、鈴木尚によって調査された。鈴木はこれを neanderthal 型のものと推定した。包含地質は洪積世中期後半のものであるという（高井冬二）。

新人類の遺骨のうち、最も古いと思われるものが、静岡県の三ケ日から発見された（一九六一）。骨盤、頭骨破片等から成り、鈴木はこれを化石の sapiens と見た。化石人類として問題にされたものは他にもあるが、省略する。

日本新石器時代の人骨は、従来主として貝塚から発掘され、その数は非常に多い。小金井良精をはじめ、多くの人々に研究されてきたが、中でも清野謙次の蒐集例数と、その一門の研究者の、これに関する発表数が多い。清野は戦後その成果をまとめて「古代人骨の研究に基づく日本人種論」を発表した(一九四九)。これに対して今村豊・池田次郎の批判があり、清野の所論は修正されて今日に至っている。今村等によれば、清野が、石器時代人に対する類似性は、現代日本人に比してより少いと考えたアイヌは、古墳時代人と同様に、石器時代人と現代日本人との中間位に在ることになる。

日本石器時代人の人骨は、戦後においても、頻繁に発掘された。なかんずく、例数の多いものは愛知県吉胡貝塚出土(一九五一)の資料であった。戦前に調査されたものは、ほとんど縄文後期、晩期のものであったが、戦後、わずかながら、横須賀市平坂貝塚(一九四九)や、滋賀県石山貝塚(一九五四)で、早期の人骨が発見され、そのいずれもが、異色ある人骨であったのは、非常に興味が深い。

戦前資料に乏しかった弥生人骨は、戦後かなりまとまった例数が発掘された。そのうち山口県土井ケ浜(前期)のものは金関等によって(一九五六—六〇)、佐賀県三津(中期)のものは牛島陽一によって(一九五四)報告された。調査未完了であるが、他に鹿児島県広田(中期)、同じく成川(後期)、島根県古浦(前期)のものが、かなり豊富に発見されている。関東の弥生人は、千葉県安房神社出土のものが鈴木尚によって整理され、一部のデータが利用されるようになった。金関は北九州の弥生人と、南九州の弥生人との間に、著しい形質差があり、その差には、現代の南・北九州の人間に見られる形質差ときわめてパラレルな現象のあることを認めた(一九五九)。

古墳時代人骨も、戦後かなりの例数が発見されている。島五郎・寺門之隆は近畿地方発見の古墳人と、西部日本のそれとの間に、その形質に幾分の地方差を認めている(一九五七)。

戦後における新しい現象の一つは、歴史時代の人骨の発掘調査であろう。鈴木尚の鎌倉材木座発掘の鎌倉時代人骨(一九五六)、同じく室町時代の江戸人の人骨(一九六三)、鈴木またはその他の江戸時代の人骨(一九六〇)、鈴木の明治時代人の人骨(一九六二)等の調査がある。歴史的にその居住の連続性が証明された、同一小地方における各時代の人骨が集まれば、時代による住民の形質変化を如実に知ることができるという点で、非常に興味を唆る研究となり得る。

体表部と骨格部との二部門に対して、軟部に関する人類学的研究、即ち軟部人類学は、足立文太郎によって、わが国ではじめて唱道された部門である。足立はその大著『日本人の動脈系統』(一九二八)と、『日本人の静脈系統』(一九三三)の一部分とを発表して終ったが、その後継者(木原卓三郎・忽那将愛等)によって、研究は継がれている。近々にその遺著『腋臭、耳垢及び皮腺』が出版されようとしている。この方面の発表は他にも少くないが、大内弘等が主導的の研究者である。

戦後において日本の人類学界に与えられた課題の一つは、混血児の調査である。須田昭義・埴原和郎等は、この方面の研究者でもある。小浜基次は別の方面からアイヌと和人間、朝鮮人と日本人間の混血者を調査した。混血児の問題と共に人類の遺伝現象の研究部分としては、双生児の研究がある。谷口虎年・鈴木尚・今村豊・池田次郎等がこの研究に従事した。人類形質の遺伝学は、また別の方面から、戦後のわが学界を刺激した。種々の異常赤血球の遺伝性が判明すると、日本人の由来の問題にこれがからんでくる。インドネシア等の南方人のもつこの異常体質は、最近では日本人、朝鮮人の間にも続々と発見されている。この方面の研究の機関誌としては、一九五六年一二月に、日本人類遺伝学会から「人類遺伝学雑誌」が刊行されている。将来の展望としては、筆者の主観的な感想が許されるならば、日本人における人類遺伝学の方面の研究が、今後ますます活潑になってくるのではないかと思う。

紙数の関係で誌すべき主要の研究の大部分を紹介することができなかったことを深くお詫びする。

アジアの古人類

世界各地で発見された古人類を、旧人群と新人群とに分ける。後者は前世界の人類ではあるが、いまのわれわれと同じ種に属するいわゆるサピエンス（知能人）型である。これにたいする旧人類は、現今見ることのできない古い型のもので、絶滅種であり、そのうちのどれが現生人類の、あるいはそのあるものの祖型にあたるかが、いつも問題になっているものである。

アジア——ここでは東部および南部アジアをとりあつかう——には、これらの両種が発見されているが、旧人類のうちの、東部や南部アフリカのアウストラロピテクス類 *Australopithecine* に相当するような、もっとも古い型のものは、まだでていない。

アジアの旧人類を、メガントロプス群、ピテカントロプス群、ネアンデルタール群の三つに分ける。

1　メガントロプス群

アジアで発見されている旧人類のうち、もっとも古い層に属するものは、メガントロプス級のもので、これは西北アフリカや東部アフリカのメガントロプス群に匹敵するもので、形態のうえからも、その所属している地質のうえからも、ピテカントロプス群よりは古い。これに属するものに、中央ジャワのソロ川の上流地域、サンギラン Sangiran 発見のメガントロプス・パレオジャワニクスがある。

【メガントロプス・パレオジャワニクス】 *Meganthropus palaeojavanicus Koenigswald* 巨大なジャワ古人類の意。これは一九四一年、サンギランのジェティス Djetis 化石層発見の大形の下顎片である。ゴリラのそれに相当する大きさで、二本の小臼歯と、第一大臼歯をそなえた右側の骨体の一部である。小臼歯の第二は、第一より小さい。犬歯もその歯槽からみて、小形であったとおもわれる。下顎の歯弓は、後方でややひらき、舌筋の付着のための、おとがいの棘をもっている。これは、人類特有のものである。ひじょうな原始形はあるが、ケーニヒスワルト Koenigswald, G. H. R. von は、これを人類のものとみて、ジャワ古代巨人と命名したのである。

これを包含したポエチアン Poetjian 床は、旧湖床の砂まじりの黒粘土層で、洪積世前期の末期、インドのシワリク Siwalik 動物相の系統で、サイギュウ *Leptobos* を標識動物とするジェティス化石動物をふくんでいる。暖湿なヒマラヤ第一間氷期のものである。文化的遺物は、まだこの層から発見されていない。

【ピテカントロプス・モジョケルテンシス】 *Pithecanthropus modjokertensis* 上顎破片と頭蓋破片が、サンギランの同層、しかもメガントロプス遺骨のちかくから発見された（一九三九年）。ケーニヒスワルトが、ひかえめに見てピテカントロプス（猿人）群としてもいいがといっている。これは、かつてワイデンライヒ Weidenreich, F.（一八七三―一九四八）によって、ピテカントロプス・ロブストゥス *Pithecanthropus robustus*（巨剛猿人）と名づけられたもので、頭骨の額から側頭にかけて、皮膚の上からうけた打撃による骨打と孔とがある。後頭結節がつよく発達している。上顎は口蓋面が平滑なことや、上顎犬歯と外側切歯とのあいだがはなれて、いわゆるサルの隙間 Diastema Simiae のあることなどの、いく多の原始性とともに、鼻孔の形や、上顎では大臼歯の大きさの順列が人類的であること、その咬頭の数の減っていること、犬歯や小臼歯の弱小化していることなどの、人類的特徴をそなえている。上顎歯弓の形は、放物線状ではないが、後方がややひらいているのは、さきのメガントロプスに似ている。ケーニヒスワルトは、以前（一九三六年）、サンギランの黒土層中からでた下顎骨体右半が、その後の調査で、やはりジェティス層のものとわかり、このモジョケルテンシスにくわえた。

がんらいこのモジョケルテンシスという名は、東ジャワのブランタス Brantas 川の中流、ジェティス付近のモジョケルト Modjokert の名からきたものだが、その地のジェティス層がさきに有名だったので、ピテカントロプス・モジョケルテンシスの名がつけられたのである。

【ホモ・モジョケルテンシス】 *Homo modjokertensis* 一九三六年、ジャワ政府の地質調査団が、

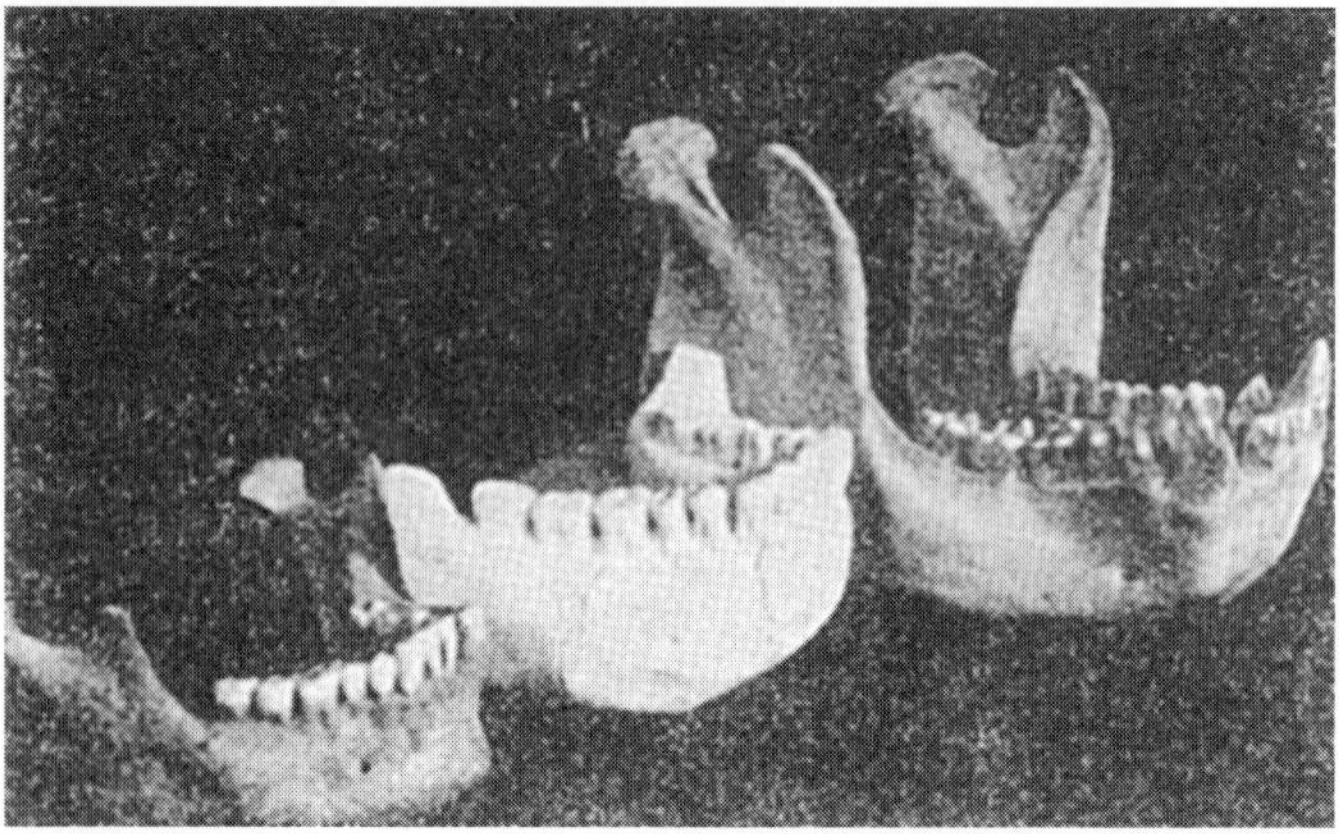

メガントロプス・パレオジャワニクスの下顎の比較
（手前より現代人下顎，メガントロプス下顎，ゴリラ下顎）

その付近のいわゆるジェティス層から、一つの小児人骨を発見し、ケーニヒスワルトは、これにホモ・モジョケルテンシスの名をあたえた。約二歳の幼児であるから、形質は不明だが、眼窩の後方の狭窄のつよいことなどで、原始性をまだそなえている。これが形質上メガントロプス型に属するかいなかは不明であるが、同一地質時代であるから、ここにくわえておく。

以上の洪積世前期の、いずれもジャワのジェティス化石層発見の古人類は、アジアの人類としては、最古の地層から出たものであるが、これにともなう文化遺物が発見されたこともなく、またこの地層のみならず、ジャワ以外のアジアのこれに匹敵する洪積世前期の地層から人類遺物がでたこともない。パレオジャワニクスの頭に、かれが打ち殺されたことを疑わせる痕跡のあることとから察せられる一種の社会状態以上には、かれらの生活についてはまだ何もわかっていない。かれらは、いま知られているアジア最古の文化を遺した人類よりも、さらに古い人類で、ピテカントロプス以前の、いわばプレ・ピテカントロプス *Pre-pithecanthropus* である。

2　ピテカントロプス群

アジアにおける、この群に属する古人類は、もっとも有名なジャワのピテカントロプス・エレクトゥス（直立猿人）と、中国のシナントロプス・ペキネンシス（北京人類）とがある。

【ピテカントロプス・エレクトゥス】 *Pithecanthropus erectus Dubois* 発見の歴史は古い。第一次の発見は、オランダの当時軍医のデュボワ Dubois, E.（一八五八―一九四〇）が、一八九一年とその翌年に、中央ジャワのソロ川中流にあるトリニル Trinil 付近の火山礫層、いわゆるトリニル層から発見した頭蓋覆と、左側の大腿骨、上顎左第二、右第三大臼歯、下顎右小臼歯である。

第二次のは、一九三六年、ケーニヒスワルトが、サンギランのカリ・チェモロ Kali Tjemoro 川の支流の岸で、のちにさきのピテカントロプス・モジョケルテンシスに編入された下顎にひきつづいて、翌年その付近から直立猿人頭蓋が発見され、翌三八年にはそれから約一kmの地点で、凝灰岩に封埋された第三の頭蓋が発見された。包含層はナウマンゾウを標識化石とするトリニル層で、これは、洪積世中期の初期、インドのシワリク上層の末期、ヒマラヤの第二氷期にあたるものとかんがえられる――人によっては、洪積世中期のやや上部におく――気候は寒く、雨量の多い湿潤期であった。

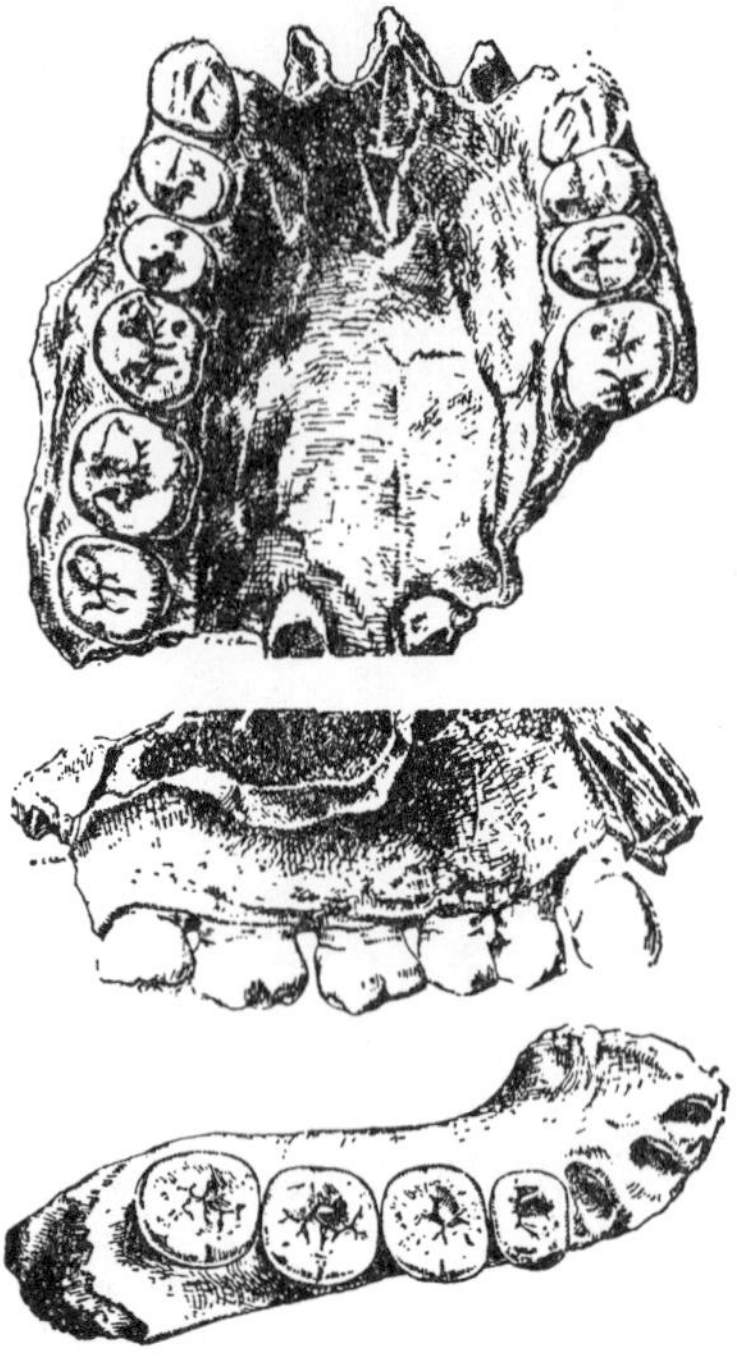

ピテカントロプス・モジョケルテンシスの上顎骨と下顎骨

第二猿人は第一よりやや小形で、後者は男性骨、前者は女性骨とみられている。この女性骨は、第一のものよりは保存部分が多く、側頭部の頭蓋底の一部がのこり、この古人類の形態について、さらに多くのことをおしえた。第三猿人も形小さく、頭頂部付近をのこすのみで、三つのうちもっとも不完全である。

　これらの頭蓋は、骨壁が厚く、頭頂が低く、額のふくらみがひじょうによわくて、眼窩上隆起がつよく前方に突出している。歯にもひじょうな原始性があり、その様相は、第一猿人の発見後ながくこれを人ではなくてサルであると疑われたことからも察せられる。頭蓋容量は第一が約九一四㎤、第二が約七五〇㎤、いずれも類人猿における最大容量（六一〇㎤）をこえる。この点からみても、これが、人類のものであることは疑いえない。長幅示数は、第一が七八・八、第二が七七・八でいずれも中頭である。左側大腿骨は長く（四五五㎜）、彎曲がすくなくてまっすぐであり、あきらかに直立歩行者のものである。これと同一程度に発達した頭蓋をもつ後述のシナントロプスの大腿骨が、みじかくて彎曲し、直立歩行のやや拙劣であったかを疑わせることをおもうと、この長いまっすぐな大腿骨が頭蓋と同一種のものであったということは常に疑われている。この疑いはもっともであるが、しかし同一種に属する可能性がぜんぜんないわけではない。ベルクマン Bergman, F. は、一九五一年、残留弗素定量法で、両者が同一時代人であることを証している。もし同一種だとすると、ピテカントロプスは完全な直立者である。しかし、この大腿骨はなくても、彼の直立歩行者であったことは、頭蓋の形や大きさからも推定できる。この大腿骨の所有者の推定身長は約一六六・八cmとなり、シナントロプスよりは大きい。

ピテカントロプス・エレクトゥスの骨には、なんらの人工物は伴出していないから、その生活を直接指示するものはないが、中央ジャワ南部のパジタン Patjtan 付近のカリ・ボクソカ Kali Boksoka 渓谷では、トリニル化石層から、旧石器文化前期に属する多数のチョッパーおよびチョッピング・トゥールそのほかが発見され、その文化はパジタン文化と称されている。チョッパーおよびチョッピング・トゥールを主体とした比較的発達した石器文化であり、北部インドのパンジャブのソアン文化早期、北部ビルマのマニャト文化早期、マライのタンパン文化につながるものである。これは洪積世中期の後半、すくなくとも洪積世後期前半のものとみられ、ヒマラヤの第二間氷期あるいは第三氷期のはじめに比定されているから、これをピテカントロプスの文化とかんがえるためには、人骨のほうの時代を、そこまで引きあげる必要がある。もしパジタン文化と関係がなく、それよりも古い洪積世中期前半のものだとすると、その時代の文化もアジアのほかの部分には発生している。一つはパンジャブの先ソアン文化、いま一つは、華北周口店の第一三地点の文化である。これらの文化は、アジアでの最古の文化である。

【シナントロプス・ペキネンシス】 *Sinanthropus Pekinensis Black & Zdansky* 北京の南西約一一*km*、房山県周口店付近で、北京平野の南境が、西山とよばれている標高一、〇〇〇m高地の東境と出あう境界部に、高さ六〇mの、全山オルドス石灰岩でできた小さい山があり、鶏骨山とよばれている。その大部分は石灰岩の切り出しで失われたが、古くから、竜骨すなわち化石動物骨を多量にふくむ自然の石灰洞があり、一九二一年のアンダーソン Andersson, J. G.（一八七四—？）の調査がきっかけとなって、一九二三年いらいズダンスキー Zdansky, O. は、同所からひじょうにたくさんの洪積世動物化石を掘りだした。これを整理中、一九二六年、人類小臼歯（右）と大臼歯（左）各一個を見いだし、アメリカの古生物学者グレーボー Grabau, A. W.（一八七〇—一九四六）は、これに「北京人」*Peking man* の名をあたえた、竜骨洞に洪積世人類の見いだされる可能性が証されたので、新生代研究所と北京協和医学校との共同のもとに、ロックフェラー財団に資金をあおいで本格的調査がはじまった。その調査は、一九二七年から、日中戦争突発の一九三七年まで継続された。

かくて一九二七年一〇月には、ボーリン Bohlin, B. によってまず一個の下左第一大臼歯がはじめて現場で発見され、ブラック Black, D.（一八八四—一九三四）はこれにシナントロプス・ペキネンシスの名をあたえた。完全な脳頭蓋の最初の発見は一九二九年一二月、裴文中によってなされた。骨は洞中に堆積した紅土が石灰溶液の浸潤のために凝固して、ひじょうに固い凝土をつくっている、それに封埋されていた。一九三〇年、一九三一年にはあきらかに人工のくわわった石器が見いだされた。

このようにして一九三七年の戦争発生までのあいだに、数トンの洪積世動物化石および多量の旧石器

（前期）とともに四五体分の人骨――なかに、遊離した歯が一四七個、脳頭蓋の完全なもの六、破片九、額面九、下顎一四、鎖骨一、上腕骨二、手根の月状骨一、大腿骨七、第一頸椎一――が見いだされている。これらの骨のうちの四〇%が一歳ないし一四歳の小児骨、頭骨のうち三個は三〇歳以下、ほかの三個は四〇～五〇歳であった。

この調査のあいだには、ブラックが死に、その後はワイデンライヒ Weidenreich, F.（一八七三―一九四八）が人骨の研究に従事した。調査は戦後も継続され、一九四九年と一九五一年との両度の調査では五個の歯と大腿骨、脛骨の各一が発見され、最近にも下顎骨一個が見いだされた。

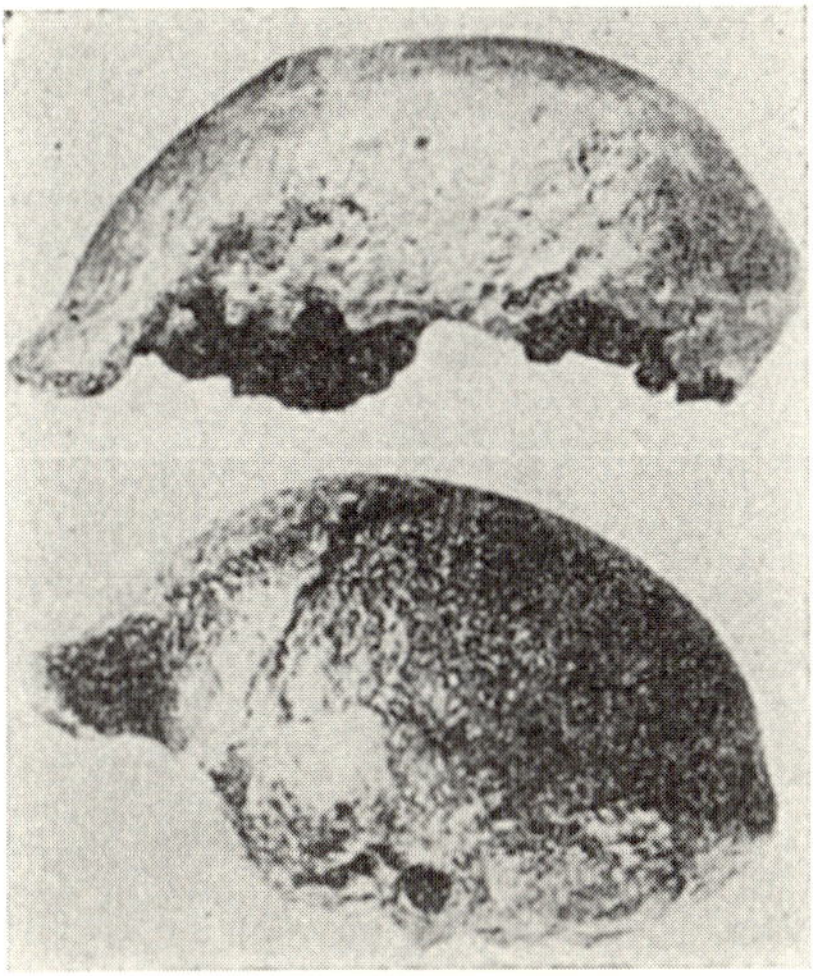

ピテカントロプス・エレクトゥス第1号の頭蓋覆(上)と第2号（女性）の頭蓋（下）

これらの多数の人骨のなかには完全個体をなすものは一つもない。地平にも垂直方向にも散在している。五〇mの深さの同一堆積土中の、上表部にある骨も、底部にある骨も形態にかわりはない。竜骨洞の地層は、下方から三層の第三紀層があり、第四層にいたって洪積世前期の動物化石をふくむ（第一二地点）。第五層は動物化石にとみ、粗鬆な紅土が岩裂の隙間を埋めている地点（第九、一一、一三）。動物相からみて洪積世中期初めのものである第一三地点からは、旧石器（前期）に属する人工物や焼骨がでているが、人骨はともなっていない。

第六層はいわゆるシナントロプス層である。空洞を埋めた堆積土が二帯に分かれており、上からはウルティマハイエナ *Hyaena ultima*、下層からはシナハイエナ *Hyaena sinica* がでた。両層とも動物骨が多い、気候は穏湿。旧石器（前期）をともなう。洪積世中期末（第一地点）。

第七層は人骨層である。淡紅色ロームに多角の石灰岩礫がまじっている。化石動物多く、なかに、毛サイがある。気候は寒く、半乾燥期である。大陸の氷期（ヒマラヤ第三氷期）にあたり、洪積世後期初め（第一五地点）。その上の第八層がのちにいう上洞 Upper Cave のロームで、洪積世の最後期ないし沖積世の最初期のものである。第四地点も文化層であるが、これについては未報告。知られている文化層は、下から地点第一三、一、一五の三層で、人骨がでたのは第一と第一五の両地点である。うち地点第一は北インドの第二間氷期にあたり、これにたいして、ジャワの猿人層が第二氷期だとすると、後者はシナントロプスよりも古いということになる。骨の形態のうえからも、この関係はみとめられる。この第一地点の文化はパンジャブのソアン文化早期、上部ビルマのアニャト文化の後期、ジャワのパジタン文化に相当する。これにたいして、第一三地点の文化は、パンジャブの先ソアン文化、アニャト文化の前期にあたるとみられている（Movius, H.L.）。これらの旧石器は、ジャワのものとおなじく、アジアの旧石器文化前期に共通のチョッパーおよびチョッピング・トゥールを特徴としている。

シナントロプスの骨の形態は、第一五地点と、第一地点との層位のちがいや、時期のひらきがあるにもかかわらず、そのあいだにほとんど差はない。石器についてもそのことがいえるらしい。文化接触のないところでは、変化が緩慢だという公式論の、これは一つの例証になる。

人骨は厚く、頑強で、その大腿骨はジャワの直立猿人のそれにくらべると、みじかくて彎曲がつよい。直立歩行はまだへたで、すこし前かがみに、あごをつき出してあるく姿勢だったとおもわれる。大腿骨から割りだした推定身長は一五六cmである。下顎も重厚でおとがいの突出を欠き、歯槽結節がつよく内面にでている。臼歯は大きい。歯髄孔がひじょうにひろい。切歯の舌面はシャベル形である。脳頭蓋はネアンデルタール人にくらべると、はるかに低く、眼窩上隆起がつよく前方にでている。頭の長さ平均一九四mm、幅は一三七―一四三mm、長幅示数は七二・二で長頭に属している。ピテカントロプス級の多くの原始性をもち、また、同一程度の人類性をそなえていることはたしかであるが、両者のあいだにはことなる点もすくなくない。ジャワの猿人に比し、シナントロプスは前頭のふくらみがややつよく、頭頂がやや高く、容量は平均一〇七五cm³で、前者のより大きい。眼窩上隆起の形もことなっている。口蓋面は直立猿人の方がより平滑、前頭洞はシナントロプスの方がつよく発達している。両者の大腿骨を比較すると、直立猿人の方がより人類化しているが、頭骨の比較ではその関係は逆になる。しかし両者間には、ことなる点よりも共通点の方が多い。

シナントロプス自身のうちにも、進化の様相が一様ではなく、骨によってその程度をことにしている。鎖骨、上腕、手の骨には、ほとんど現生人と差がみとめられず、下肢の長骨は髄腔せまく、壁が厚くて、原始性がよりつよくのこり、頭骨ことに顎部には原始性がもっともよくのこっている。賈蘭坡はこれをもって、人類進化に関するエンゲルス説の証明とすることができるといっている。人の進化は、手の自由になることからはじまり、下肢におよび、その結果として、さいごに頭におよぶのだという。

ワイデンライヒは、シナントロプスの人骨にモンゴロイド（東洋人的）特徴がみられるとして、つぎの諸点をあげている。

シャベル形の切歯、下顎歯槽部内面の隆起、頭蓋正中部の竜骨状隆起、鼻骨のひろいこと、その側面線の形、外耳道壁の厚いこと、歯槽突顎（出っ歯）であること、顔面のひろいこと、頬骨面が垂直にちかく、前よりであること、大腿骨の上部扁平度のつよいことなどである。ワイデンライヒはこれをもって、シナントロプスは現代モンゴロイドの直系の祖先たりうるものとかんがえた。

シナントロプスの文化を特徴づける石器は、旧石器時代前期の東アジアのいっぱん文化の例にもれず、チョッパーおよびチョッピング・トゥールである。入手の便宜からくる材料（石英の多いこと）の点で、他とことなるところはあるが。

かれらの食用に供した動物の大部分（七〇％）はシカであった。ほかにヒョウ、アナグマ、ゾウ、サイ、ラクダ、ヤギュウ、スイギュウ、イノシシなども食われた。ウマやカモシカのような脚のはやい動物も狩っている。火をもちいて肉を焼き、暖をとり、おそらくは夜獣の害をふせいだ。獣肉のほかにサクランボのような木の実の一種をたべている。第一地点の炉あとの木炭はニワトコの一種 *Ceris blacki*（雨期の灌木）だった。一定の埋葬のあとは見えない。頭骨に生前うけた傷のあとがあり、打ち殺された食用に供されたものもあるらしい。全人骨中頭骨の数に比して、他の骨がすくないことについては、まだ適当な解釈がついていない。ひじょうな長期にわたる人骨のあいだに、おどろくべき一致があることからみて第一三地点の旧石器文化人の骨も、これとあまり変わらなかったであろうとかんがえられる。その文化もやはり小形のチョッピング・トゥールだった。これが中国最初の人工物だったのだ。

3 その他の旧人類

アジアの人類のなかには、以上のメガントロプス型と、ピテカントロプス型のつぎに、時代も、形態も、その文化の相もこれより後になる洪積世後期の人類がある。これにはジャワのソロ人と、中国のオルドス（河套）人とが属している。さいきん（一九五八年）発見のマパ（馬壩）人も、おそらくこれに属するものとおもわれるが、まだ詳報に接しない。ヨーロッパにおけるネアンデルタール人 *Homo Neanderthalensis* の段階にあたる人類である。

【ソロ人】 *Homo Soloensis* 中央ジャワのソロ川のトリニルよりやや下流で、これに沿うガンドン Ngandong 付近の、高い河岸段丘の上から、一九三一年、陸地測量部のオッペノールト Oppenoorth, W. F. F. の部下によって発見された三個の完全な頭骨について、その翌年にはさらに二個の頭骨が見いだされたのであるが、ケーニヒスワルトはその年の後半中に同所を調査して、さらに六個の頭骨をえた。その出土層はカバ、スイギュウ、ヤギュウ、インドゾウ、ステゴドン、トラ、ブタなどの多くのインド系の動物化石がふくまれており、同時に一つの特殊の文化相をしめす多数の遺物がえられた。その動物層はガンドン層、文化はガンドン文化とよばれるようになった。地質時代は洪積世後期である。

遺物のなかには、アジアにおける最初のはっきりとした骨器がふくまれている。両面にかえしをつけたうつくしい骨銛《もり》、アカエの魚骨を材料とした骨器、骨製の小刀、穿孔されたスイギュウの足骨、鹿角製の啄器などがある。石器は、すべて球髄を材として、多くは剥片、少数の石核器がある。すべて同一文化のものとみられ、その文化の遺物はその後ジャワ洪積世後期の動物をふくむ、いわゆるノトポエロ床 Notopoero Bed, ガンドン層のいたるところから、人骨は伴わないが、見いだされている。第三間氷期から第四氷期にかけてのもので、ヨーロッパでネアンデルタール人の活躍した時期に相当しているが、人骨にもまたこれにふさわしい特徴があり、ときにはネアンデルタール人のアジア変種とよばれることもあった。ひと口にネアンデルターロイドといってさしつかえのないものである。

頭骨は大きく、現生人のものよりは低いが、直立猿人よりは高い（高さ八七㎜）。容量は、第五号男性骨で一三一六㎤。これは、ネアンデルタール人の平均よりやや小さいが、猿人のそれよりは大きい。眼窩上隆起もかなりいちじるしく、いろいろな点でネアンデルタール人の範囲にはいっても、そのいっぱんよりは、ややピテカントロプス群にちかい傾きがある。第五号男性頭骨の長さ二二一㎜、幅一四四㎜、長幅示数約六五・二となり、ひじょうな長頭である。しかし第一号女性骨では、この示数は七二・三、第六号女性骨では七四・二であった。

オッペノールトは、その後、同所から右側脛骨一片を見いだした。いっぱんネアンデルタール人ほどの原始性はみえないが、骨体中央部の断面にはそれがみえた。まっすぐで細い脛骨であり、その長さからの推定身長は、男性ならば一六六㎝、女性ならば一六一㎝、すなわち比較的長身である。この男性と

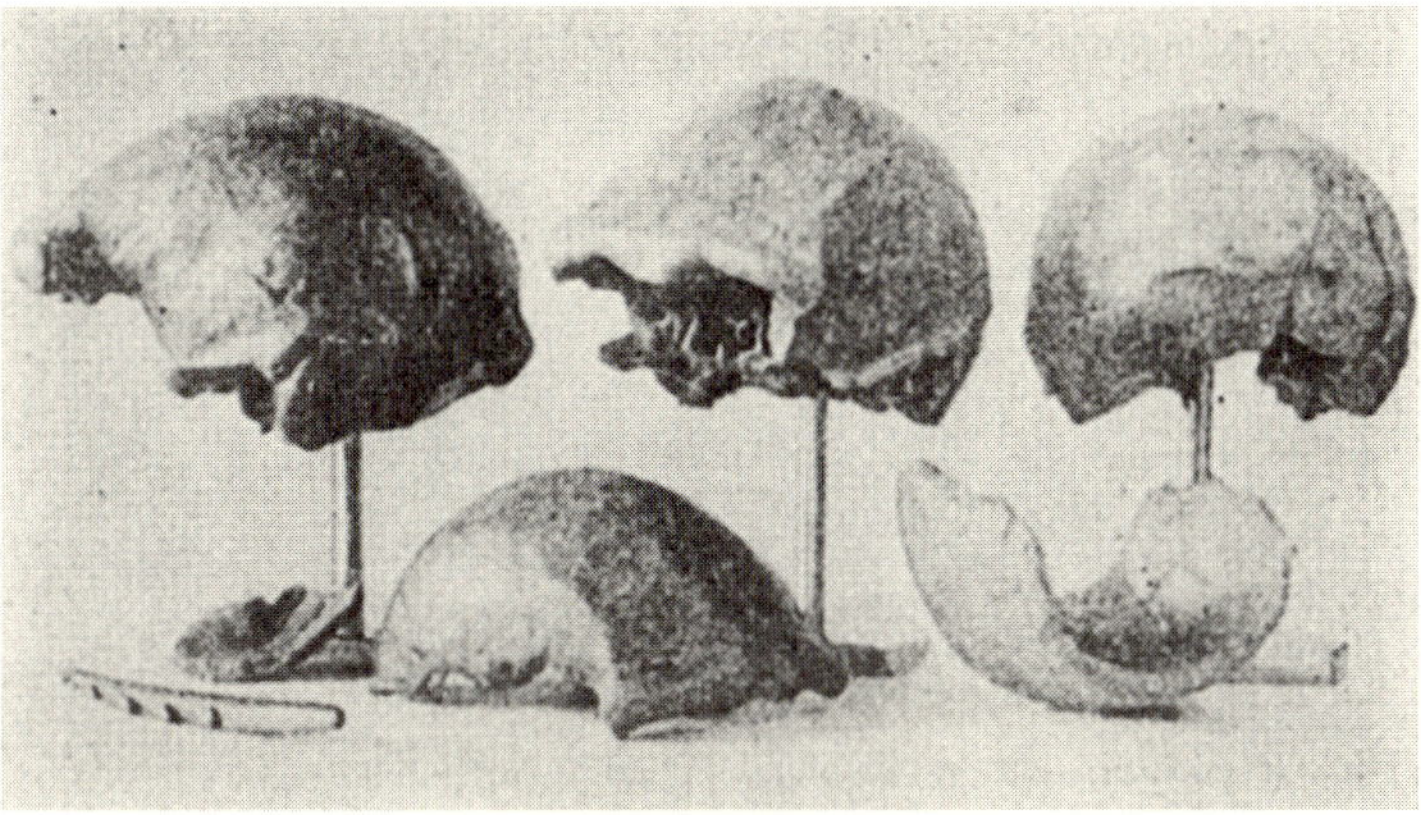

ソロ人の頭蓋とその遺物（骨銛）

しての推定身長は、その付近からデュボアが発見した大腿骨からの直立猿人の推定身長（一六二・八㎝）にひじょうにちかい。ワイデンライヒやケーニヒスワルトが、デュボア発見の大腿骨は、おそらくソロ人のそれではなかったかと疑ったのももっともである。

ワイデンライヒは、ソロ人頭骨と直立猿人頭とを精密に比較した結果、つぎのように結論している。ソロ人は、多くの点で、北京人にたいするよりも、直立猿人にひじょうによく似ており、おそらくは、その直接の子孫であっただろうと。

【オルドス（河套）人】 *Ordos man* 中国におけるこの種の人骨の存在は、ほぼあきらかであるが、まだ人骨の材料は出そろわない感じである。その一つはオルドス人である。一九二二年、テラール・ド・シャルダン Theilhard de Chardin, P.（一八八一—一九六〇）は、内蒙自治区の南端、長城の北を流れるシャラ・オソ・ゴル（薩拉烏蘇河）の河畔の小橋畔村の付近の渓谷の堆積下に、洪積世後期の化石動物とともに、同層からの一つの人類左上外側切歯を発見した。約八、九歳の小児の歯である。直接石器をともなわなかったが、付近の同一地層からは、旧石器が見いだされている。ブラックは、これに「オルドス人」の名をあたえた。小児の歯であって形態は不十分な点が多いが、舌面の舌結節の発達、シャベル状の形態などから、成人骨におけるかなりの原始形が想像される。伴出動物は、ナウマンゾウ、毛サイなど。寒冷、半乾燥期の動物で、その層は、華北でマーラン・レスといわれている藍色黄土層である。石器は小形で、ほとんどすべて石英材をもちいている。なかに少数のフリントがまじっており、剝片石刃をふくんでいる。その様相は、その西方で黄河が北上して長城をよこぎる地点のちかくの水洞溝で発見された文化と同一系であり、石器の小形なのは材料の関係からきた、わずかの特異点である。

この文化は、付近の慶陽の黄土底部礫層中の石器、油房頭の同層のものなどとともに、いわゆるオルドス文化とよばれている。第三間氷期のものである。

確実な人骨の材料は、いまのべた小児切歯一つであるが、賈蘭坡は、さきに(一九二二年)テラール・ド・シャルダンとリサン Licent, E. とがシャラ・オソ・ゴルで表面採集した、人類の二個の右大腿骨、一個の左上腕骨に、ネアンデルタール人様の特徴をみとめて、これをもオルドス人中に編入した。もしこれがみとめられるならば、その地質年代や文化の様相の一致からみて、中国におけるネアンデルタール型人類の存在は、これであきらかになったことになる。

シャラ・オソ・ゴルのオルドス人とおもわれるものは、さいきん(一九五六年)にも、汪宇平によって発見され予報されている。同河の上流の大溝湾の一・五m段丘の黄砂層の表面で、サイなどの動物化石とともに、旧石器を採集、そのちかくの滴哨村の一五m段丘の黄砂結節層から、人の右側頭頂骨破片、これと六〇mはなれた同一層中からおなじく動物骨とともに、人の左側大腿骨の下半を得ている。詳報がないので、これだけにしておく。

つぎにあぐべきものは丁村人である。

【丁村人】　山西省襄汾県を流れる汾河の東岸の丁村付近の河床54：100地点から、一九五四年、賈蘭坡らによって、化石動物および付近一帯にみるような旧石器とともに発見された。同一個人のものとみられる、右上内側切歯、右上外側切歯、右下第二臼歯の三個の人歯である。出土層はいわゆる上三門期の結節砂層で、動物は、ナウマンゾウ、三門ウマ、毛サイ、メルクサイ、大角シカ、ダチョウなどである。地質的には周口店第一五地点のそれに匹敵する。伴出旧石器は、周口店石器よりややすすんでいる。歯は歯冠も歯根もともによわく、これらの歯にみるシャベル形切歯、大臼歯の五咬頭などの原始性も、周口店人にみるものほどにははなはだしくない。

この歯をただちにネアンデルタール型とすることはできないが、その層位、その文化、またそのいくぶんの形態的様相からいって、シナントロプスと新人群とのあいだを埋めるものであることはたしかであろう。

汾河一帯の旧石器文化は、周口店文化の発展したものであることはあきらかで、丁村人はおそらく、周口店人とオルドス人とのあいだを埋めるものとなるであろう。

【馬壩人】　中国南方においても、さいきん興味ある発見があった。広東省曲江県の馬壩郷の獅子岩洞窟の岩裂を埋める、第2層の黄褐色粘土層中から、化石動物とともに、一個の人類頭蓋の破片が発見された。頭頂および前頭部は、後述する上洞人や資陽人よりは低く、眼窩上隆起は外側縁につづく形態をもち、シナントロプスのそれに似ている。その原始性は、後者とネアンデルタール人の中間ていどのようにみえるが、詳報がないのでなんともいえない。人工遺物はともなっていない。

華南のネアンデルタール人の存在については、ケーニヒスワルトは、一九三九年、香港の薬舗からえた人類下顎大臼歯の化石に、ユーゴのクラピナ Krapina 人のみがそれに匹敵する髄腔や歯根の発達、いわゆるタウロドンティズム taurodontismをみとめ、華南の山洞中に、ネアンデルタール人の遺骨のひそんでいるであろうことを想像していることは、この馬壩頭骨の発見とあわせてかんがえるとたいへんおもしろい。

アジアの旧石器時代人類は、便宜上の分け方ではあるが、以上のような三段階をかんがえると理解しやすい。アジアの旧石器が、西方のそれに比して、一つの特徴をもっているように、形質としてもアジアの旧石器文化人は、あるいは一つの共通な特徴をもっているかもしれない。それはこんごの人類学における興味ある研究課題である。

4　アジアの化石新人群

まずあげなければならないのは、周口店雞骨山の上洞人であろう。

【上洞人】　*Upper Cave man*　一九三三年、シナントロプス発掘のあいだに、裴文中は、雞骨山上一七五m高の一つの石灰洞窟中に堆積する華北大黄土層中より、数千のウサギ、数百のシカ、トラのほかに絶滅種であるクマ、ハイエナ、ダチョウなどの化石骨とともに、七個体の人骨とその遺物を発見した。その動物相からみて、洪積世後期か沖積世初頭のものとみられる。

人骨の上は赤鉄鉱粉がおびただしく散布され、あきらかに埋葬の痕をしめしているが、骨はその後に散乱したとみえ、地平にも垂直にもはなればなれになっている。成人骨にも若年骨にも、左側前頭上部、あるいはそれから側頭にかけて、皮膚の上から、尖頭器で打撃をうけた跡があり、打ち殺されたものとおもわれる。四人の成人骨のうち、老年男性一、女性二の完全頭骨のほかは破片であり、その一は若年、二は約五歳の小児と乳児の骨であって、一家族のものとみられる。この洞に定住したかいなかは不明。大腿骨よりの老年男性の推定身長は、一七四㎝で、現今の華北人の平均値にちかい。あらゆる点から、これらの人骨がサピエンス型であることは疑いないが、ヨーロッパの化石サピエンスに比較すると、身長小さく、頬骨の垂直面が前寄りであること、歯槽突顎(出っ歯)であることなどで、ことなっている。全体的にみて、三個の完全頭骨は、それぞれ特殊な相貌をていし、たがいに似ていない。男性骨はメラネシア人型、女性骨の一つはエスキモー型、いま一つはクロマニョン型といわれている。男性骨の歯は、さきのタウロドントで、シナントロプスや、ネアンデルタール人に似た原始性をしめしている。シナントロプスとのあいだのつながりは、否定はできないが、よくわからない。いずれにしても、アジアにおけるサピエンスの出現当時から、体質はけっして一様ではなかった、ということはおもしろい。

いずれも頭の幅に比して顔の幅がきわめて大きい。頭形示数はそれぞれ男七〇・二、女六九・三―七一・三で、ひじょうな長頭である。そののこした石器は緑色砂岩のチョッパーと、石英かフリントを主とする剝片の尖頭器などであり、再加工のあとはない。骨針のほかに鹿角器があり、石や骨、牙の飾り玉には穿孔があり、赤鉄鉱による彩色をくわえたものがある。貝は海産のものであった。石をみがいたあとはない。火をもちいた痕があった。女性頭骨にはトラーグバンド使用の痕跡があった。

この文化の様相は、ヨーロッパのマドレーヌ文化より古くはないが、旧石器時代後期のものとみるべきである。

【資陽人】　一九五一年、成渝鉄道建設工事中に、四川省資陽県の黄鱔渓の鉄橋脚をつくるとき、その河床から多くの動物化石が発見された。その中に人類頭骨が一個でた。同年、裴文中が現場を調査して、第三層の泥砂礫層中から、化石動物骨を多数発見した。これに二種の動物群がふくまれている。残留弗素定量法によってしらべると、人骨は動物群中、より晩期の、マンモスゾウをふくむ一群との同時代性をしめした。それは洪積世前期のものである。

形態上、人骨はあきらかにサピエンス型であり、五〇歳以上の女性である。現代サピエンスに比して、眼窩上隆起がややいちじるしく、ブレグマ点の位置が後方にずれている。側頭鱗が小さく、乳様突起の向後上方性がつよく、上顎歯弓の形が完全な放物線状でないなどの、やや原始的な特徴がみられる。山頂洞人の女性に似るところがある。しかし、頭形示数は七七・四で中頭である。所属の時代からみて、中国ではもっとも古いサピエンスであり、ヨーロッパのクロマニョンよりも古い。

この人骨にともなう文化的遺物はまだ発見されていない。

【長陽人】　一九五六年、湖北省長陽県趙家堰区黄家塘郷の鐘下湾の洞窟中から、動物化石とともに発見された、左上顎骨（第一小臼歯と第一大臼歯をふくむ）および遊離した左下第二小臼歯とである。形態はサピエンス型とみられているが、かなりの原始性をもっている。化石動物は、シナサイ、巨大バク、東方ステゴドン、ウルティマハイエナなどをふくむので比較的古く、洪積世中期の終わりにあたるものであろう。文化遺物は伴っていない。

そのほか中国発見のサピエンス型化石人類としてあぐべきものに、つぎのものがある。

【楡樹人】　一九五一年、吉林省楡樹県周家油房屯出土の頭骨破片と大腿骨。

【泗洪人】　一九五四年、安徽省泗洪県下草湾の表面採集

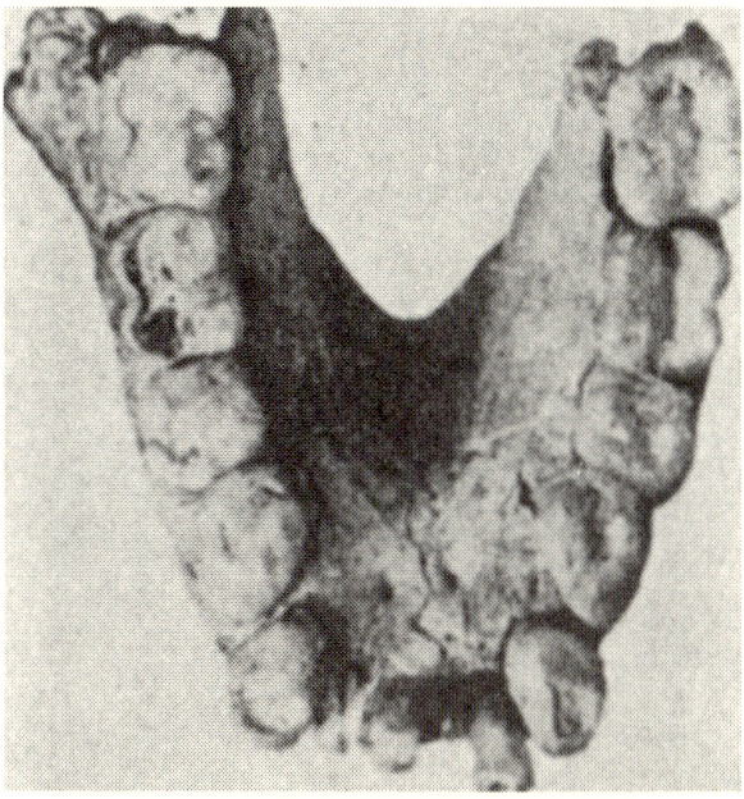

広西省発見のギガントピテクスの下顎骨

の大腿骨一。

【柳江人】 一九五八年、広西省大興県柳江の通天洞発見の頭骨。

【来賓人】 一九五六年、同省来賓県麒麟山出土。

いずれも詳報に接していない。ただ、この分布の範囲は心にとめておく必要があろう。

中国以外においては、ジャワのワジャク人がある。

【ワジャク人】 *Wadjak man* 一八八九年、ファン・リートショーテン van Rietschoten によって、中央ジャワの南海岸にちかいツルン・アグン Tulung Agung 付近の、ワジャクの大理石採取場の岩裂のなかから発見された頭骨である。伴出遺物も、動物化石もなく、時代ははっきりしなかったが、デュボアは、その化石度から推して、洪積世のものとかんがえ、その形態から、「原オーストラリア化石人」と称した。のち、ながく現代オーストラリア人との関係は疑われなかったが、時代のあいまいさは疑うべくもない。ケーニヒスワルトはさいきんいろいろな点から結論をくだして、おそらくジャワの中石器時代のものであろうとした。

【ニア洞人】 さいきん、ブロスウェル Brothwell, D.R. によって、サラワークのニア Niah 洞穴から人頭骨が発見された。頭蓋覆および顔面骨の一部をふくむ洪積世後期の若年人骨で、その形態は近代において絶滅したタスマニア人の頭骨にいちじるしく類似しているという。

さいきん、日本における化石人類として、報告あるいは報道されたもののうちで、出土状態のはっきりしているものをあげると、つぎのものがある。

【牛川人】　一九五七年、名古屋市より東方約五〇㎞、豊橋市牛川町の石灰岩裂中の角礫をふくんだ赤色粘土層中から、鈴木尚の見いだした、成人女性左上腕骨中央部の破片。地層は洪積世中期の後半と推定されている。伴出遺物はない。

推定身長一三五㎝、上腕骨は剛強で、骨壁厚く、髄腔はせまいという。

【三ケ日人】　一九五七年、牛川の東方二〇㎞の三ケ日町只木の石灰岩裂の堆積土中から、絶滅したゾウの歯の破片をともなって発見された人の骨盤と、その上層から得られた頭骨破片数個。形態学的にみて、鈴木尚はこれを化石サピエンスとみとめた。その後も右大腿骨が同所から見いだされている。

【浜北人】　一九六一年五月、静岡県浜名郡浜北町根堅の石灰岩裂の堆積中から発見された、人の右鎖骨、下顎大臼歯、右の上腕骨。伴出動物骨は、洪積世前期のものとみとめられている。

以上はいずれにも遺物をともなわない。

アジアの古人類にかんして、一時ひじょうなセンセイションを学界にまきおこしたギガントロプス *Giganthropus*（巨大人類）の問題がある。しかしこんにちでは、これはひろい意味でのギガントピテクス *Gigantopithecus*（巨大猿類）のなかに一括されている。近年広西省の山洞中から数回にわたって発見されている巨大猿類は、人類の、あるいはアジアの古人類の由来をかんがえるうえにきわめて重要な資料であるが、直接古人類とはいえないもので、このたびは記載からはぶくことにする。

（追記）　なおその後に、ジャワの「ピテカントロプス」、中国の「藍田古人骨」の発見されたことをつけ加えておく。

Ⅱ

沖縄県那覇市外城嶽貝塚より発見された人類大腿骨について

一

琉球石器時代の人骨については未だ学界に報告されたものがない。元来琉球には沖縄本島に数ヵ所の学術的発掘(26)(29)(23)を経た石器時代遺跡があるのみならず、他の地方及び諸島からもしばしば石器時代の遺物が出土する。これらの遺物は古く鳥居竜蔵(34)が八重山諸島の遺物を他のものと別系統に数えた以外には、ことごとく同一系統と見なされ、かつ土器の文様等から推していわゆる「アイヌ式」文化に浴した人種の遺物と目せられている。ここにいわゆる「アイヌ式」とは日本石器時代の縄文土器が代表する文化系統を指すのであるから、これより琉球石器時代人と日本石器時代人との関係が予想されるし、一方琉球人中には Döderlein(2)が認めて以来しばしば伝えられたように「アイヌ式」風貌を具えたものの多い事を連想させて、はなはだ興味を唆る事実である。しかしこれらの遺跡からは未だ同一時代の人骨と認められるものが出土しなかったので、琉球石器時代人種については何らの確説を樹てる方法がつかめなかった。これは永く学界の恨事とされていたが、那覇市の篤志家小橋川朝重氏もまた、この事を恨みとし

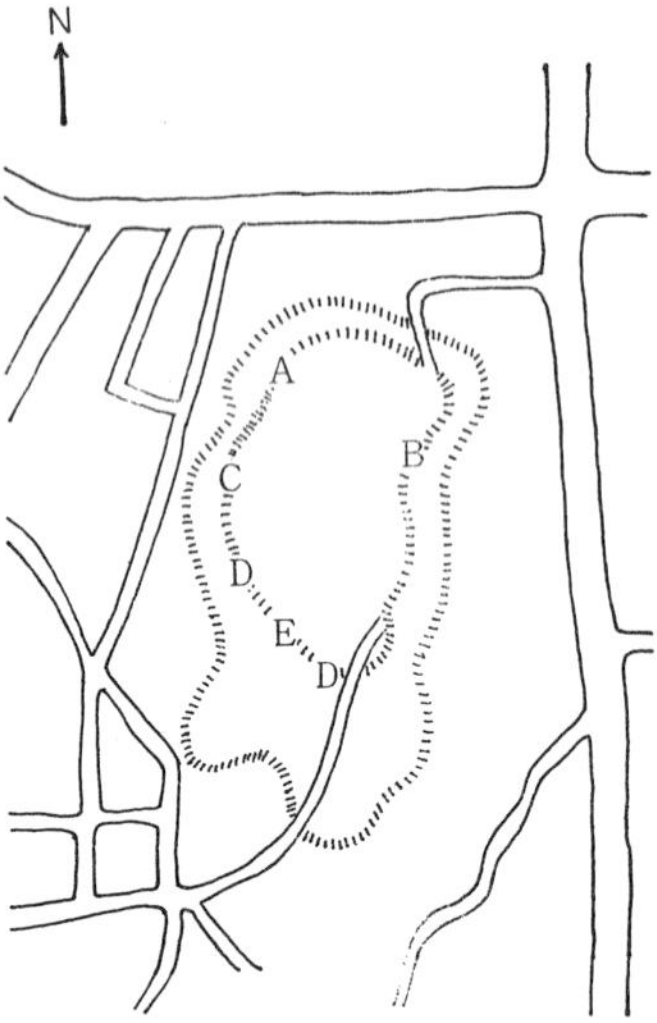

第１図　城　嶽　略　図
A．人骨発見地　B．E．著者発掘地
C．西村真次氏発掘地　D．小牧実繁氏発掘地

て、那覇郊外城嶽貝塚等には常に注意を怠らなかった。即ち氏は大雨後にはしばしば同遺跡を訪れて、雨のために土中より洗い出された遺物を採集していたのである。ところが大正一四年一一月頃、同様の機会はついに同氏をして同遺跡より一個の人類大腿骨を発見せしめた。

元来城嶽という小丘は沖縄県の保安林中に編入されていて、開墾等の憂いのない場所ではあるが、その表面を蔽う美しい芝や沃土を愛して時々これを採掘するものがあるので、丘の表面には諸所に大小の不自然な陥凹を作っている。小橋川氏が本大腿骨を発見した場所もちょうど右のような原因で新たに人為的に生じた陥凹所であって、その位置は同丘の北隅（第１図A点）、頂上の高位より僅々数尺の低部位に当っている。

同氏がこれを発見した時の埋没状態は、丘の斜面に生じた上記の如き陥凹の上部の壁に水平位をとって約二〇センチばかり骨体のみを露出し、近位端及び遠位端はいずれも土中に隠されていた。これを採掘すると頭部はほぼ西方に存してほぼ完全に得られたが、骨体下部が切断せられたため遠位端はついに採収することができなかった。しかしその切断は該作業中に起ったもので、最初より不完全なものではなかったらしい。但し直接これに伴って他の人骨片も遺物も認めなかったが、これは同氏がその際徹底的にこれを検索し得る状態にいなかったためと思える。それでもなお僅少の石器時代貝殻片は認められた。のみならず該地点は数年前まで同貝塚の他部と同様に厚い貝層に蔽われていたので、これは明らかに遺跡中の地点であり、従って本人骨は貝塚人骨と認めて差支えないというところから、氏はこの人骨を大切に保存して他日学界に提供するつもりでいた。そのうち同氏は渡米することになったので、その保管を首里市川平朝令氏に托して出発したが、帰朝後もなお保管を旧に移さずしてそのままになっていた。

昭和四年一月、私は滞琉中に沖縄県立図書館長真境名安興氏の談により本大腿骨の存在を知ったので、一日小橋川氏に乞い、首里に川平氏邸を訪ねて該骨片を一覧することを許された。私がこれを初めて手にした時には、本大腿骨は以下の記述に見るが如く骨体の中央部よりやや上方で切断され、その近位端のみを遺していた。これは川平氏の保管中に骨体の下部が遊離したものであって、残余の破片は私の滞在中ついに発見されずに終った。

さてこれを手にして先ず感じたのは、その骨の良く曝されて一見貝塚人骨通有の外観をなす点、また頸部や骨体上部の前後扁平の程度が甚だ強くして、これも日本石器時代人や「アイヌ」にしばしば見る如き状を呈している点等である。

私は小橋川氏より以上の発見経路を聴き、併せてこの実物を見たのでここに初めて本大腿骨の研究と、さらに城嶽貝塚の実地を踏査して、もし幸よくば他の人骨片をも得る必要がある事を知り、これを同氏らに諮ったところ、同氏はこの貴重なる材料を快く私の研究のために提供されたのみならず、真境名氏と共に城嶽貝塚の実地に私を導いてその発掘を援助せんと約束せられた。そして数日後にこの約束は遂行されたのである。これらの厚意に対して、私はここに心からなる感謝を捧げる次第である。

そもそも城嶽貝塚については古くは鳥居[33]の記載があり、松村瞭[26]、大山柏[29]は同貝塚出土の石鏃等について記し、ジモン[32]もまた自らこれを踏査して石斧、土器片等を得た事を報じているが、学術的発掘が報告されたのは小牧実繁の論文[23]を唯一とする。氏に拠れば同貝塚出土の土器は伊波、荻堂のものと同一系統に属すというから、もし本貝塚人骨の特徴が判明すれば、これをもって琉球石器時代人一般を代表せしめても差支えないわけである。同貝塚成立の年代については、橋本増吉報告[5]の明刀銭出土の事実より以外に何らの手掛りもないが、これに関しては俄かに信じてよいか否かも判らないので、暫く疑問としておきたい。但し私としてはこれらの報告に多大の興味を感じたので、あわよくば完全人骨の数体と明刀銭とを、同時に同遺跡中より発掘する位の意気込みで準備を進めたが、この発掘は失敗に終った。

即ち昭和四年一月二〇日朝、夜来の微雨を冒し、真境名、小橋川の諸氏に導かれて城嶽に登り、小橋川氏が本大腿骨を発見したという部位を調査したが、ここはもはや地山《じやま》をなしている隆起珊瑚礁岩が一部露出するまでに表土が浅くなり、かろうじて五寸乃至一尺位までの厚さで残存している黒土中には、ごく微量の貝殻片が混在している他には何らの遺物を認めることができない。試みに人夫を督してその周辺を発掘させたが何らの獲物もなかった。しかしここは先年西村真次が発掘したと伝えられる貝層の残存せる部位（第1図C）への最短距離が約六メートルに過ぎぬ所であり、その中間の土表には今なお多数の貝殻が散乱している部分さえある。また前述の如く同伴された諸氏はことごとく該部分も合せて同様の貝層に蔽われていた事を記憶されているので、同所が貝塚の区域内に在った事は疑う余地がない。即ち本大腿骨は貝層直下の土壌中に埋没していたものである。そして琉球地方一般の風習より見て、人骨が他所より混入し、殊に深く地中に埋没するが如き事は殆ど絶対に信ぜられないし、また消極的には同貝塚より多数の石器時代獣骨片が出土しているから、人骨保存の可能は充分にある。故に本人骨は当然石器時代人骨と認むべきものである。

なお小橋川氏の本人骨発見に先だって、真境名氏も該地点のやや南東に当る斜面（第1図B）にて確かに人骨と思われるものを見たとの事ゆえ、同氏の記憶に拠ってその地点を調査したが、ここも前部位とほぼ同一状態であって、表土は極めて薄く、発掘すればすぐ地山に達する。ただ僅かに貝片の数がより豊富であり僅少の土器片を混じた位のものである。また橋本氏報告の明刀銭出土の部位も、同報告の挿図によればほぼこの付近と思われたが、正確なる地点を知る事ができなかったので深く探査することを得なかった。但しこの付近は一体に表土少くして固有の貝層はもはや見る事ができない。

こうして城嶽貝塚人骨の実地踏査は失敗に終ったが、以上の事情によって該大腿骨を同貝塚人骨と目して差支えない事はほぼこれを確める事ができた。また本発掘によって少くとも城嶽貝塚人骨の発見が決して絶望にあらざることをも知ることができた。何故ならば同貝塚には未だ発掘されない部分が多く残っているからである。但しこれを掘るには、阿旦の密叢を伐り払い、その根を起す必要があるので、多大の努力を必要とする。私もこの日その一小部分（第1図E）の発掘を試みて少数の石器、土器片、獣骨片等を得たが、人骨は得ずして終った。(ただ一言附記すべきは、本発掘によって一個のチャート製石鏃を発見したことである。従来琉球石器時代の石鏃としては前記松村の報告の一個、小牧の報告の五個、川平朝令氏、真境名安興氏採集の各一個都合八個を算するに過ぎなかったが、本例によってさらに一個を加えたわけである。その形態は従来発見のものとほぼ同一である。)

以上本大腿骨の由来、経路がほぼ判明したので、次にその特徴を記載することにしよう。なおそれに先だって一言すべきは、城嶽貝塚は上記の如く県保安林の区域中に在るので、これを発掘するには県産業課の許可を必要としたのであるが、同県産業課長井田憲次氏は幸いにも考古趣味を有する好学の士で、進んで諸般の斡旋の労をとられ、この調査に多大の便宜を与えられたのは深く感謝するところである。同時に同課所属吏員の諸氏にも多大の所労をかけた。併せて深謝する次第である。

二

本大腿骨は左側大腿骨のほぼ上半に当る。

年齢及び性は不明であるが骨端融合の完成されている所から青年以上のものと推定され、特に老性変化と思われるものを見ないから甚しい老年ではないらしい。また骨体の繊細華奢にできている事、及びこれに比して骨端のやや強厚なことは、これが女性大腿骨なることを示すもののようである。

保存状態。骨体の中央部よりやや上部、小転子下約九・五㎝にて切断され、下半を欠損している。切端最深点から骨頭最高点までの直線距離一七一㎜、大転子頂までの直線距離一五四㎜である。骨体部緻密質は比較的堅牢であるが、骨端部菲薄、緻密質は脆弱であって、諸所に欠損部位があり海綿質を露出している。即ち前面では頭頸両部の境界、大転子上部、斜線上端部等、後面では同じく頭頸両部の境界、頭部内下方、大転子部、小転子部上部及び小転子部等にやや著しきものを見ることは第2図の如くである。なかんずく最も著しいものは頭部後内方及び小転子上の欠損で、これらの部位ではその原形を知ることはやや困難である。簡単な操作で測ると骨の比重は全体として一・八強である。

特徴。骨体は繊細で華奢な感じを与えるに反し、骨端部は筋肉隆起やや著しくして比較的強厚の観を呈す。全長、彎曲、捻転、骨体中央横断面、骨下半の状態はいずれも材料欠損のために不明。骨体上部の横断面形（第3図 No. 2）は **Hyperplatymer** (67.9) に属している。内面は狭く、内稜外稜共に鋭い。**Pilaster** 形成の程度は中央部欠損のために不明であるが、残存部粗糙線の形勢より推して甚しく強力でない事は推定できる。恐らく側面より可見の程度か？　なお第3図 No.3 乃至 No.5 に依ってその状態を知ることができる。また同図に見る如く骨体の内外両面は共に凸面をなしている。栄養孔は小転子下八 *cm* の部位で粗糙線内唇上にあり、角位側に向う短小なる溝を作っている。筋肉付着部の粗隆は強く、粗糙線はやや平滑で内外唇は切断端に至るまで開離している。内唇上端は転子間斜線に連なり、外唇は強い臀肉凸起を経て第三転子に移行している。第三転子は表面に軽微の欠損はあるが原形は良く判る。その形は小である。また転子下窩は著明であるが転子櫛はない。転子下窩の長さは約四〇㎜、窩中上方に小なる結節を見る。小転子は欠損のため原形不明なるも残存部の情勢より推して強大であったと思われる。且つ残存部のみをもってしても骨の前面より内縁を超えて可見である。転子間櫛隆はやや強い。

但しその下方は欠損のため不明である。転子間斜線は強く、斜線上結節は表面に軽度の欠損があってやや不明であるがやはり強い。斜線下結節は弱いが斜線は粗糙線内唇に移行している。恥骨筋線は中等度に発育している。近側骨端は全体として中等大、大腿骨頭はむしろ小である。大腿骨頭窩は一部欠損しているが、大きさは中等大、形は不明であるが、残存部はやや不規則にして浅く、位置は後方に偏している。大腿骨頸は長さ中等、幅狭く、前後扁平がやや著しい（第3図No. 1）。頸骨角は中等（128°）である。転子窩は浅い。なお詳細は末尾の計測数字の通りである。

以上本大腿骨の特徴のうち最も著しいものは頸部及び骨体上部の前後扁平である。これに次いで筋肉凸起の比較的強勢なること殊に第三転子の形成が著しい。而もこれらは日本石器時代人骨に比較的多く遭遇する特徴である。但し本大腿骨はただ一例に過ぎないから、これをもって琉球石器時代人一般を代

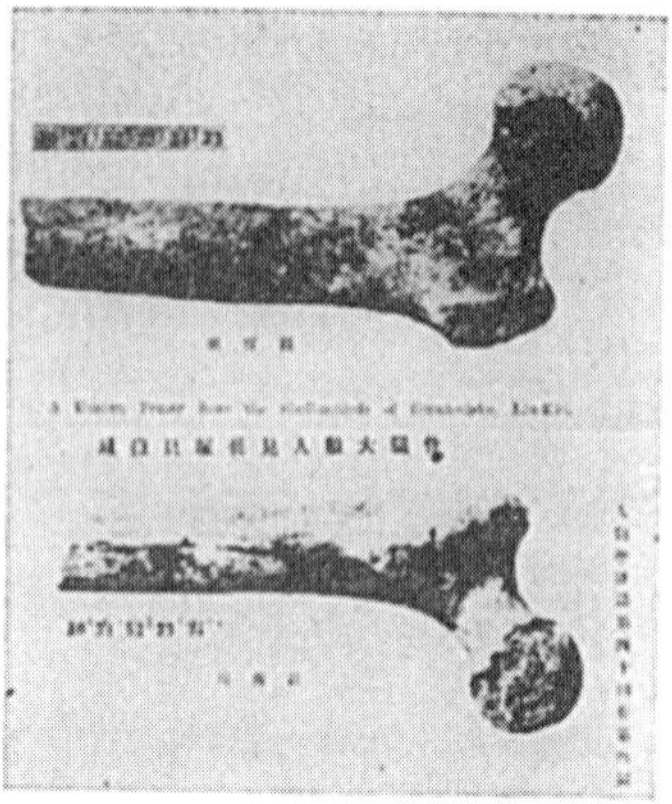

第2図　城嶽塚発見大腿骨の前面（上）と後面（下）

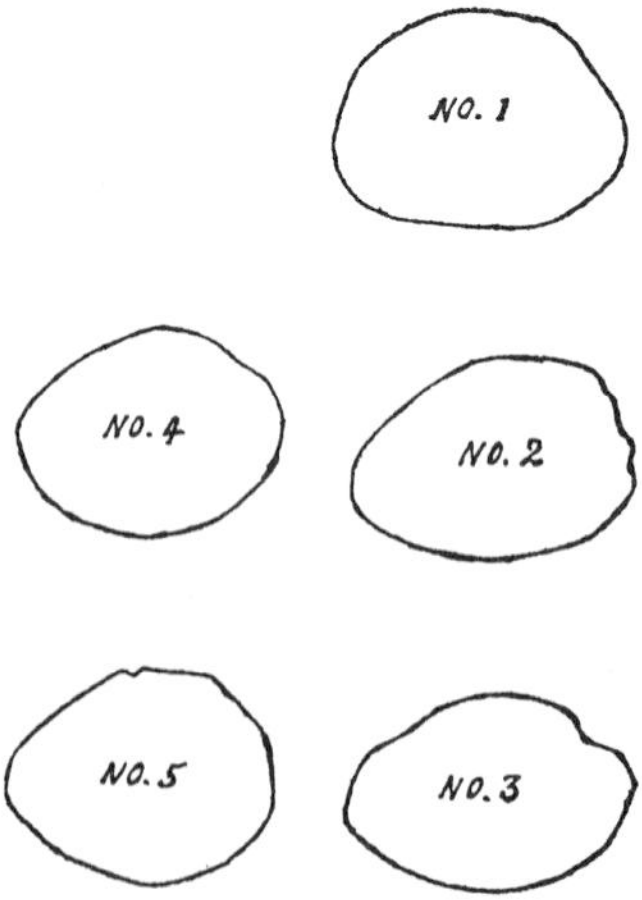

第3図　城嶽大腿骨横断面
(1)頸中央部　(2)小転子下3 *cm*　(3)同4 *cm*　(4)同6 *cm*　(5)同8 *cm*（栄養孔貫入部）

表せしめるのはもとより不当ではあるが、念のため数個の重要な特徴のみを捉えて他人種ごとに石器時代人種並びに現代における周囲民族の二、三と比較することにしよう。

Index platymericus (67.9) を石器時代周囲民族のものと比較する。先ず Black[1] の報告によると、中国石器時代の沙鍋屯人 (l.74.4, r＋l74.9)、仰韶村人 (♂l.72.8, ♂＋♀l.69.9) はいずれもこれより大、但し仰韶村人♀左側 (67.1) はこれに近くしてやや小である。清野、金関、平井共著[13]の貔子窩人 (70.3—80.6) はこれより大である。日本石器時代人では小金井良精[19]はつとに大腿骨の前後扁平を重要の特徴に数えられたが、なおその後長谷部言人[4]の出水貝塚遺物の報告書の附表に詳しい比較数字が挙げられてこれを証明している。これ以外の業績では国府[15] (76.6)、津雲 (♀l.74.0, ♂＋♀l.75.5)、熱田[30] (75.0)、中島[9] (70.6)、堀内[20] (r80.0, l.76.0)、六本松[28] (♂r.81.8, ♂l.78.1, 81.8)、高須[8] (♂r.87.9, l.88.2) は皆これより大であるが、一般に扁平なる傾向を有する点においてやや類似を有す。前記長谷部附表によれば中に例外的高示数を有するものもあるが、一般的には同様扁平であって、女性左側のみをとって言うと津雲第一〇号 (67.9) は本例に一致し、端島6/7B号 (65.6)、轟第一三号 (61.7) はこれより小であって極端に扁平である。殊に上例中本例の発見地に最も近い轟貝塚人骨が最も扁平の傾向を強く現しているのは注目に値する。九州における金石併用時代[12]や古墳時代[14]の人骨と比較すると、前者は96.4であってはなはだ大、後者はこれより小なるもなお83.3—86.7を算す。現代における周囲民族との比較は次表によって知ることができる。

これに依ると琉球石器時代人はアイヌと朝鮮人(但し二例男性)との中間に在り、女性左側間のみの比

オーストラリア人			82.2		(21)
メラネシヤ人			82.0	Manouvrier	(〃)
ネグリトー(フィリッピン)			81.7	Bello	(〃)
アンダマン人			78.0		(〃)
マライ人			76.7	Bello	(〃)
中国人	♂	r	78.9	Black	(1)
		l	80.7		
	♀	r	75.9		
		l	75.0		
	♂＋♀	r	78.5		
		l	79.8		
紅頭嶼人（台湾）			79.3	金関	(10)
日本人(畿内)	♂	r	79.7	平井，田幡	(6)
		l	79.4		
	♀	r	75.0		
		l	74.5		
	♂＋♀	r	77.7		
		l	77.7		
同（関東）			75.1	椎野	(31)
同（北陸）			85.0	堀	(9)
アイヌ	♂		73.7	小金井	(16)
	♀		69.2		
	♂＋♀		72.7		
琉球石器時代人	(♀)		67.9	金関	
朝鮮人	♂	r	66.7, 78.6	小金井	(21)
		l	66.7, 75.0		
マオリ			64.3	Scott	(24)

較ではアイヌに最も近い。但し宮本(27)に拠れば三八例の日本人（畿内）女性大腿骨に本示数七〇以下のものが一〇例あり、内一例は67.9（r）であって本例に一致し、三例は67.7（r），66.7（r），65.5(l)で本例よりも扁平の度が強い。現代琉球人大腿骨については未だ記載がないが、私が滞琉中に集めた一一七例の現代琉球人大腿骨中では、私の目測に拠ると、これと同程度に扁平なものが僅かに四例、ややこれに近いもの一一例、他の一〇二例は皆これより著しく厚い。同じく宮古島の一例、奄美大島の四例もみなこれより大であった。

Index des Collum-querschnittes (80.8)

本示数は日本石器時代人♂ {r 81.6, l 83.0, ♀ {r 80.0, l 80.9, ♂＋♀ {r 80.7, l 81.8 (津雲(7))、現代日本人♂ {r 77.9, l 78.1, ♀ {r 80.7, l 81.1,

♂+♀{r 79.0 / l 79.2}(畿内)[6]、♂78.4, ♀80.6, ♂+♀79.4(関東)[31]、紅頭嶼[10] r 82.1, l 82.5等を比較するにいずれも大差はないが、強いて近似数を求めると津雲貝塚人女性左側が本例に最も近い関係にある。

Collo-Diaphysenwinkel (180.°0)

石器時代人では中国石器時代の貔子窩人(135°, 134°)はこれに比して著しく大きい。日本石器時代人では津雲の♂{r 125.°2 / l 125.°5} ♀{r 124.°3 / l 124.°6} ♂+♀{124.°7 / 125.°0}(平井、田幡)、国府の♂{r 101°, 122° / l —, 123°} ♀{r 123° / l 125°}(清野、宮本)、六本松の♂125°(宮本)、熱田の120°(佐藤)、中島の120°(堀)はこれより小である。国府の♂ l 130°, ♀{r 129° / l 130°}(鈴木、長谷部)、♂ l 129°, ♀{r 130°; — / l 130°; 129°}(清野、宮本)、六本松の l 130°, 131°は、これよりやや大きいが大差はない。高須の一例[8]{r 127° / l 123°}はちょうどこれに一致する。九州古墳時代人骨[14](125°—135°)はこれらに比してやや変化が大きい。即ち以上の古人骨中では日本石器時代人骨の或るものが最も本例によく似ている。現代人骨中では日本人♂{r 130.°5 / l 131.°3} ♀{r 129.°2 / l 131.°3} ♂+♀{r 130.°0 / l 131.°3}(畿内)[6]はこれよりやや大きく、関東人[31]の125.°9はこれより小さい。その他の人種との間には上表のような関係が成り立つ。

上表中ではたまたまセノイと一致するが、ネグリートには最も遠く、他のものとは大差がない。また上記一〇〇例の現代畿内日本人大腿骨中にもこれに全く一致するものが七例、これより小さいものが二三例もある。

ネグリトー(フィリッピン)	132.°6	Bello	(24)
オーストラリア人	130.°0		(〃)
マライ人	129.°0	Bello	(〃)
琉球石器時代人	128.°0	金関	
セノイ	128.°0	Martin	(25)
ポリネシア人	127.°6	Bello	(24)
紅頭嶼人 r	125°	金関	(10)
紅頭嶼人 l	127°	金関	(10)
アイヌ	125.°8	小金井	(16)

Trochanter tertius

本例における第三転子の大きさ（18×11×(3)）は小金井[17]のいわゆる弱度に相当し、その下方には長さ約四〇㎜のやや著明な転子下窩を伴っている。窩中上方には小さい結節がある。第三転子の出現は中国及び日本石器時代人では比較的頻度が高く、沙鍋屯人は41.3%、仰韶村人は23.8%、津雲人では38%に上っている。これに反して現代日本人（畿内）では12.2%に過ぎない（但し関東人[17]は28.8%）。これに対して現代華北人[1]の22.9%、北海道アイヌ[17]の26.5%は比較的頻度が高い。私は一一七例の現代琉球人大腿骨中一七例（14.4%）の第三転子（そのうち転子下窩を伴うものは五例）を見た。

以上、本城嶽貝塚人骨は種々の点において日本石器時代人と相似る事が著しい。頭部の比較的小さい事、筋肉付着部の諸隆起殊に斜線の強い事などもこれに一致している。現代人中では（地方的に最も近い琉球人は未整理なので暫く論外とする）北海道アイヌ、畿内日本人と最も良く類似している。なかんずく骨体上部の扁平度においては前者と特に著しい類似を示している。但し本例は唯一例に過ぎないから、これをもって本人骨の、従って琉球石器時代人の人種的所属を決定する訳にはゆかない。ただ琉球石器時代の一大腿骨がたまたま日本石器時代人と強き類似を示すという事は、かの両石器時代遺物の系統が一致する事実と照合して、極めて興味ある事実といわなければならない。なおこの川平氏所蔵の大腿骨骨体下半部が他日発見された場合には、骨体中央部横断面の形態も判明し、骨体彎曲の度なども或る程度までは知る事ができて、さらに興味ある事実が判る事であろうと思う。

附記一、本研究は帝国学士院の研究費補助に基づいて行なわれつつある琉球人の体質人類学的研究の一部をなすものである。

附記二、本報告脱稿後著者の受け取った前記小橋川氏よりの来簡によれば、氏は「本大腿骨を発見した場所から南方三尺七寸位の距離の所より」多分人類のものと思われる臼歯、獣類の牙、石棒、石鎚、石斧等を五、六個発見されたそうである。未だ実物に接しないから単に文面の紹介に止めて置く。

文献

(1) Black, D., The human skeletal remains from the Sha Kuo T'un cave deposit in comparison with those from Yang Shao Tsun and with reccnt North China skeletal material. Palaeontologia Sinica Vol. 1. Fasc. 3. 1925, Peking.

(2) Döderlein, Die Liukiu-Insel, Amami-Oshima. Mitteil. d. Deut. Ges. f. Natur- u. Völkerkunde Ostasiens Bd. 3. 1881.

(3) 長谷部言人「河内国々府石器時代人骨調査」『京都帝国大学文学部考古学研究報告』大正八―九年。

(4) 同「出水貝塚の貝殻・獣骨及び人骨」『京都帝国大学文学部考古学研究報告』大正九―一〇年。

(5) 橋本増吉「沖縄県那覇市外城嶽貝塚出土の明刀銭に就いて」『史学』第七巻第一号、昭和三年。

(6) 平井・田幡「現代日本人骨の人類学的研究」第四部下肢骨の研究（其一）、『人類学雑誌』第四三巻第一附録、昭和三年。

(7) 同「津雲貝塚人々骨の人類学的研究」第四部下肢骨に就て、『人類学雑誌』第四三巻第四附録、昭和三年。

(8) 平井隆「強大なる第三転子を具備せる石器時代人大腿骨に就て」『人類学雑誌』第四三巻第一〇号、昭和三年。

(9) 堀泰二「能登中島より発掘したる人骨に対する二三の私見」『人類学雑誌』第四一巻第六号、大正一五年。

(10) 金関丈夫「完全なる紅頭嶼人全身骨の一例に就て」『人類学雑誌』四五巻三、五、六号、昭和五年(中野共著)。

(11) 清野謙次「備中浅口郡大島村津雲貝塚人々骨報告」『京都帝国大学文学部考古学研究報告』大正九年。

(12) 清野・平井・金関「福岡県筑紫郡山家村の甕棺中より発見したる金石併用時代の人骨に就いて」『人類学雑誌』第四三巻第四号、昭和三年。

(13) 清野・金関・平井「関東洲貔子窩遺跡より発掘せる人骨に就て」東亜考古学会編『貔子窩』附録、京都、昭和四年。

(14) 清野・宮本「肥後国熊本市春日町北岡神社境内古墳より発見せし人骨に就て」『熊本県史蹟名勝天然記念物調査報告』第二

冊、大正一四年。
(15) 清野・宮本 「国府石器時代人々骨の人類学的研究」『人類学雑誌』第四一巻第八号、大正一五年。
(16) Koganei, Y., Beiträge zur physischen Anthropologie der Aino. I. Untersuchungen am Skelett. Mitteil. d. Med. Fak. Univ. Tokio. Bd. 2. 1893.
(17) 小金井良精 「大腿骨第三転子に就て」『東京医学会雑誌』第二三号、明治二三年。
(18) 同 「アイノ人四肢骨に就て」『東京人類学会雑誌』第五三号、明治二三年。
(19) 同 「本辺貝塚より出たる人骨に就て」『東京人類学会雑誌』第五六号、明治二三年。
(20) 同 「下総国々分村堀内貝塚所出の人骨に就て」『東京人類学会雑誌』第二二四号、明治三七年。
(21) 同 Ueber Schädel und Skelette der Koreaner. Zeitschr. für Ethnol. Jg. 1906.
(22) 同 「河内国南河内郡道明寺村大字国府字乾の石器時代遺跡より発掘せる人骨」『人類学雑誌』第三二巻第一一号、大正六年。
(23) 小牧実繁 「那覇市外城嶽貝塚発掘報告（予報）」『人類学雑誌』第四二巻第八号、昭和二年。
(24) Martin, R., Lehrbuch der Anthropologie in systematischer Darstellung. 2. Auf. Bd. 2. 1928, Jena.
(25) 〃 Die Inlandstämme der malayischen Halbinsel. 1905, Jena.
(26) 松村瞭 「琉球荻堂貝塚」『東京帝国大学理学部人類学教室研究報告』第三篇、大正九年。
(27) Miyamoto, M., Morphologische Untersuchung über die Querschnitte der Röhrenknochen der rezenten Japaner. II. Morphologische Untersuchung über die Querschnitte des Femur. Acta. Sc. Med. Univ. Kioto. Vol. 3. Fasc. 3. 1926.
(28) 同 「肥前国北高来郡有喜村字六本松貝塚より発掘せられたる人骨に就て」『人類学雑誌』第四一巻第一二号、大正一五年。
(29) 大山柏 「琉球伊波貝塚発掘報告」東京、大正一一年。
(30) 佐藤亀一 「尾張国熱田貝塚より得たる日本石器時代人骨に就て」『人類学雑誌』第三三巻第一号、大正七年。
(31) Shiino, K., Ueber das Unterextremitetenskelet. Mitteil. aus der Med. Facul. d. Kais. Univ. Tokio. 1915.
(32) Simon, E., Riukiu, ein Spiegel für Altjapan. Mitteil. d. Deut. Ges. f. Natur-u. Völkerkunde Ostasiens. Bd. 15. Teil. B. Tokio, 1914.
(33) 鳥居竜蔵 「沖縄諸島に先住せし先住民族に就て」『人類学雑誌』第二〇巻第二二七号、明治三八年。
(34) 同 「八重山の石器時代の住民に就て」『太陽』明治三八年四月号。

沖の島調査見学記

さる八月十日、福岡県宗像神社の沖の島遺跡調査団の好意により、数時間その発掘状況を見学することができたのは幸いであった。

この島に対する従来の観念から漠然とした先入主があり、何となく同遺跡が祭祀遺跡であろうと考えていた。時間がなくて島の北岸を見ることはできなかったが、南の斜面にはいたる所に巨岩がルイルイところがり、打ち重なっていて、中には少し離れないとその頂きを見ることもできないような巨岩があった。そうした巨岩の一つが、沖津宮の、これにくらべると玩具のように見える社殿の上におしかぶさるように傾いて立っていた。島の中ではこの地が最も神聖な場所であることはもちろんであるが、これに相対して、これよりもさらに大きい巨岩があり、その根をうがって自然の洞穴ができている。いわゆる「御金蔵（おかなぐら）」で先般の第一次調査の際、いろいろと貴重な遺物が散布していたのは、この御金蔵の床面であったとのことである。

しかし、遺物はこの場所だけでなく、その付近のほとんどあらゆる巨岩の根元にはいたる所に散布しているらしく、今回の調査ではそのうち八カ所が調べられている。御金蔵の遺物はその上限が後期の古墳時代のものかと思われ、新しいところでは近代の製作にかかる祭器もあったから、いつのころよりか祭祀の場所となっていたことは確かであるが、その古い時期に属する遺物は祭具とのみは考えられず、個人用の副葬品であったように思われる。御金蔵以外の今回の第二次調査で発見されつつある遺物もそれであって、このことから考えると、この島が専ら祭祀の場所とされたのは比較的後代のことであり、当初は葬（ハフ）りの島だったのではなかろうか。その葬り島の始まりは古墳時代の中期であり、そのためにこの島が恐れられ、次第に神聖視され、祭祀の島とされて、宗像三社の一にされるに至ったのであろう。『古事記』の編纂されたころにはもうそうした状況になっていたのであろう。

墳墓群だという眼でこれを考えると、これは広い意味の崖葬形式にあたり、そのうちでもいわゆるロック・シェルター・バリアル（崖屋葬）といえるものであろう。これは日本としては珍しい葬法で、いままで知られているのは、薩摩半島の山川港の港岸に沿う崖葬遺跡が国分直一によって発見されているのみである。これには人骨とともに平安朝初期くらいのものと思われる金属製の副葬品が伴って発見された。日本内地では珍しいが、しかし琉球諸島では近年までこの風があり、死体は埋葬しないで人里はなれた山あるいは島の崖屋の下や洞穴の中に置く、いわゆる風葬の風があった。琉球王家の墓所である浦添のユウドレや、運天港の百按司墓、与那国島の八島墓などは、なかでも有名な例である。ただし琉球ではこれに洗骨再葬の風が伴う。

山川港のも沖の島のもバリアルとはいえ埋葬のあとはなく、やはり崖屋下の風葬であったと思われる。洗骨を伴わない崖葬の風も台湾の紅頭嶼では現に行われていることを、国分と私は先年発見したが、この風はさらにフィリピンから南方の諸島にひろがっている。その分布の詳細については台湾大学凌純声の研究(「中国与東南亜之崖葬文化」一九五一)があるから参照せられたい。日本古代にもこの風が、他にも絶無でなかったことは、葬法に関してフナオクリ、オフネイリなどという言葉があることから想像できる。これは『民俗学辞典』などには水葬の風を表わすものと考えているが、私どもは水葬とは考えていない。やはり沿岸の、人の住まぬ島山に死人を送って、崖下に舟とともに安置して帰る、その際の葬り舟のことと考えている。山川港の例でも、この地の古代住民の交通の門戸は今とはちがって港口の方にあり、港の奥はかえって人跡を絶つ場所であった。ここに死者を送るのはやはり舟によったものであろう。

とにかく奈良朝前後のころまではこうした崖葬の風が日本にもあり、それは海辺の住民の葬法だったとみられる。さきに葬法に関してフネの語彙を有するものが、熊野浦や志摩や常陸の海辺に遺っているという『民俗学辞典』の記載は、この点でことに面白く、これらの地は山川や宗像と同じようにいろいろの点から推して、日本古代の海人部の分布地であったかと、私どもは考えている。ただ付け加えておきたいのは沖の島の遺跡が崖葬に始まったという私の推定が正しいとしても、ここには山川港や琉球以南の例と異なった点がある。後者の例は岩山そのもののクボミを利用しているのが普通であるのに反して、沖の島のものは一個の独立した巨岩の陰を利用している点である。

以上はもとより短時間中に得られた印象に基づく私一個の先走った考えである。調査団の周到な方法をつくしての結論はまた自ずから異なってくるかも知れない。

根獅子人骨について（予報）

長崎県平戸島獅子村根獅子免《ねじこめん》浜久保より、昭和八年と一六年に発掘された人骨である。発掘時の状況・伴出遺物等については、考古学班の報告（「平戸の先史文化」[1]）を参照せられたい。

発掘後まもなく再埋葬されたのを、今回の京都大学平戸調査団樋口隆康によって再発掘され、九州大学解剖学教室に寄託、その研究を委任されたのである。

人骨は四体より成り、そのうち三体は成人骨、一体は小児骨である。いずれも破損甚しく、手足骨等の小さい骨が少しずつ失われているが、最初の発掘時までは全身の骨が完備していたものと思える。

本教室に寄託された時には、同一番号を附した紙包の中に、数個体分の人骨が混入しており、発掘当初の原番号は既に不明となっていたから、やむを得ず便宜上次の如く新しい整理番号を附した。

下記のうち第二号・三号及び四号の三体骨はいずれも同一色調の淡褐白色を呈しているが、第一号骨のみは、他の三体に比し甚だしく褐色の色調が強く、一見してその埋葬条件に異なるもののあったことを想わせる。

根獅子第一号人骨　男性、成年（Adultus）

推定身長一五五八・〇ミリ、最大脳頭蓋長一八七ミリ、最大脳頭蓋幅一二四ミリ、頭蓋長幅示数七五・九四（mesokran）である。顔面は眼窠入口低く、縄文式遺物を伴出する日本石器時代人骨に通有なる「アイノイド」の相貌をやや想起させるものがある。頭蓋骨壁は厚く、全身骨一般に鈍重である。下顎骨は完全であるが、抜歯の痕なく、残存する上顎骨左半においても、内切歯は不明であるが、それ以外の歯は抜去されていない。

根獅子第二号人骨　女性、熟年（Maturus）

推定身長一四九六・七ミリ、最大脳頭蓋長一七五ミリ、最大脳頭蓋幅一三六ミリ、バジオンブレグマ高一三五ミリ、頭蓋長幅示数七七・七一（mesokran）、同長高示数七七・二四（hypsikran）、同幅高示数九九・二六（akrokran）である。顔面部の全貌は明らかでない。

特記事項としては、この頭蓋には二つの人工的変化が見られる。その一つは日本石器時代人骨にしばしば認められる抜歯の痕跡のあることである。その方式は上顎左右両側犬歯と、下顎両側内外切歯の完全な抜去である。即ち上下顎とも健全な上記の諸歯を弱年時に抜去したあとの、歯槽部及び隣接並びに対向歯に於ける典型的の変化が認められる。

人工的変化の二は、右側頭頂骨前頭角部に於ける刺傷の痕である。即ちブレグマ点直後約四ミリの部位で、矢状縫合に沿うて、右側前頭骨外面に長径八ミリ幅四ミリ深さ一ミリの紡垂形の陥凹があり、その底に長径六・五ミリ、幅径三ミリの菱形の緑青色を呈する金属の断面が見える。陥凹の縁部は鋭いが、その周囲は直経約三〇ミリに及び変色と極めて軽度の浸蝕の痕があり、部分的に青緑色の染色が見られる。同骨部の脳髄面には、直径二ミリの円形の孔があり、その周囲は直径約一五ミリの円形の、やや著しい浸蝕の痕が見える。この内面の孔には金属は露出していない。またその周囲にも緑青汚染は見えない。同骨部の厚さは八ミリである。レントゲン照射像によると、同金属片は骨中に於いて、外部の菱形面を底とする二等辺三角形を呈している。その尖端は骨の内面に達していない。

根獅子第三号人骨　女性、成年（Adultus）

推定身長一五二五・七ミリ、最大脳頭蓋長一七六ミリ、最大脳頭蓋幅一四六ミリ、バジオンブレグマ高一二九ミリ、頭蓋長幅示数八二・九五（brachykran）、同長高示数七三・三〇（orthokran）、同幅高示数八八・三六（tapeinokran）である。顔面部の全貌は明らかでない。

特記事項としては、第二号頭蓋に見ると全然同一形式の人工的抜歯の痕跡がある。

根獅子第四号人骨　性別不明、幼年（約七歳）特記すべき事項はない。

以上四例を通じ、性別の判定は頭蓋及び骨盤の形状に基づいて、年齢の推定は歯牙及び頭蓋縫合線癒着の程度に拠ってなされた。また生前の身長の推定は、ピアソン公式により上下肢長骨長から算出されたものの平均値をとったのである。なお頭蓋の形状の詳細及び頭蓋以外の全身骨の形状に関する記載は、今後発表さるべき正式報告(2)に譲ることにする。

さて、以上の簡単な記載の範囲で考えられることは、これらの根獅子人は、男女を通じて成年推定身長は短ないし亜中等度であり、頭形はメゾからブラヒにわたっている。頭高の判明する女性骨の二例では、一は低く、一は高い。女性骨の顔貌は判明しないが、男性骨ではやや「アイノイド」的相貌を想わせるものがあった。

次に根獅子人骨には、成人人骨の三体中男性の一体を除く二体の女性人骨に、上顎左右両側犬歯と下顎左右内外両切歯の抜歯があった。これはこの形式の抜歯風習が、この時代のこの地方に行われていたことを明らかに示している。従来九州地方に於ける先史時代人の抜歯例としては、長谷部言人の報告による肥後轟貝塚人骨の一一例中二例に見られた下顎左右両側の内切歯を抜くものと、宮本博人報告の肥前有喜六本松人骨に、上顎左側外切歯抜去の一例の報告がある。また筆者は最近、肥後御領貝塚人骨中、性別不明（恐らく女性）人骨の上顎右側外切歯抜及び犬歯、左側犬歯及びこれと共に下顎右側内切歯を抜去したもの、上下顎右半は不明であるが、一女性人骨の上下顎左側犬歯を抜去したもの、及び上顎は不明であるが、下顎左側小臼歯を抜去した女性人骨（但し本例は風習的のものであったか否かは未決定である）の三例を見出している。

上記のうち有喜の人骨に伴う文化層は、なお不明な点があるが、轟貝塚の土器は、山内清男の編年によれば、前期縄文式時代に属するという。また御領貝塚の土器は縄文式晩期のものと考えられている。また、弥生式文化を伴う日本先史時代人骨に抜歯風習のあったことは、従来にも知られており、安房神社洞窟人骨二一体中一五体には抜歯があった。その大多数（一三例）は上顎左右両側の外切歯と犬歯、下顎左右両側の内外両切歯を抜去している。越中氷見洞窟第五層の人骨には一一体中五体に抜歯があり、上顎左右両側の犬歯を抜くものと、下顎左右両側犬歯を抜くものとの二種があった。また名古屋市熱田高倉貝塚人骨には二体のうち一体に上顎左右両側の犬歯を抜去したものがあった。これをもって見ると、根獅子人骨の抜歯例は、九州地方の先史時代人骨としても、弥生式時代人としても第四番目の発見である。しかしその抜歯の形式は従来の九州の先史時代人にも、弥生式時代人にも見られない形式である。

根獅子人骨の抜歯と形式を同じくする日本石器時代人の抜歯例は、備中津雲・三河吉胡・伊川津・保美及び稲荷山貝塚人骨に見られる。例えば津雲貝塚人には、宮本の整理に従うと、形式の判明する抜歯例五八例中九例の女性人骨に於いてこれを見る。また清野謙次によると、吉胡貝塚人では同じく四九例中男性三例、女性一〇例に、稲荷山人では、同じく六例中一例の男性人骨にこれを見る。山内清男によると、津雲貝塚・吉胡貝塚の縄文式文化は、土器による編年上晩期に属するものであり、伊川津・保美のものもこれに近い。稲荷山貝塚の土器も、清野によると「吉胡貝塚よりは更に新時代であって、弥生式時代の香りが高い」とのことである。東海地方から山陽地方にかけて、縄文式時代の末期のころに、一部において、この形式の抜歯の行われたことは、これで判明した。

しかし根獅子人骨の抜歯が、直接これらの本州中部或いは山陽地方における縄文末期の抜歯風習に関連するものとは考え難い。恐らく九州中部地方の縄文式文化期を通じて、また恐らくは本州と平行に変遷した抜歯風習に繋がるものであり、縄文晩期の頃における同一形式の抜歯例は九州では現今未発見であるに過ぎず、将来発見される可能性あるものと考える方が、解釈が容易であると思われる。

三河の例では、本形式の抜歯は男女ともにみとめられるが、津雲貝塚では女性人骨に限ってこれが見られる。のみならず同貝塚人では、一般に下顎左右両側の内外切歯を抜去する形式は五八例中一四例、すべて女性骨に限られている。このことは根獅子人骨に於いて、三例中の二例にすぎないが、その二例

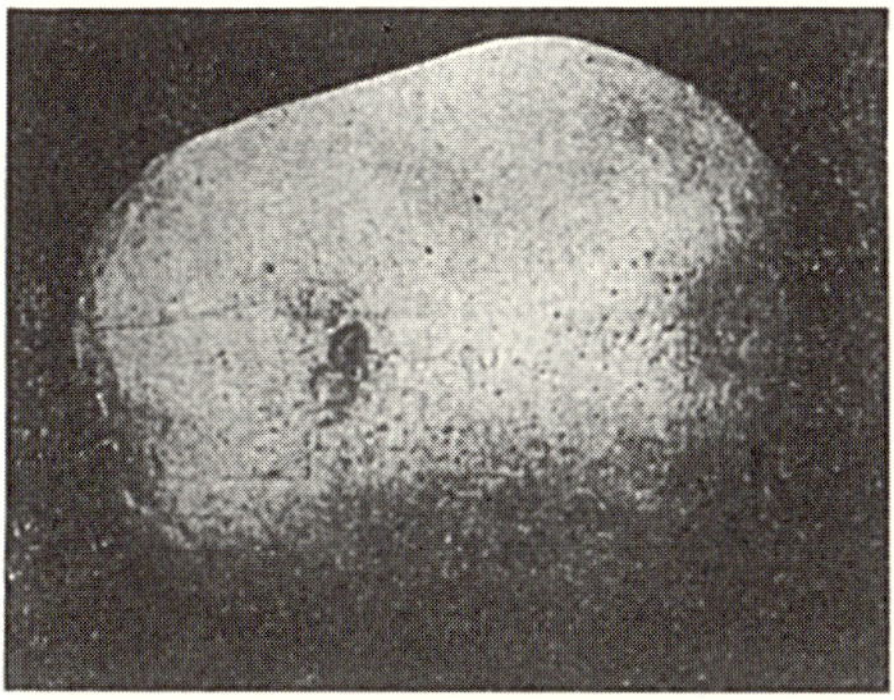

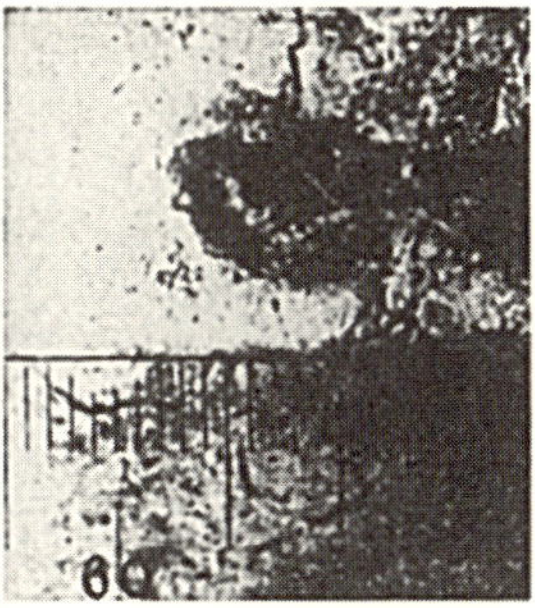

根獅子出土第２号人骨（左）と銅鏃刺傷部の拡大像（右）

がともに女性骨であることと状態を一にしている。根獅子人骨に見る抜歯の形式は、この点では、津雲貝塚人のそれと直接間接の問題を不問にすれば、或る程度の繫りがあると考えることはできるであろう。

次に、根獅子第二号女性人骨頭頂部の上記の如き変化は、銅鏃の如き尖頭利器による刺傷であり、その利器の尖端の一部が、骨壁中に残存しているものと考えられる。その利器の尖端は骨を貫いて、内骨膜にまで達しているが、恐らく脳実質には達しなかったであろう。同部は矢状溝面にあたっているが、骨膜を貫いて上矢状竇に達したか否かは不明である。達したとすれば多量の内出血が見られたであろうが、そうだとすればかなり重大な結果になる。しかし、同部の骨の外面にも、内面にも、浸蝕の痕があり、これは、刺傷による化膿竈が、一定期間骨の内外両側に存在したことを示すから、同人は受傷後一定期間生命を保っていたのである。但し外面の傷縁がまだ受傷当初の鋭さを失っていず、治癒の経過のあったことを示していながら、受傷後ながくとも数十日以上は生きてはいなかった。その死因がこれに関係があるか否かは、これだけでは判明しないが、内面の膿瘍から、広汎な脳膜炎を結果して、これが死因たり得たということは考えられる。但しこの点は、厳密な意味ではなく、やや常識的の推定である。

また若しこの受傷が、戦争に関係ありと見るならば、これは女性が戦場に在ったということを示す一つの例でもある。部落の被襲撃というようなことが、この際最も容易に考えられるであろう。また銅鏃の骨中に深く窄通しているこの状態より推して、比較的近距離より、射撃されたであろうということが推測される。その受傷部位より推して射撃者は屋上或いは樹上の如き高所に在って、地上にある被害者を狙撃したもののように想像される。

骨壁中に残存している利器の尖端は、両面の中央に一つの鋭い稜をもち、その横断面が菱形を呈する三角形の銅片である。断面から尖端までの長さは約六ミリである。これが銅鏃の尖端であることは、確実と思われる。その尖頂が、骨の内面に達していないのに拘らず、内面に開孔を有していることは、外方よりの強力な衝撃が、内方に伝達されたために生じた現象であろう。樋口隆康によると、根獅子人骨に伴出した弥生式土器は、筑前須玖遺跡発見の弥生式中期初頭のものと共通なる様式に属するという。しからばその頃、北九州地方では銅鏃は既に実戦に使用されていたのである。

（1）樋口隆康、釣田正哉「平戸の先史文化」『平戸学術調査報告』昭和二六年、四三頁。
（2）金関丈夫「根獅子人骨に就いて（予報）」同右、八六頁。金関丈夫、永井昌文、山下茂雄「長崎県平戸島根獅子免出土の人骨に就いて」『人類学研究』第一巻、昭和二九年、四五〇頁。

土井ヶ浜遺跡調査の意義

一

われわれ日本人の祖先が、人種学的に何者であり、日本で発生したと認めない限り、日本以外のどの地方の住民と人種的なつながりがあったか、ということを確かめたい気もちは、何人にもある。古来、この問題に関して、多くの議論がなされたゆえんである。

この問題を学問的に解決するには、古代日本人が、どんな体質を有していたかを知ることが先決問題である。これを知る手がかりとしては、今は人骨しか遺っていない。

日本古代住民の遺骨のうちでは、最古の日本文化の担い手であった縄文期のものは、従来非常にたくさん集められている。そして精密に、調査されている。

その結果によると、縄文期の住民は、現在のアイヌに似たところもあるが、それ以上に、現代日本人に似ている。現代日本人の直接の祖先の重要な一要素である、ということが言える。

しかし、日本の古代文化は、縄文期と、それにつづく弥生期とでは、非常な違いがある、文化の様相が全然一変している。文化の上からいえば、われわれの日本民族の直接の祖型は、弥生式文化なのである。われわれは弥生式文化の遺産をうけついでいるが、縄文式文化からは、直接に何らの遺産をも、うけていない。

この新しい、進歩した弥生式文化の根幹をなす諸要素が、朝鮮半島を経て、北九州地方にまず波及してきた、ということは、考古学上、疑いのないこととされている。しかし、それならば、それを日本にもたらした者が、いたはずである。この点を重く見る学者——たとえば鳥居竜蔵の如き——は、その者こそ、われわれ「大和民族」の祖先であり、それが、現在のアイヌの祖先であった先住縄文人をしだいに辺縁に駆逐し、これに入れ代って、日本諸島を占有したのだ、と考えた。

ところが、一方では、人間の入れ代りはなくても、文化の入れ代りは起り得る。弥生式文化が縄文文化と入れ代ったとしても、その担い手である日本島の住民は、もとのままで変りはなかった、と考える学者もある。大戦末期から現在にかけては、むしろこの考え方が有力になっている。

しかしながら、いずれの説にしても、弥生式時代人が、どんな人間であったか、という最も重要な根本資料を欠いでいる点で、いわば「可能性」の問題に終始している。きめ手をもたない論争である。弥生人骨の発見例が非常に少なかったというのは、同期の埋葬法に、従来とはちがった厚葬の風がおこり、そのためにかえって人骨の保存に不利を生じた結果である。しかしこの資料が得られなければわれわれ日本人の起源の問題は、永久に未解決に終らなければならない。

然るに、山口県豊北町の土井ケ浜の埋葬遺跡は、いろいろな偶然の好条件がそろって、めずらしく多数の弥生人の遺骨をのこしていた。われわれは一昨年からの三回の発掘調査によって、多数の完全骨をふくむ百数十体の人骨を集めることが出来た。骨の整理はいまだ進行中であって、結論はまだのべられないが、少なくとも、従来の「可能性」の問題を、幾分なりとも「蓋然性」の問題に近づける上に、この材料が最も重要な役目を果すであろう、と信じている。

これらの人骨は、考古学的の時代分けからいえば、いずれも遠賀川式の末期のものに属し、絶対年代からいえば、ほぼ紀元前後のものと考えられる。考古学的にも、本発掘はいろいろと貴重な意味を含むものであるが、それについてはここで触れる余地がない。

二

昨年のいまごろ「土井ヶ浜遺跡調査の意義」という一文を本欄に寄せた。その時の考えでは、弥生式時代初期の土器を伴出するこの遺跡の人骨が、弥生式時代の人種を論ずる上に、したがって現代日本人の由来を知る上にも、最初のまとまった資料として、重要な意義を有する、ということ以上には出なかった。

その副葬品や墓制が、当時の社会状態をある程度反映していて、たとえば、副葬品の平均的貧弱さから、その社会にはまだ貧富のへだたりが、弥生式中期時代に見るほどには発達していなかった、その墓域のひろがりから、その周辺にはすでに大きい共同体が形成されていた、というような考えは、もちろん頭の中にはあったが、その問題を明らかにすることが、この調査の最も重要な意義だと感じていたわけではなく、したがってそこまでは言い及ばなかった。

ところが、本年度（第四回）の調査で、思いがけないことに出会った。それは、本埋葬遺跡の一部で、女性人骨だけを埋めた墓域にゆきあたったことである。

昨年までの三回の調査で得られた一五〇体あまりの人骨の性別をしらべて見ると、推定の結果では性別の手がかりの不明な不完全骨や、小児骨などを除いた成人骨約一〇〇体のうち、三〇体が女性、七〇体が男性である。すなわち女性は男性の半数以下である。しかし、直接原位置で発掘しなかった再埋葬骨をも加算すると、この比率はもっとかたよって、女性の方が少なくなる。

元来人骨について性別を推定するのは、生前の何らかの記録があって性別の判明している現代人骨の性差を基準にして、これを古代人骨にもあてはめるのであるが、もし現代人に比して古代人の性差が、異なった様相を呈しているとすると、この基準は役にたたないかもしれない。

もっとも、この不安にも限度があって、古代女性も現代女性も、男には出来ない分娩ということを同じようにやったことは確かだから、骨盤が残っておれば、かなり正確に男女差は区別出来る。しかし骨盤の失われた古代人骨や性の推定には、ときどき前記の不安がつきまとう。古代女性は現代女性よりも、もっと男らしかったかもしれない。

過去三年間の調査で得られた土井ヶ浜の人骨に、男に比して女の骨がひどく少ない。これは性別推定の方法に、少なくとも一部の原因があったのではなかろうか。何故ならば、大ていの場合には、男女はほぼ同じ比率で発掘され、それがまた当然だからである。自分の恥をさらすようであるが、実はこの不安に悩んでいた。問題のある人骨については、部員の諸君とディスカッションを重ねて、推定のやり直しもしたのであった。

この不安を救うために、思いあたったのは、土井ヶ浜男性人骨中には、往々にして石鏃や牙鏃を体内に含むものがあったことである。土井ヶ浜に埋葬された男性の多くは、一時的に多数出た戦死者であったかもしれない。それならば女性に比して男性の多いということの解釈が出来る。そんなことが窮余の考えとして採用されようとしていた。

ところが今回の発掘で、思いもよらない女性墓域が見つかった。原位置で発見された七体の人骨のうち、性別にまだ問題ののこっている一体以外の六体は、すべて女性と推定された。第二回、第三回の発掘のさいに、女性骨を出土した墓域につづくやや低地の一角であり、特定の女性墓域があったものと推定せざるを得ない。先年来の疑問がこれで解けたことになる。

さて、この事実が何を表わすかということになると、さらに多くのディスカッションがくりかえされなくてはならないだろう。しかし、いずれにしても、当時の社会制のある面を反映する事実であることには、疑いがない。この事実はこれまで公式的にいろいろな可能性が想像されていた古代社会のナゾを解く上に重要な手がかりを与えるものになるかもしれない。

以上、本年度の土井ヶ浜遺跡調査によって得られた新しい事実を報告し、それの含む意義についての、社会学的な考察については、将来の論考にゆずることにする。

三

去る十八日、山口県豊浦郡土井ヶ浜の弥生式埋葬遺跡の、五年間にわたる発掘調査を終了した。本年度の収穫は、新たに二三体の人骨を得たこと、昨年度問題の端緒を得た女だけの墓域の存在を、さらにいくらか確認に近づけ得たこと、弥生層の土師器の層の様相が、やや明らかになったこと、及び、名古屋大学井関弘太郎の参加によって、弥生式当時の同地域の地表の状況が判明したことなどである。

そのうち女だけの墓域の問題であるが、昨年の問題の地域に接して掘りひろげたところ、さらに広い範囲にわたって、女性骨を主体とする墓域のあることが判明した。中に少数の男性骨を混じているが、それは多くは同時代人によって後から整理された寄せ骨であり、これを含めても少なくともある時期には、同地域に女性だけを葬った可能性が強く浮び上って来た。すると、それ以前に掘られた男性墓域の中に混在した少数の女性骨は、同時代中でも、やや埋葬の時期を異にしたものであったかも知れない、という疑いがおこる。このことは、埋葬、死体の配置図をよく考察すれば、あるいは将来明らかになることかと思う。

次に、土井ヶ浜人骨の計測については、私の教室の財津博之が、第四年次までに発掘された人骨の上下肢の長骨について精密な研究を行ったが、四肢長骨の各部の特徴を三〇項選んで、これを古代及び現代の周囲の諸地方群の成績と総合的に比較した結果では、同じ弥生人でありながら佐賀県神埼郡三津の中期弥生時代人には比較的似るところが少なく、かえってそれよりも古い岡山県津雲の晩期縄文時代人により強く似ている。しかし、それよりもっと似ているのは、現代の京城《ソウル》地方の朝鮮人と、現代の畿内地方の日本人である。

現代畿内地方の日本人が、頭骨や身長の点で、現代朝鮮人によく似ているということは、以前から知られているので、土井ヶ浜弥生人が一方において朝鮮人に、一方において畿内人に似ているということは、うなずかれることではあるが、それにしても時代をこえて、現代人に最も似ているというのが不思議である。ただ、畿内人も日本人のうちでは長身の群であり、土井ヶ浜人と現代南朝鮮の人々が、長身の点で非常に似ているということは、これも先年私が発表したところであるから、いまいった三〇項目の特徴のうちから骨の長さに関する項目を除いた、他の特徴だけを用いて比較すると、この類似の順位は変化するのではないだろうか。そう考えて、骨の長さに関する項目を除いた二三項目で比較したが、やはり順位は狂わない。すなわち、単に骨が長いということだけでなく、他のあらゆる点で、土井ヶ浜弥生人は現代の畿内人や朝鮮人と似ているのである。

残念なことには、朝鮮の古代人の遺骨は非常に少なく、ことに四肢骨に関する報告は皆無なので、古代人同士を比較することが出来ない。それで、もし古代朝鮮人と現代朝鮮人との間に、四肢の長骨に関する特徴に変化がなかったとしたら、という仮定のもとに早急の推定を下すことが許されるならば、弥生式初期の住民は少なくとも四肢骨に関する限りは、朝鮮半島の住民と深い関係があった、ということが出来るであろう。ただしこのことは、右のような仮定のもとにいえることである、ということを忘れてはならない。

一方、神埼郡三津の弥生人との間にかえって類似が少ないということは、弥生初期から中期にいたる数百年の間に、土井ヶ浜人に見られるような新しい人種的要素が、圧倒的に多数であった原住民の特徴の中に、次第に吸収（アッシミレート）されていった経過を示すものではなかろうか、と思われる。

四

山口県土井ヶ浜遺跡の、五年間にわたる調査を先日終了した。それについて、中間報告の意味で、これまでに得られた結果を、総括してみたい。

この遺跡の性質は、弥生式初期時代の埋葬遺跡であるが、しかしその文化層の上層には、弥生中期の土器をともなう部分、またその上層には、弥生と土師の過渡期にあたる層もあり、さらにその最上層には、寛永通宝や近世の陶器片をともなって、おびただしい牛骨を含む層もある。

しかし、なんといっても、最も重要であり、そして最も豊富な遺物を含むのは、最下層の弥生初期の層である。この層に含まれる土器は、いわゆる遠賀川式土器であり、北九州沿海の東部や山口県の響灘沿岸の諸遺跡から出るものと共通の手法や文様を有するものであって、それだけでは特にとり立てていうほどのこともないが、これにともなって、おびただしい人骨が出る。五年間に我々の得た人骨は二一〇体にのぼり、そのうち原位置で完全な埋葬状態で見出されたものだけでも一五〇体近くある。

この百数十例の人骨の埋葬状態は、それだけでも、弥生初期の墓制、あるいはそれの示している当時の住民の社会状態、社会心理などを示す重要な材料であるが、人骨そのものが、実は非常に貴重な材料なのである。

というのは、我々日本人の起源なり、由来を知ろうとするとき、過去の遺物や言語だけでは、どうしても十分な結果を得ることが出来ない。直接古代人のからだを見て、その人種的な特徴を知る必要がある。ところが、日本石器時代人（縄文時代人）の遺骨は非常にたくさん出て、よく調査されているが、これにつづく弥生時代の人骨は、これまでほとんど出ていない。日本人の祖先は、この縄文時代人が、そのままで弥生時代人に移り、今日まで一貫してきたものだ、という考え方が、最近までの学界の風潮であるが、それはそのことが可能だったというに止まり、それ以外の可能性はなかったという証明はともなっていないのである。いったい、どんな学説にも、それが成立するには、まず可能性が必要であることに論はないが、それだけではだめである。問題は可能性でなくて蓋然性である。あり得るでなくて、どのくらいほんとらしいかが問題である。そして、蓋然性の問題になると、実際の資料がものをいうのであって、実物が理論に対する絶対の批判者になってくる。

この意味で、土井ヶ浜遺跡から得られた弥生時代人骨は、その量からいっても十分役に立つ資料であり、日本人の起源をうんぬんするものは、今後この資料の語るところを絶対に見のがすことは出来ない。しかし、その結果をまとめるには、今後なお数年の精密な研究が必要と思われる。

しかし、今日までに得られた中間的の結果から予測すると、少なくとも次のようなことはいえると思う。まず、土井ヶ浜人は、従来の石器時代人に比して平均身長が、突如として、男性で平均三センチほど高くなっている。ところが、現代の同地方人の身長は、石器時代人のそれと変りはない。これらの二つのことを一貫して考えると、時代による同一人種の自然の変化としては了解しがたい。弥生式初期に、長身の異系統の要素が一時的にはいってきた。そして、その後しだいに、より圧倒的な数を有していた原住民の中にとけ込んで、その本来の性質を失っていった、と考える方が、より蓋然的であると思われる。同じ弥生人でも、佐賀県神埼郡三津の中期のカメ棺人骨のものは身長もやや低く、骨もずんぐりしていて、かえって石器時代人の方に近い傾向があるのはこの間の消息を語るものであろう。

つまり、土井ヶ浜弥生人は、弥生人のうちでも、比較的古いものであるから、新しくはいってきた要素の特徴を、比較的強くのこしている、と考えられる。しかし、それにしても渡来以後数世代は経ているはずで、石器時代からわが国で行われていたいわゆる抜歯の風習はとり入れられている。

墓制の上で、昨年の調査で問題になった〝女だけの墓域〟の問題であるが、今年は、これをもっと明らかにしようと試みた。その地域に接する場所を、さらに広く掘りひろげた結果、厳密に女だけとはいえないが、女を主体として葬った地域が、昨年の範囲よりもさらに広がった。昨年までにも、男性を主体とする墓域の中にも、少数の女性骨は混じていたので、女性墓域に少数の男性骨の混在することは予想されたところであったが、このことは、現代の原始社会のある種の制度が、一応厳重に守られてはいても、必ずしも例外をともなわないものではない、ということから考えて、やはり一種の制度の存在を反映するものと見てさしつかえないと思う。それがいかなる社会制度を反映するものであるかの考察も、なお今後の問題である。

最後に、本年の調査には沖積層の研究家として深い経験のある井関弘太郎の参加を仰いだ。同氏の調査により、土井ヶ浜遺跡の成立のころの同地域の地表の状況がいろいろとわかってきた。当時すでに相当に発達した沖積が、遺跡の両辺にあり、すでに相当な面積の水田耕作が行われたであろう、ということがわかった。その住民の人口なども、これによって推定出来るであろうし、これに対して一定死亡率を仮定してあてはめると、土井ヶ浜遺跡の人骨の推定総数から、その遺跡の継続の年数も推定されるであろう。

土井ヶ浜遺跡の含む問題は、その他にもたくさんあるが、紙面の関係で、いまはこれだけにとどめておく。

追記。土井ヶ浜人骨に関する人類学的研究文献

四肢長骨（財津博之）『人類学研究』第三巻、昭和三一年。骨盤骨（大野章）同、第四巻、昭和三二年。脊椎骨（田畑晋作）同、第五巻、昭和三三年。骨病変（熊谷正哉）同上。下顎骨（大堀正俊）同上。口蓋と歯穹（鈴木正幹）同上。足根骨（原口初雄）同、第六巻、昭和三四年。歯牙（讃井善治）同、第七巻、昭和三五年。頭骨（金関丈夫、永井昌文。佐野一）同上。

また三津人骨に関しては同上、第一巻、昭和二九年（牛島陽一）がある。

なお、本遺跡の考古学的報告としては、「山口県土井ヶ浜遺跡」（金関丈夫、坪井清足、金関恕）『日本農耕文化の生成』日本考古学会編、昭和三六年がある。

沖永良部西原墓地採集の抜歯人骨

一九五五年の九学会連合奄美群島調査に参加して、八月八日、沖永良部島に着いたその午後、和泊町の公民館長重信鐃哉氏等の案内で、シナ海側の海岸にある、西原部落のはずれの、砂丘上の廃墓地を見た。

そこには、現在の海岸線から約五〇メートル、高さ約一〇メートルの砂丘の頂上に、数基の、近代の石造墓標があるが、その附近は風蝕によって、表面の砂が移動し去ったあとに、近代の沖縄製の甕棺(洗骨棺)、同じく沖縄製及び九州製の供養用の陶磁器などと共に、人骨が散乱している。この現在移動している表層の砂は、ところによっては、厚さ三〇センチメートルくらいであるが、またそれが完全に移動しつくして、その下の、現在活動していない砂層の、やや硬い表面を露出している部分もある。

しかし、この頂上部の附近からやや下って、海岸の方へ傾斜している急斜面では、両層ともに崩壊して、層位の状態は不明になっている。また、この部分の一部は、部落民によって、極く小規模の豆もやしの畠として利用されている。

この崩壊した斜面の上部で、私は一つの壮年者と思われる男性の頭蓋を採集したが、その附近からは、浙江省処州地方産の明代の青磁の破片を数個と、緑色を帯びた片岩性の石材で作られた、やや厚い、ハマグリ刃の石斧の破片を一個採集した。近代の陶器片はその附近ではほとんど見られない。

この頭蓋は、それよりも高所にある、前記の近代墓附近で、甕棺の中、或いはその間などから採集された人骨よりも、風化の度が強く、明らかに後者よりも古いものと認められる。そして恐らく同時に発見された石斧と、同時代のものかと推定される。これらに対して、同所発見の明代の青磁片が、どういう時期的関係をもっているか、ということについては、私には一つの想像があるが、この遺跡の場合には、その想像は積極的の主張性を伴わないので、いまは疑問としておく。ただし、ここに「遺跡」という語を用いたが、この地が遺跡であるか否かは、実はまだはっきりと、つきとめていない。即ち翌一九五六年の八月にも、私は同所を訪れて、この頭蓋採集の場所を注意深く掘って見たが、現在、風によって活動していない砂層は、そのやや硬い表面から約三〇〜四〇センチの深さまでは、植物根の炭化によって生じたと思われる、黒色微粒子を混じて黒くなっていたが、その層にも、それより下層にも、私の見た範囲では、何らの文化的遺物、或いは遺構は認められなかった。

さてこの頭蓋を持ち帰って整理する際に、現地では気づかれなかった一つの重要な事実が発見された。それは上顎の左右の犬歯が、若年時に抜去された、いわゆる抜歯の痕跡である。その歯槽は完全に閉じているが、その縁は、歯槽縁の他の部分と同一のレベルを有している。そしてその外側の第一小臼歯（P_1）が異常に捻転した痕がある。その捻転は、両側とも約80°である（図f）。レントゲン写真像（図g、h）によると、抜去されて、のちに自然に填充されている犬歯の歯槽部の構造には、不自然な「み

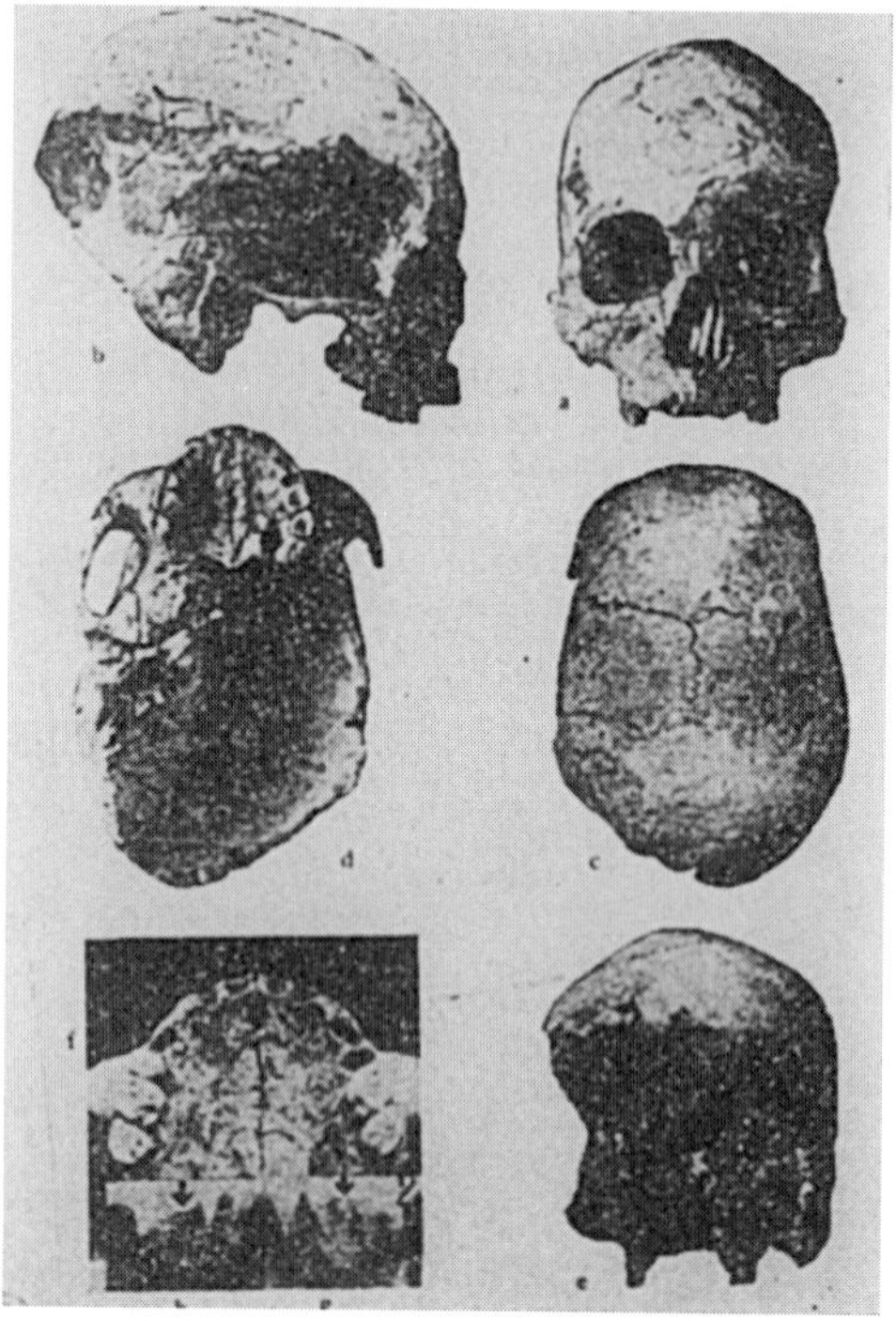

沖永良部島西原墓地発見の男性壮年頭蓋
a）前面観，　b）右側面観，　c）上面観，　d）底面観，　e）後面観，　f）上顎犬歯抜去の痕を示す，g，h）左側及び右側上顎犬歯歯槽部のレントゲン写真像を示す.

だれ」の痕はなく、抜去の前に、これらの歯槽部に病的な変化のなかったことを示している。

以上のことから考えて、この頭蓋では、若年時に左右の健康な犬歯が、同時期に、意図的に抜去されたものであろう、ということは、容易に推定される、しかし、発見例はいまのところ、ただこの一例のみであるから、これが風習的な抜歯であったかどうかは、これだけでは決しかねる。

しかしこの墓地に立つと、北の方の海上にすぐ見えている、徳之島の南の海岸の、伊仙村喜念の遺跡からは、一九三五年に、三宅宗悦によって、三例の抜歯痕のある下顎骨が発見されている。

即ち、第1号（女性）は左右両側の内側切歯、第2号（男性）は右側の内側切歯、第3号（男性）は左側の内外切歯と犬歯（右側亡失）の抜歯であり、第3号のは老年下顎で、やや疑わしいとはいっているが、これらの例はいずれも恐らく風習的抜歯によるものであろう、といっている（『考古学雑誌』、三三巻、四九六頁、一九四三）。

この喜念遺跡の性質は、九学会連合調査団の考古学班の一九五六年度の調査で、奄美大島笠利村宇宿貝塚の、いわゆる宇宿上層式土器を伴うことが判明したが、絶対的の年代は不明である。また、西原の「遺跡」との関係も不明であるが、少くとも西原採集の石斧は、南島一般の先史時代に最も普遍的な石器のタイプであるから、宇宿上層式文化に抵触するものではない。少くとも、これらの接近している両地の、先史時代のある時期において、抜歯頭蓋が発見された、ということは、こうした先史時代の抜歯の風習が、この地方までひろがっていたものであろうとの推定を可能にする。喜念のものは上顎がなく、永良部のものは下顎がないので、同一型式の抜歯であったか否かはわからないが、両者ともに、日本の晩期縄文期から弥生式時代にかけての、抜歯型式には、普通に見られる型式である。そして、おそらく、その文化のいまのところでは、南限を画すものであろう。これと台湾の先史時代における抜歯風習との間には、恐らく、直接の関連はないものと考えられる。

最後にこの西原頭蓋の特徴について簡単に記載しておきたい。

この頭蓋は歯の咬耗度や、縫合の残存度の点で、壮年のものと考えられる。骨型は厚く、全体として大きく、眉上弓や乳様突起の発達から見て、疑いもなく男性頭蓋である。後頭部、左側側頭部及び基底部の大部分が欠けているため、重要な計側値の正確に得られないものもあるが、頭蓋は長くて広い。長幅示数から見ると dolicho-kran である。耳ブレグマ高は普通で、その頭長に対する示数は orthokran 型である。頬骨弓幅は広く、上顔高は低い。眼窩は幅高示数から見ると mesokonch 型で、やや角ばっている。鼻示数は chamaerrhin 型で、口蓋は広い。人工的抜歯の他には、特に異常は見られない。

その重要な計側値は右の如くである。但し括弧内の数値は、間接の方法で得られた近似数である。

脳頭蓋最大長	(193) mm	コルマン氏上顔示数	(47.68)
グラベロ・ラムダ長	(189) mm	ウィルヒョウ氏上顔示数	(63.81)
脳頭蓋最大幅	(142) mm	左側眼窩幅	42 mm
耳ブレグマ高	(118) mm	左側眼窩高	34 mm
頭・長幅示数	(73.58)	左側眼窩示数	80.95
頭長・耳高示数	(61.14)	鼻幅	29 mm
頬骨弓幅	(140) mm	鼻高	52 mm
中顔幅	(145) mm	鼻示数	55.77
上顔高	67 mm		

以上の特徴の示すところでは、この頭蓋は奄美群島の現在の住民の頭形の一般に比して、著しく

dolicho である点で特異的であるが、これが同島、或いは同地方の先史時代人の一般的特徴であったか否かは、不明である。その後に発見された、種子島長崎鼻遺跡発見の縄文晩期の土器（黒川式）を伴う人骨は、著しい短頭であったことからも、南島先史時代人の体質の一般を、いまにわかに推定することは出来ない。なお、この長崎鼻人骨（♂）にも歯牙変工の（水平断）の痕があったが、このことは別の報告にゆずりたい。

種子島長崎鼻遺跡出土人骨に見られた下顎中切歯の水平研歯例

鹿児島県種子島西之表町安武江口商店内「ちくら」編集部発行の「ちくら」第一二号（昭和三一年九月一五日刊）中の盛園尚孝「人骨を出土せる長崎鼻遺跡について」によって、この遺跡の概況をわかりやすく次に挙げておく。

所在地　種子島中種子町中之下、字一陣の砂丘地で、俗称長崎鼻。

調査の前歴　昭和二九年一月一九日川添憲枝によってはじめて調査され、土器破片、獣骨片等が発見された。翌二月、盛園尚孝、山城守也等によって再調査され、上記の遺物の他に磨製石斧一個、鹿、猪の歯、鯨の椎骨、海亀の上下顎、魚骨等が認められた。

遺跡の状況　盛園等の再調査の際には、一部破壊されて、遺物が表面に散布し、包含層も一部露出していた。遺跡は地表面から〇・五ないし一・五メートルの砂丘下に、約〇・四から〇・七メートルの混土貝層があり、その下は更に砂層になっている。この貝層には多くの獣骨片、魚骨等を包含しているが、土器の包含量は少い。

土器　南九州の縄文晩期の「黒川式に類似」するものであり、この遺跡は「この型式だけの単純遺跡」

である。

人骨の出土　昭和三〇年の第二二号台風で、この遺跡が破壊され、人骨が露出しているとの報告をうけたが、三一年四月一四、一五両日の調査のさいには、人骨は既に掘り上げられていたので、その埋葬状態は不明である。発掘者の話によると、先年の調査地点より数メートル東よりの、地下約一・五メートルの所から出土したという。

人骨の状態　盛園のこの人骨に関する記載は、非常に観察がゆきとどいているが、私がこれから述べようとする所と重複するところが多いので省略する。ただ、同氏はこれを女性骨と見ていられるが、男性骨と見た方がいいようである。以下に私の所見をのべる。

私のところに送られた本人骨は、ほぼ一体分であるが、欠損部が相当に多い。残存部はしかしよく保存されていて、貝塚人独特の硬さを保持している。表面には砂が貼着されていて、既に大部分除去された痕がある。

年齢は、上下顎とも第三大旧歯が出ていて、しかも第三度の咬耗を示しており、頭骨の縫合癒着も著しく進んでいるので、老年に近い熟年者、或いは老年者と見られる。

頭骨の計測の結果を簡単にいうと、頭は長さ（最大長一八五ミリ）も、幅（最大幅一五七ミリ）も相当大きく、長幅示数は八四・八六で非常な短頭型である。特に著しいのは頭高の低いこと（耳ブレグマ高一一一・五ミリ）である。このことは顔面や眼窩の低いこと、鼻根の凹みの強いことなどとともに、日本石器時代人に共通の特徴であるが、頭が大きくて、円いということは、現今の同地方の住民の特徴を、すでに具えているものであって、石器時代人一般の特徴とは著しく異なっている。身長は、残存している左側の脛骨の長さから、ピアソン方式で割り出すと、一五九・四センチとなる。これは日本石器時代人男性の平均身長にもほぼ一致し、また現在の同地方人のそれにも近い。

以上を要するに、本人骨は日本石器時代人人骨の特徴を充分具えていると同時に、既に同地方の現代人の特徴をも、併せ具えているという点で、非常に興味の深いものである。未発表ではあるが、同島の広田遺跡で、弥生式中期の土器とともに、本年の夏発掘された数体の人骨も、すべて非常な短頭で、且つ大頭であった。

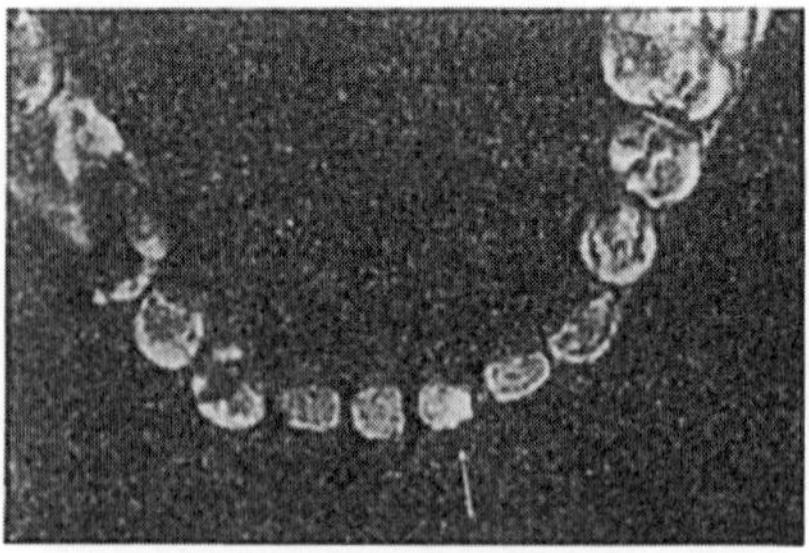
下顎門歯の歯牙変形

次に、盛園が本頭蓋について記載された「下顎門歯の歯牙変形」について、私の所見を述べる。

先ず上顎の歯は左右の中切歯以外は皆そろって残っている。右側中切歯は死後の脱落であるが、左側中切歯は、歯槽が閉鎖しているから、明らかに抜去後少くとも数年は生存中に経過したものである。盛園は、恐らくその閉鎖した歯槽縁が、やや凹んでいるところなどから、人工的のいわゆる抜歯風習によるものか否かを、疑問としているが、もっともなことである。しかし抜歯風習に因する、健康歯の意図的抜去の場合にも、この程度の歯槽縁の凹みは見られないことはない。また九州の縄文晩期という時代からいっても、奄美群島における他の抜歯例の存在からいっても、これを人工的抜歯風習によるものとした方が、よりプロバブルであると考えられる。

下顎は右側第一大臼歯が死後脱落しているのみで、他は残存している。その第一大臼歯と、これに隣接する第二小臼歯の歯槽に病的萎縮のあとがある。全体的に咬耗度は極めて強く、前方歯も日本石器時代人に普通である鉗子状咬合のために、歯冠は著しく磨耗されている。その状態は前頁写真によって見られる通りである。ところが、その中に左側中切歯の歯冠の磨面は、他の歯の磨面と異なった相を呈している。写真で見られるように、他の歯の咬耗面は、自然の咬耗であるから、歯冠の周辺部よりもより軟質である中央部がより多く減っている。しかるに左側中切歯の上面は、同じようにほぼ水平に減ってはいるが、かえって中央部が高く、左方から光線をあてた撮影図で見るように、やや斜めに前後に走る一つの稜線があって、その内外は軽いスロープになっている。強く拡大して見ると、その面には極めて細い線が、平行に走っていて、あたかも人為的に硬質の器材で磨り減らした観がある。丁度その上に当る上顎左側中切歯の抜去のことがあるので、その点から見ても、咬合のための自然な磨耗ではない。なおよく気をつけて見ると、その右側に隣接する右側中切歯の上面にも、わずかながら、同様の擦痕がのこっている。しかしこの歯には、上顎にこれと咬合する歯を有しており、その面の状態も、自然咬耗の痕を明らかに存しているので、恐らく左側中切歯を水平に磨研する際に、意図的ではなくて、左側中切歯の磨研運動のいわば副産物として、同時的にわずかに磨かれた、と考えていいようである。

盛園は、こうした水平研歯がマライ系の種族に特有のものであるという所から、わが国の石器時代以降の一般歯牙変工が、南方的の風習であることはまちがいないといっている。しかし、マライ系の種族

　種子島長崎鼻遺跡出土人骨に見られた下顎中切歯の水平研歯例

の風習による歯牙の水平研歯には、普通には歯の前面の研磨、その面の彩色などが伴うものであるが、この例ではその歯の前面には変化は見られない。また、上顎左側中切歯除去ののちに、しだいに鉗子状咬合によって上下の歯冠が低くなり、上下の顎の歯齦（はぐき）がしだいに近よってくると、咬合の相手を有しないこの下顎の中切歯のみは短くならないから、上顎の歯ぐきを衝いて、苦痛を与える。その苦痛を免れようがための、実際的の処置として、いわば外科学的目的で、これを短く磨り減らした、と考えられるので、本例の水平研歯を、にわかにマライ系の風習に結びつけるのは、いま少し例数が増してから、再考することにした方がいいと思う。

しかし、とにかく日本先史時代人骨では、いままでこのように明らかな歯牙の人為的水平研歯の例は見つかっていない――もっとも報告されていないのがあるかもしれないし、私が報告を見落しているかもしれないが――。その点で、非常に興味の深い例である。また日本歯科学史上の一つの資料にもなると思う。

人骨の全体についての詳細な報告は、他日にゆずりたい。

成川遺跡の発掘を終えて

一

東大人類学教室の主任であった松村瞭は、かつて、現代の北九州人と南九州人とを比較して、体質上その間にははっきりした相違がある、ということを説いた。その相違のおもな点は、北は身長が比較的高く、頭が比較的長いのに反して、南は身長が低く、頭が非常にまるい、という点にあるといっている。

最近数年間にわたって、文部省の学術会議の班研究で、全国的に日本人の地方別の体質調査を行った結果も、この松村説の誤りでないことを証明している。

九州における南北の、こうした体質差が、どういう意味を持っているか、ということは、永年われわれの関心をそそるものの一つであった。

八世紀のころにできた『肥前風土記』に、値賀島の住民のことをしるして、その風俗や容貌が、一般人とちがって隼人に似ている、という意味のことをいっている。隼人は風俗や体質の点で、そのころから北九州人と違っていた。しかしその当時、どんなふうに異なっていたかということは、文献だけではわからないから、隼人が現代の南九州人のように、円頭短身の種族であったかどうかを、知ることはできなかった。九州人の南北の差の様相は、はたしてそのころから、すでに今日と同様であっただろうか。隼人への興味だけではない。体質の地方差というものが、はたしてどの程度に永続的なものであるか、という一般問題としても、この問題は非常におもしろい。

こんど発掘調査した鹿児島県山川町成川の遺跡は、時期からいえば、だいたいにおいて三世紀の終りのころの、この地方の住民の生活や体質を、われわれに物語るものであるが、まず体質のほうからいえば、二〇〇体を超えるおびただしい人骨は、彼らがやはり現今のこの地方の住民と同様に、短身円頭の種族であったことを語っている。短身ではあるが胴が短くて、脛が長い。その長い脛の骨は、非常に扁平で、彼らが盛んに山野を跋渉した連中であることを示す。この特徴は現代の南九州人には見られない。これは生活方式の変化からきた時代差である。

成川のあたりでは水田は今でもできない。彼らは恐らく火田耕作で陸稲やアワを栽培していたに違いない。しかしそれは女の仕事であった。男たちは何をしていたか。火田のための伐木を手つだう以外には日常の労働はなかった。彼らが皆さむらいであったからだ。

成川の遺跡には、われわれが発掘した二〇〇体の人骨のほかに、まだ二〇〇体ほどの人骨はとりのこされたものと推定できる。ところが、この遺跡からは、約二〇〇個の鉄剣が人骨と同時に発掘された。男という男はすべて剣を持っていたのだ。

剣を例外なく副葬したということは、各人の剣への執着の強さを語るとともに、その材料が容易に入手されることを示している。こんにちでもこの地方の海岸の砂鉄鉱は、日本でも有数、あるいは随一のものだと聞いている。

剣はもれなく持っているが、この遺跡からはただの一個の装身具も発見されなかった。先史遺跡の発掘では、ほかに例のないことである。江戸の娼婦どもには理解されなかった、後世の薩摩武士の野暮天の、これが元祖でもあろうか。

成川の住民が、のちに隼人といわれた人々の祖先であったことは疑いない。現代の南九州人との体質の連続がこのことを立証する。

彼らの使用した土器には、瀬戸内海から東九州経由の文化のあとがみえる。中央における国家形成の胎動を、彼らは早くも敏感に感得したことであろう。不安と興奮の気持で、彼らは剣をみがいていたであろう。平安朝のはじめのころまで、反乱をくり返した後世の隼人の、彼らは近い祖先であったのだ。その体質がこんにちまで連続しているように、その気質にも連続がなかったとはいえない。反逆児の存在は、社会の健康には必要だ。われわれが隼人の名に一種の愛着を感じるのも、その大きな原因はやはりこれだと思う。

二

〔人骨概要〕

成川遺跡から発見された人骨について、その要点を述べることにする。

① 発掘番号をうったものの総数は二三三体であるが、検出し得たものは二〇〇体である。

成人人骨　一九四体
小児人骨　　六体

総数に比して小児骨の数の少ない感がある。

② 成人人骨中、男女別のほぼ明らかなものと、やや明らかなものとを一括して、男女別数を挙げると、

男　　　六五体
女　　　三七体
男女不明　九二体

男に比して女の少ないのは通常先史遺跡でよく見られるところである。

③ 年齢のほぼ推察されたもののうち（成人のみ）、

歯冠咬耗度一度以下（若年に近い）のもの

男　　　九体（総数三九）
女　　　九体（総数二四）
男女不明　一体（総数　六）
計一九体（六九体中）

女は比較的若死が多い。

歯冠咬耗度二度（壮年）のもの

男　　　四体
女　　　三体
男女不明　一体
計　八体（六九体中）

歯冠咬耗度三度（熟年から老年に近い）のもの
男　　　二二体
女　　　一一体
男女不明　四体
計三六体（六九体中）

歯槽萎縮した（老年）もの
男　　　五体
女　　　一体
男女不明　○
計　六体（六九体中）

老齢が少ない、ことに女の老人が少ない。

これにより一般に寿命短く、ことに女の寿命が男のそれに比して短かったことが判る。

④ 歯の上下のかみ合せは判明した限りでは、男女ともにほとんどすべて鉗子状咬合であった。

⑤ 抜歯、歯牙変工は判明した限りでは認められなかった。残存歯には、現場観察で精密ではないが、少なくとも第二度以上のムシ歯は認められなかった。

〔葬法概況〕

① 小児骨をも含んで、頭位の判別し得られたもの一二九体のうち、
ほぼ東方に頭をおくもの　五六体
ほぼ西方に頭をおくもの　七三体

② 小児骨をも含んで、屈伸の判別し得られたもの九六体のうち、
下肢の伸展姿勢のもの　六七体
あらゆる程度の下肢屈葬　二九体

③ 男女別に見ると、

a 東方に頭をおくもの（小児骨を含む）
男　一八体
女　二三体（女は東位が比較的多い）
男女不明　一五体
計五六体

西方に頭をおくもの（小児骨を含む）
男　四一体
女　九体
男女不明　二三体
計七三体

b 下肢伸展姿勢のもの（小児骨を含む）
男　三五体

女　　一五体
男女不明　一七体
計六七体

下肢屈葬姿勢のもの
男　　九体
女　　一四体（女は屈葬が比較的多い）
男女不明　六体
計二九体

④　頭骨の方向と下肢屈伸の関係（小児骨を含む）
西位のもの（西位のものは伸展葬が比較的多い）
伸展　四〇体
屈肢　五体
東位のもの
伸展　二一体
屈肢　二一体

以上を通覧すると、女は東位、屈葬が多く、男は西位、伸展が多い。女の屈葬者中には、立膝の姿勢をとったものが七例ある。これは男には見られなかった。女の立膝者はすべて東位のものであった（女東位一三例中の過半）。

⑤　特記事項

a　頭辺の土に赤色の着色あるもの、及び赤色砂粒子を含むもの
　男性　　　　二体
同上及び頭骨（顔面にも）赤色着彩あるもの
　男性　　　　一体
上肢骨一体に赤色付着せるもの
　男女不明人骨　一体
合計　四例

b　脛骨下端を左右交叉したもの
　男女不明人骨　三体
　西位　　　　二体
　東位　　　　一体
これは埋葬時に足頸にて緊縛したものと思われる。その他多くの下肢伸展姿勢者は、左右下腿間の間隔小さく、交叉はしないでも、やはり緊縛された疑いがある。

c　上肢伸展屈曲まちまちである。

d　男女合葬したと思われるもの三例あり、いずれも下肢を交えた形跡あり、そのうち一例は女の右の腕を、男の頭骨の下にさし入れている。

e　全例を通じて一個の装身具をも伴わなかった。

f　上肢骨、下肢骨に骨折の治癒のあとのあるものがままあったが、特に多いというほどではなかった。その治癒が極めて不全で、いちじるしい変形を示したものが一例（男左大腿骨）あった。

g　後時の埋葬のとき、前の埋葬骨を攪乱した形跡がしばしば認められた。

〔計測概要〕

① 骨の保存　極めて不良でさわると崩れる。日射によって強く乾燥するとキレツを生じ小片に割れて捲き上る。また小片は風によって散失する。土圧によって変形しているものも少なくない。

② 方法　比較的よく保存され、土圧による変形のあとのないと思われるものを選んでビニール・アセトン液を表面に塗抹してこれを固定した上、所定の計測器で直接現地計測をした。

③ 身長（男女及び男女不明のもの）　すべて計り得る限りの伸展葬人骨について直接計った。また大腿骨長（右あるいは左）、脛骨長（同上）より間接計測による推定身長を出した。直接計測数値には、軟部の厚さを一センチと見積り、それを加算して生体身長とした。

男性二六例の平均身長は一六〇・八センチであって、低い方である。現在、山川町の住民の男性六一名の平均身長は、小川亥三郎によると、一六〇・七センチであってほぼこれと一致している。

④ 頭形示数（同上の直接計測値より一個体ごとに示数を出したものの平均）　男性二〇例で八三・九であった。松村瞭のサツマ国人男性生体一三九名の平均八二・八五よりやや大きいが、いちじるしい短頭である点でよく似ている。

身長と頭示数の点で成川遺跡人は、すでに今日の同地方人の特徴を具えていたといって差し支えない。

⑤ その他の特記事項として成川遺跡人は、

顔が低い、眼窠も低い、下肢ことに脛骨が長い、脛骨扁平が強い。

顔が低いことも今日のサツマ地方人とよく似ている。

脛骨扁平の強いことは一般原始民の特徴で、アイヌや日本石器時代人はすべてこれが強い。山野を盛んに跋渉した日常生活をものがたるものである。

⑥ 身長低く、頭形短く、顔面が低いという点で、成川遺跡人は北九州地方の弥生人とは非常に異なっている。それは今日のサツマ人と北九州人の違いと同じ様相を呈している。

無田遺跡調査の成果

山口県豊浦郡豊北町土井ケ浜の砂丘遺跡から発掘された二〇〇体に近い人骨は、これに伴う土器の形式から見て、弥生式前期末の人骨であることが判り、これらの人骨が、弥生人の人種性を知る上に、またひいては、日本人の形成の問題を考える上にも、非常に貴重な材料になった。

ところが、同じ響灘の沿岸で、ほぼ土井ケ浜と同様の地形と土地構成を呈している豊浦町無田周辺の湿地帯を含む弥生式遺跡帯の一部にも、砂丘埋葬遺跡があり、その人骨に伴出する土器は、下関から山陰一帯を通じて、これまでに出土した土器中でも、最も古い形式のものだということが、昨年夏季の調査で判明した。

すると、その人骨は、土井ケ浜の人骨よりも、もっと古いものだ、ということになる。弥生人の人種性を知るには、土井ケ浜人にもまして重要な材料だということになる。昨年夏の、この埋葬地の発掘は比較的小規模であったため、まだ手をつけていない多数の人骨が砂の中に眠っている。これらの多数の材料は今後ぜひ発掘調査されなければならない。弥生人の、あるいは日本人形成に関する知識は、その結果として、ことによると格段の進歩を見せるかもしれない。

この砂丘墓地からは、人骨の埋葬法の上でも、いろいろと新しい事実が見つかっている。たとえば全屍体をいれるには小さすぎる土器の中に、成人の骨が一体分おさめられている。これは今でも九州や瀬戸内の所々に遺っている後世の洗骨葬の先駆であったかもしれない。旧地表には、墓標とも見られる立石の存在も見られた。これらの事実は、日本人の埋葬法、ひいては死者に対する観念の変遷を知る上の貴重な材料だといわなければならない。

さきの土井ヶ浜遺跡では、不幸にしてまだ住居地が発見されていない。ところが無田では、湿地帯周辺の丘脚部に、多くの竪穴遺跡構が見出されている。住居または食物の貯蔵庫として掘られたものである。昨年夏季の無田丘陵の調査では、こうした貯蔵庫の中から、椎の実や、桃の核が発見された。また丘を横切って設けられた排水溝の存在も明らかにされている。その底で見出された土器も、やはり弥生式初頭のものであることが確かめられた。

それならば、こうした丘陵脚部に住居をかまえ、海岸の砂丘に骨を埋めた人々の、海産以外の食物の生産地はどこであったか。

ここで問題になるのは、丘陵下の湿地帯である。現在の水田の耕土下には、この地方で俗にコガと呼ばれる青い床土の層があり、この下に一メートル以上の泥炭層がある。一昨年冬、この泥炭層を踏査した国分直一は、その上部から炭化した稲籾、下部から同じく炭化した植物の塊茎を発見した。しかもその層には、少量ながら弥生式前期土器片もまじっている。この塊茎が、芋の研究家としては最大の権威である九州農事試験所の二井内清之、本多藤雄両氏によって里芋だと同定されたところから、にわかに学界の注目を引き、それがこの遺跡の調査の一つの動機となったのである。というのは、弥生時代の稲作農業の前に、恐らく里芋栽培の農業が行われていたであろうと、国分をはじめ我々を含む一部の人々は考えていたし、いまでもそう考えている。

ところが、この冬の本格的な調査の結果、問題の塊茎は里芋ではない、ということが、同じ二井内、本多両氏によって声明された。そして、北九州大学の畑中健一は、それがウキヤガラの塊茎だということを確証した。また、それを含む泥炭層の形成の時期は、名古屋大学の井関弘太郎の精密な調査の結果、四世紀ないし五世紀であろう、ということも判明した。混在している弥生式土器片は、周辺から流れこんだものであろう、ということになった。

我々が最も興味をもち、期待をかけていた、無田弥生遺跡の里芋の問題は、これで終結した。しかし、我々は、この地帯の調査によって、さまざまの新知見が得られたことを喜びたい。その一つは、下関周辺から土井ケ浜に至る海岸沖積層の構造と、その形成の問題が、非常にはっきりとした解答を得たことである。このことは、ひとりこの地方のみならず、北九州地方においても、弥生時代の生産を特徴づける稲作湿地帯での調査の上に、さまざまの指針を与えることになるかも知れない。少なくとも、同じ方法による北九州の沖積層の調査の必要が認識されたのである。本調査の意義の一つは、この成果と認識の獲得であるといっても過言ではない。

四、五世紀のころ形成された無田の泥炭層の中から発見された炭化米は、米の研究家として令名のある兵庫大学の浜田秀男によって、日本型であることが識別された。その詳細は、後日をまたねばならないが、米の学者が、現遺跡で直接材料を採集調査するという機会は、従来あまりないことである。そういえば、水辺植物や芋の専門家も現地の直接調査に当った。その結果、問題の塊茎の密生状態が、栽培芋の生え方と異なることも観察されたのであろう。誤った予想が見事に訂正された。これも学問としては一つの成功である。

大分県丹生丘陵の前期旧石器文化

大分市の東郊、大野川が別府湾に注ぐ河口部に近いところで、その東岸に並行した断面をさらしている高さ約九〇メートルの洪積期台地がある。そのロームを深くうがっている多くの小さい渓谷によってたくさんの細長い丘陵が作られている。これをかりに丹生丘陵群とよぶことにする。所属は北海部郡坂ノ市町大字丹生（もと丹生村）である。

この台地およびその周辺からは、従来数多くの、各時期の先史時代遺跡が発見されているが、最近大分市の中村俊一や大分大学の富来隆によって、日本では最初の、前期旧石器時代の石器と思われるものが、この丘陵群の一部で発見されたことが報道された。中村、富来両氏の好意によって、私はその遺物をやや詳細に見学する機会が与えられ、また遺跡をも踏査することができた。その概況をここに簡単に報告しようと思う。

この台地のローム層は非常に厚く、その中には何層かの礫層を、縞のようにはさんでいる。その最上部の礫層の円礫を、そのまま利用したと思われる礫器を主体とした石器群が、この層の表面から採集されている。開墾によって表面を削られたロームの現在の地表から、この遺物を包含する礫層までの深さは、丘頂部で約四メートル、斜面では浅くなり、周縁部では礫層が露出している部分もある。こうしたローム層中の礫層面から、旧石器の出土することは、中国の黄河流域の河成段丘上の旧石器遺跡の状態と非常によく似ている。現河水面からのレベルも同様である。

中村らによって今までに採集された石器は、少数の剥片器や石核を除いた残り三七個のうち、過半数は粗大な礫器である。今日もっとも普通に行なわれているモーヴィアスの分類法を利用すると、そのうちの一九個はチョッパー（単面性の加工よりなる割器）、七個はチョッピング・トゥール（両面性の加工による割器）である。一九個のチョッパーのうち円筒形の礫の一端を、礫の長軸に直角に近い角度で、かんたんに打ち欠いだ、礫器中では最も礫器らしい原始的な形のものが五つ、楕円形のやや扁平な礫の側縁を、その長軸に並行の凹みをつけて打ち欠いだクリーバー（掻器）様のものが二つ、扁平円形の礫の一部を三角形に欠いだものが一一個、そのうちの二つは両端性で、上下の端の、表裏相反する面が欠かれている。

七個のチョッピング・トゥールには円筒形、やや扁平な円形あるいは長方形の礫が用いられ、そのうちの一つは削離面の大部分が単面性、その一部が両面性で、セミチョッピング・トゥールとでもいいたいものがあった。

以上の二六個の割器以外の一〇個の石器のうちでは、いわゆるプロト・ハンドアックス（原始手斧）形のものが七個ある。うち五個はユニファース（単面性）、二個はビファース（両面性）である。これらの原始手斧中には、明らかなアシュール（ヨーロッパの第二間氷期石器）形を示すものが三個（単面一、両面一）

あった。

残りの三個のうちの一つは、両面性のハンド・アッズ（掘器様の使用器）で、一面はおおらかに、他面はこまかく加工されている。両端性で、他端はチョッパーに近い。

他の二個のうちの一個は、いわゆるピックライク（豚器様）の長大な礫器で、他の一個は同じく長大ではあるが、加工部は豚器ほどとがらず、一つの変形チョッパーである。いずれも単面加工、前者は長さ約二八センチ、後者は約二五センチ、この長大形の二個の石器は、前述の原始手斧のうちの二個のものと共に、黄褐色の被膜におおわれている。手斧の削面間の稜線は、磨滅して鋭さを失っている。

以上の礫器の原石は、凝灰岩、硬質砂岩が最も多く、他に安山岩、流紋岩、珪質粘板岩などである。

礫器以外には二個の角岩から成るフレーク（削片）器がある。長三角形に近く、削面は大きくて、細加工のあとは見えない。他に化角岩のコア（核）も一個出ている。

これらの丹生丘陵の石器の様相は、各石器の形態はもとより、その種類の組み合わせから各型の出現数の比率の傾向に至るまで、東南アジア各地の前期旧石器時代文化に共通の相を強く示している。すなわち北部インドの早期ソーハン文化、ビルマのアニアト文化、マライのタンポン文化、タイのフィンノイ文化、ジャワのパジタン文化、サラワークのニア洞の底部の文化、近くは周口店の第一地点の文化や、フィリピンのカヴァルワン文化と共通の、チョッパー、チョッピング・トゥールを主軸とする東亜独特の前期旧石器文化相を示している。ただ、丹生遺跡の旧石器中には、フレークが他の一般に比べると、非常に少ない。しかしこれは、タイやフィリッピンの例も同様であり、調査がまだ表面採集の域を出ていないという事情からくるものと思われる。将来発見の可能性は十分にある。

さて、これらの東亜共通の前期旧石器文化は、すべて北部インドのパンジャブの早期ソーハン文化と文化様相のみならず、その地質時代を同じくするものだとの、モーヴィアスの考えに従えば、丹生丘陵の旧石器の文化も、早期ソーハン文化と同じく、シワリック第二氷河期のものといえるらしい。まだ地質の厳密な調査は行なわれていないが、今のところでは、ここからは動物骨も人骨も出ていない。しかし、将来は出土する可能性がある。人骨では、この文化の担当者としてのジャワの直立猿人や、周口店の北京人類に匹敵するものの出現が予想される。これらは五〇万年前の原始人類といわれているものである。

日本で従来発見されている旧石器は、北関東の権現山（第一）のものが、最も古いといわれている。ヨーロッパのリス（第三）氷期に匹敵する時代のものだという。議論の余地はあるらしいが、これが正しいとしても、今回の丹生川の文化は、日本の国土に、それよりもさらに数十万年古い文化の存在したことを明示するものである。こんどの発見は実にその最初の貴重な発見である。

プレ縄文文化が、北関東の岩宿の調査で確認されたのち、引きつづいて全国各地で、プレ縄文遺跡の発見があったように、こんどの発見を機縁として、前期旧石器遺跡も、こんご各地で発見確認されるのではないかと思われる。現に別府湾の北岸の早水台丘陵遺跡のごときは、早期縄文遺跡として報告されているが、その丘陵の一部からは、丹生の前期旧石器に似たものが数個発見され、関東の稲荷台遺跡の同型のものに比定されて、早期縄文文化のものと推定されているが、これなどもいま一度現地を精査すれば、あるいは別の結果に到達するかもしれない。早水台丘陵と丹生丘陵とは、その地理的条件が非常によく似ている。

こんどの発見は、日本としても最初のものであるし、世界の学界を強く刺激するものと思われる。極めて重要な発見であるから、その調査は、日本の学界の総力を挙げて、大規模に、慎重にやらなければならない。一部の狭量な人々が抜けがけの功名を争って調査の万全を損うというようなことがあってはならない。丹生丘陵調査特別委員会のごときものを編成して一日も早く出発すべきだと思う。老婆心でもって、一言付記する次第である。

（文献）
金関丈夫、山内清男、佐藤達夫「大分県丹生遺跡の前期旧石器」、山内清男編『先史考古学論文集』昭和四五年。（なお本遺跡、遺物とその文化に関する山内、佐藤等の論考が、この論文に載せられている。）また、「古代文化」八巻四号（始原文化特集）及び同九巻一号（一九六二）に、角田文衛、富来隆、大西郁夫、三上貞二、中村俊一の諸氏の、本遺跡とその文化に関する報告がある。

古浦遺跡調査の意義

一

日本人の祖先の問題には、日本人ならば誰でも興味をもっている筈だ。古くは日本人は呉の太伯の子孫だなどといわれ、江戸時代以来の学者たちは、高天原はどこだった、などと考証している。

明治一〇年のころから、新しい人類学が日本に入って合理的な考察がこの問題についても起こっている。

東大解剖学教室の小金井良精は、日本各地におびただしい貝塚をのこした、農業も金属器もまだ知らなかった縄文人は、その骨格の類似から推定して、いまのアイヌの祖先だったにちがいないと考証した。これは同じく東大の人類学教室の坪井正五郎の、いわゆる「コロボックル」説との間に、大論争をまきおこし、小金井の義兄にあたる森鷗外などもそれに巻きこまれて、坪井をヤユする一文を草したりしているが、結局コロボックル説は破れ、アイヌ説は一世を風靡した。一時は縄文土器はアイヌ式土器といわれ、全国の意味不明の地名をアイヌ語で解釈しようとする流行までおこった。

この説が正しいとなると、われわれ日本人の祖先は、縄文時代以後にどこからか渡ってきた、新渡の種族だ、ということになる。その文化もちがっていたはずだ。ところが、小金井の住居にごく近くの、本郷弥生町から発見された土器がある。これは縄文土器とは非常にちがっている。のちにこの系統の文化が弥生式といわれるもととなったものだ。坪井の門人だった鳥居竜蔵は、はじめはこの系統の土器を「マレイ式」と呼び、南方に関係があるかと考えた。日本人の祖先は、南方渡来民だったろう、という考えが、鳥居の胸中にあったらしい。しかし、弥生文化の研究が進むと、これは直接には南朝鮮に関係のある、高級文化だ、ということがわかった。水田で米作をするという高級な農業を日本にもたらし、銅や鉄の利用法を伝えた新しい文化である。

そこで鳥居は、これこそ今の日本人の祖先がこの列島にもたらした文化であり、アイヌの祖先である縄文人を南北に駆逐して、この島を占有した、この朝鮮経由の新渡の大陸人が、われわれ日本人の祖先となったのだ、と結論した。後日の鳥居の蒙古の調査や、シャーマニズムの研究はこういう所から端を発している。

縄文人は先住アイヌ族であり、日本人の祖先は、その後に高級の文化をたずさえて、アジア大陸から渡来した民族だ、という鳥居のこの説は、古来の天孫降臨説をも裏づけることができて、たいへん明快な説である。大正のころまではこの説が専ら行なわれ、人々はそれを疑わなかった。

しかし、小金井の縄文人即アイヌ説の根拠になった、縄文人の骨格の材料は、発見の地域も限られているし、その数も非常に少ない。統計学的の正確な結論を出すには、もっと多くの縄文人の骨格材料を必要とする。このことを痛感して、日本全国の貝塚人をひろく集めたのは、京大の清野謙次だった。その集めた人骨は一〇〇〇体をこえ、計測に利用されたものだけでも七〇〇体に達した。清野とその門下の諸学者の調査の結果は意外だった。縄文人はアイヌにも似ているが、しかしそれ以上に現代日本人によく似ている。だから、縄文人をアイヌの祖先だというのは誤りで、彼らはいわば「日本石器時代人」とでもいうべき、独特の人間である。その後に分れて、アイヌにもなり、日本人にもなった。その分れた原因は、それぞれ異なった要素との混血によるものだろう、というのが、清野の新しい説である。日本人の祖先は、新渡の弥生人ではない。縄文人こそ、その根幹にある。弥生文化をもたらした大陸渡来人は、その形成に参加した一要素にすぎない、ということになる。

さて、この新説が世人の理解を要求しているうちに、日本は大東亜戦争に入った。国粋思想が異常に宣揚され、日本人こそアジアを指導する神聖なる使命を有する選民だ。こうした民族が混成種であるわけはない。日本人は日本で発生し日本で作られた純系の聖民族だというような考えが、しだいにはびこる。その影響は学界にも及び、混血説は否定される。縄文人以来の変化は、新しい人種要素の混入によるものではなく、時代の経過による自然の変化だ、と説明される。この説をなすものは、戦後のいまでも一部に残っている。しかしこの説によると、弥生文化の導入は、単なる文化現象であり、その文化を日本にもたらした人間は、少なくとも日本人の体質に影響を与えるほどは、渡来しなかったということになる。果たしてそうであろうか。

二

以上に述べた、日本人の祖先に関するいろいろの学説は、その根拠を、古代人の骨格の特徴においている。

縄文人の骨格については、その材料が非常に多い。また、弥生時代のあとにつづく、古墳時代の文化を築いた、いわゆる古墳時代人の遺骨もほぼわかっている。これは現代日本人と大差のない種族であり、その文化も日本の歴史時代の文化に接続している。

ところが、その古墳時代文化の直接の祖型である弥生文化を帯び、それを発展させた弥生人の体質は、わかっていなかったのである。人々は材料のないところに仮空の学説をうち建てていたのである。日本人の祖先を論ずる上の、これは何としても一大欠陥だった。

それまでに弥生人骨が得られなかった、ということは、弥生時代人に厚葬の風がおこったことが、その原因の一つである。製陶の技術が発達し、いままでになかった大きな甕《かめ》を作るようになった。それに遺骸を密閉して埋葬する、いわゆる甕棺埋葬の風がおこり、かえってそのために骨は腐った。この甕棺が発見のきっかけとなって、いままでは弥生人の墓地が調査された。弥生人の人骨の得られなかったのは、そのせいである。

これに対して、縄文人は多くは貝塚の中に死体を捨てた。雨水に含まれる天然の酸が、貝の石灰分で中和されて、人骨に達するまでには酸性を失う。それで縄文人の骨はのこったのだ。

ところが山口県の西海岸や、山陰の日本海岸にある風成の砂丘には、貝の粉が多量に含まれている。これを通過する雨水は、貝塚を通過する場合と同じ作用をうけるはずだ。現に古浦砂丘でわれわれが測定した、人骨包含層の水素イオン濃度は非常に高く、強いアルカリ性を示している。人骨はそのために腐らずにのこったのである。

だから、貝塚に死体を捨てなかった弥生人も、砂丘を墓地に作る場合には、その骨をのこす。弥生人の砂丘埋葬遺跡は、弥生人骨を得るのに絶好の地帯だ。しかし、これは墓地であって生活遺跡ではない。土器やその地の遺物は非常に少ない。これまでの考古学者の興味を誘うものがほとんどなかったから、調査はなおざりにされていた。弥生人の遺骨の発見例が、これまでにほとんどなかったのは、これらの原因からきている。

日本人の祖先の問題を明らかにするには、弥生人骨の大量の発見は、不可欠の必要事だ。それを調べないで、架空の議論をしていてもしかたがない。われわれはこの欠陥を埋めたいと考えた。幸いにも、昭和二八年、山口県の土井ヶ浜の砂丘遺跡にぶっつかった。それは弥生前期人の、大きな集団埋葬遺跡だった。爾後五年間の連続調査で、約二〇〇体の遺骨を得た。縄文人とは、ことに身長の点で非常に異なっており、長身、高頭の種族だ、ということがわかった。

しかし、弥生人の全体をこれでおしはかるわけにはゆかない。これにつづいて調査した、鹿児島県成川の埋葬遺跡では、弥生晩期の人々は、低身、円頭で、いまの鹿児島人と異ならない。して見ると、弥生人を論ずるには、できるだけ広く全国にわたって、できるだけ多くの人骨を集めなければならない。

土井ヶ浜や成川の弥生人は、山口人や鹿児島人の成り立ちを知る資料にはなっても、それでもって日本人全体の形成を論ずる材料にはならない。鹿児島の弥生人をもって、山陰人の祖型とすることは出来ない。

できるだけ広く、できるだけ多くの弥生人骨資料を集める。これが日本人の祖先の問題を解決する上に、是非とも必要である。それには各地の砂丘の遺跡に目をつけるのがいちばんいい。

われわれが昨年の暮れから、この夏にわたり、二回の古浦砂丘遺跡（松江市の北西、日本海に面する）の調査を試みたのは右の理由によるものである。

幸いにして古浦砂丘は、われわれの期待にそむかぬ非常に貴重な遺跡であることがわかった。ことに今年度の調査では、人骨の密集地帯にゆき当った。今後数年の調査が、このために必要なこともわかった。ただ惜しいことには、このままに放置しておくと、土建用の材料を得るため、毎日砂とりの車がきているから、遺跡が急速に破壊され、今後の調査が不可能になる恐れがある。保存の方法を緊急に講じなければならない。

幸い鹿島町の当局は、理解があり好意的でもあって、その処置をとってくれると約束されたが、これには民間の協力も必要である。明年度以降の調査に対しても、官民一体の協力と援助を切にお願いする。

古墳期以降における庶民生活の研究資料としても、古浦遺跡は貴重であるが、これについては、今回は省略しておく。

三

八束郡鹿島町古浦の砂丘は、『出雲風土記』の書かれた八世紀初半のころには、無人の荒地だった。砂の移動が激しくて、人が住めなかったらしい。しかし、七世紀のころには、非常に広範囲に、人が住んでいた。それらの人々は、三世紀のころから、ここに住みつき四〇〇年は連続して住んでいる。釣針や、銛や、網のおもりなどを残しているところからみて、漁民であったことがわかる。アワビ、サザエなどさまざまの貝や、エイその他の魚骨も残っている。

シカの角やアナグマかと思われる動物の骨なども出てくるから、山野の獲物も追うたらしい。しかし矢じりはまだ発見されていない。獣骨は砕いて髄まですすった。牛の角のような形をした、太い、土製の支脚を三つ並べ、その上に土釜を掛け、同じく土製の甑をのせて、恐らくは米をたいて主食とした。その米はいまの佐太川の沿岸の湿地帯の産であっただろう。海の幸と交換で得られたものであっただろう。

家の遺構は、まだ発見されていないが、付近の山間地の第三紀層の赤土を運んできて、砂丘の表面を固め、鍛冶場の床を作った。土製の鞴の口も残っている。ここで彼らは刃物や釣針などを作ったものだ。その近くには、シカの角で作った美しい刀の柄も出ている。この人々の墓はまだ見つかっていない。その時代には、大きい墳墓を作った富裕階級も発生していたが、この人々はそんな立派な墓を作るほどの金持ではなかった。貧しい漁民だった。しかし七世紀のころになると、彼らのうちにも、銅に金をかぶせた美しい耳飾りをつけるものが現われた。世の中がいったいにぜいたくになってきたのであろうが、そのころになって突如として、彼らはこの砂丘の表面から消え去った。『風土記』にいう、雪のように降り、アリのように地表をはって、桑麻の畠をおおう流砂を、防ぎきれなかったのであろう。それから今日までに、高いところでは五メートルの厚さの砂が、その上に盛り上がった。

彼らがこの地を見捨てた七世紀のころに、社部臣《こそべのおみ》波蘇らはこの砂丘の北の端をきり開いて、砂丘の東の田水を海に導く排水溝を作った。これは大事業である。佐太川沿岸の水浸地は良田となった。新田は大量の労働力を必要とした。一方で、砂丘上の人口は、すでに飽和していた。彼らが砂丘の住居を捨てたのは、砂害だけがその原因だったとはいい切れないかもしれない。これは三世紀から七世紀にかけて、この砂丘に住んだ貧しい漁民の物語りである。

しかし、この砂丘を利用したものは、それ以前にもあった。紀元前三世紀のころには、弥生人がこれを墓地として利用した。彼らの住居はまだわかっていない。遺骨とともに発見される土器は、北九州とも瀬戸内ともつながる。その骨格は大きく、男のうちで大きいものは、生前の身長一・七〇メートルにおよぶものがある。それ以前に、日本のいたるところに貝塚を残した丈の低い縄文人とは、これは明らかに異なった体質を示すものだ。住居のあとがわからないから、その生活の様相ははっきりしない。しかし男の骨の多くは肩や上腕の骨、肋骨などが、ひどく発達している。その発達した部分に付着した筋肉の運動を推定すると、彼らが日常、舟のカイを猛烈に漕いだことがわかる。遺物からはいえなくても、骨格から見て、彼らもまた、漁民であったことがわかる。

男も女も、一五、六歳のときに、上あごの左右の外側の門歯、あるいは犬歯を抜く習慣があった。これは縄文人の遺風である。体格の上では縄文人とは別種の感はあるが、両者の間に強い接触のあったことはいなめない。この風習は一世紀以後にはすたれてしまう。

古浦の弥生人は、砂丘墓地の一部を子供墓にした。子供といっても一歳から四、五歳までの幼児である。頭の向きはまだまちまちだが、上に石を積んだり、砂利をまいたりして、墓の目じるしにしている。一、二歳の幼児が美しい貝の腕輪を何枚もはめ、なかには衣類に縫いこんだと思われる貝の小珠を数千個もつけているものがある。彼らは幼児の死を惜しんだらしい。貧しくとも海の幸は多く、人口の増加は問題ではなかった。むしろ労働力は必要だった。

紀元一世紀のころまで、弥生人はこの付近にいたらしい。その後は住居をどこかに移したとみえる。それからつぎの住民がこの砂丘に住みついた三世紀のころには、弥生時代の子供墓の上には二メートル近くの砂がつもっていた。古浦砂丘のこの部分では、七世紀から現代にいたる一三〇〇年間、海風は完全に人を制圧していた。

着色と変形を伴う弥生前期人の頭蓋

島根県八束郡鹿島町古浦砂丘の埋葬遺跡は、従来古墳時代遺跡として報告され[1][2]、この遺跡から発見された人骨は古墳時代人、その人骨に見られる抜歯のあとは古墳時代人の抜歯風習の証拠と見なされた[3][4][5][6]。しかし、島根大学の山本清の報告[1]にもある通り、この遺跡から発見された遺物の中には、多数の土師器や須恵器と共に、少数ながら弥生土器やその破片も混じっており、一九四八年八月と一九五四年七月に山本の同所で発掘した二体の人骨、これは従来発見された同遺跡の人骨中、原位置、原姿勢のまま獲られた唯二の材料であり、いずれも抜歯のあとをもっているが、二体とも土器は伴わず、一九五四年の一体に五個の碧玉製の小形の管玉が伴っているのみであった。しかしこの管玉は、山本によると、弥生時代のものとも考えられるものだとのことであるから、従ってその人骨が古墳期のものであるという証拠にはならない。

このような事情から見て、抜歯風習のあとのある古浦砂丘人骨の所属する時代は、これまでの調査では、まだ決定的に明らかにされたとはいい難い事情にある。

しかし、日本における抜歯風習は、九州の一、二の地方の水上生活者には、近代まで遺っていたことが、近頃わかって来たから、(7)古墳時代までこれが遺っていたとしても、別段不思議はない。ことに従来の古墳時代人骨はみな、比較的上層階級者のものと見られており、これに抜歯のあとはなくても、砂丘の共同埋葬者の如き一般庶民階級者と見られる人々の間には、なお古い風習が、同じ時代まで保たれていた可能性がないとはいえない。

そこで、われわれの教室では、この遺跡をも一度よく調べることにした。その一つの目的は上記の、抜歯のある人骨の所属する時代を明らかにすることであったが、いま一つはこの遺跡が、少数の弥生土器の他に、非常に豊富な、各時代の土師器や須恵器を含むことは明らかであるから、古墳期における庶民の遺した遺跡として、貴重な意味をもつものであり、もし人骨がこれに伴うものだとすれば、その時代における庶民階級者の形質、その埋葬風習、その他一般の生活状態をも幾分明らかにすることが出来るかも知れぬということであった。調査には金関、小片保の他に、藤田等《ひとし》、山本清、島根県立博物館の近藤正、九州大学の永井昌文が当り、松江第三中学校の池田満雄等の援助を仰いだ。

調査の地点は、砂丘の現存部の北端の、従来人骨や遺物の出土した地点——これはいまは砂採り作業によって消滅している——に接続した部位である。調査の結果は、将来なお数回の発掘をつづけた後の詳報にゆずるが、この地点では、上層の須恵器、土師器の包含層の下に、少量の弥生前期の土器を含む層があり、原埋葬姿勢を保つ保存のいい人骨は、すべてその層の直下にあることが判明した。その上層の土師層からも、保存不良な人骨の破片が遊離して、或いは無秩序に集骨された形で出土したが、これらの層は下層よりとりあげられた疑いが濃い。従って、従来のこの地点から発見された、保存の良い人骨は、ほとんど疑いなく弥生前期に属するものであろう、という結論になり、この遺跡に関する限り、「古墳時代の抜歯人骨」という考えは、一応否定されなければならないことになった。

計　測　表

脳頭蓋最大長	182mm	頬骨弓幅	133mm
脳頭蓋最大幅	142mm	鼻高	49mm
Basion-Bregma 高	135mm	全側面角	86°
地平周径（gl 上）	513mm	上顔示数（Kollmann）	54.14
脳頭蓋長幅示数	78.02	眼窠示数（*l*）	79.76
脳頭蓋長高示数	74.18	横頭顔示数	93.66
脳頭蓋幅高示数	95.07	縦頭顔示数	47.80
顔長	87mm	垂直頭顔示数	52.55
上顔高	72mm		

いまここで報告しようとする人骨も、これと同一地点から、砂採りの際偶然掘り出されたもので、一九六一年十一月のはじめ、かねて同所の遺物や人骨に興味をもって採集していた、同部落の小学生川上一義から提供されたものである。その発見の位置や、包含層もほぼ明確であって、他の人骨と同様、弥生前期の人骨と見られるものである。上顔面上部の右半に、砂採作業の際に起った破損がある他は、保存のきわめて良好な男性頭蓋で、推定年齢は熟年である。

その一般形態は、従来の同遺跡発見の人骨と大差なく、その簡単な計測値は上表の通りである。この人骨には、上顎左右犬歯の抜歯のあとのあることも、一九二九年発見の第一人骨（♀）、一九二三年発見の第三人骨（♂）、一九五八年発見の第四人骨（♂）、第五人骨（♂）、一九六一年発見の第六人骨（♂）と同様である。すなわち、古浦砂丘遺跡発見の、上顎前方歯槽部の残存する成人頭骨一四例中には、七例の抜歯骨があり、そのうちの六例が、上顎左右犬歯を抜く例だ、ということになる。

この頭骨には、前頭鱗の外面の下部に、両側の眼窠上縁とその中間の鼻部を基底として、上方及び両側方に凸彎を描く一つの不規則な縁によって囲まれた、他とは不共通な外観を呈する、一つの特殊な面がある。正中部が最も高く、Glabella よりその部までの弧長は六五ミリである。側方の凸彎部は、左右とも側頭線に及んでいる。左右両縁間の最大弧幅――面の横径――は九五ミリである。この縁に沿うてその外に幅約一〇ミリの腐蝕面が帯状にこの面を包んで走り、その下端は両側とも眼窠上縁に終っている。

こうした縁をもつ問題の欠円形の前頭面が、この頭骨の表面の一般と異なる性状を呈する点が二つある。一つは、その面全体に、他の部に見るような顕著な――肉眼で見えるほどの――erosion 部が少しもなく、一様に滑沢であること、いま一つは、その面に淡緑色の着色のあることとである。

この着色は、問題の面の全体にわたっているが、部分によって濃淡があり、その部分は三区画に分れている。そのうち着色の最も濃いのは、眉間上二五ミリの、正中線上の一点を中心とする、弧直径三七・五ミリの正円形の部分である。その境界線は鮮明で、規則正しい曲線を描いている（次頁写真左の内圏の点線）。この円の外を、これより淡色の帯縁輪状面が囲んでいる。その面の外縁の境界線は不鮮明で、不規則な出入りをもっている（同、外圏の点線）。その線の最高部は正中線上で眉間よりの弧長五七ミリにある。線の下極は眉間下にわたっている。左右外側点を結ぶ横弧幅は五九ミリである。

第三の面は、この第二の面の外周をなす輪状の部で、左右両側とも、その下端は眼窠上縁に終ってい

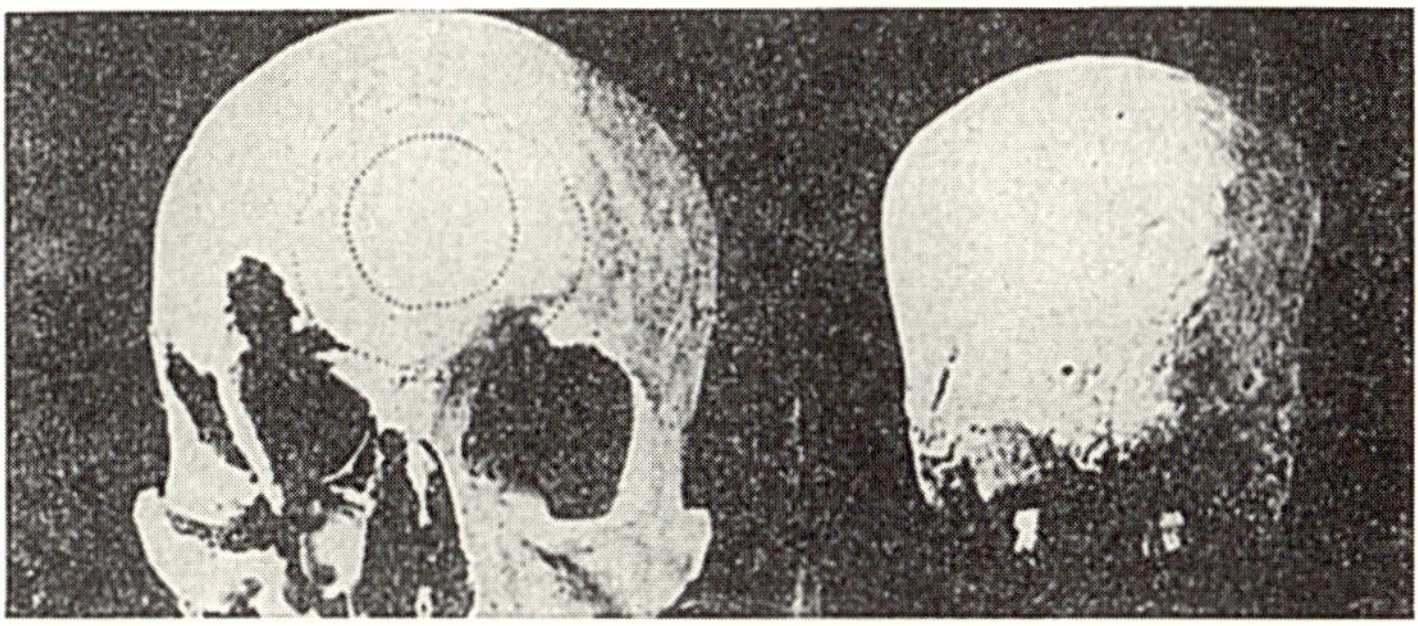

古浦頭骨（左）と同後面像

る。一見しただけでは緑色の色調を呈せず、周囲の黄褐色の面とほとんど同様に見えるが、精査して辛うじてかすかな緑色の調子が見られる。この面の外周を前記の腐蝕帯が囲んでいる。

全体から受ける印象は、緑色の色素源に直接に接したのは、中央の正円部であり、その周辺は、骨面に沿って diffuse した色素の浸潤による着色、さらにその外周は、色素よりもむしろ主としてこれに伴う何物かの液状物質の diffusion による変化であるかのように思われる。またこれらの物質が骨表面を浸涵することによって、酸性物質による外界よりの腐蝕に対する抵抗性が或る程度獲得されたものかと思われる。

以上の着色は疑いもなく銅銹によるものであって、もちろん偶然のものであるが、死後表層の軟部の崩壊後に、皮膚上にあった円形の銅板が骨面に接着し、水酸化することによって汚染されたものと考えられる。

このような例は他にも皆無ではなく、近代の台湾在住漢族の老年の女性頭骨には、しばしばこの現象が見られる(8)。これは、布製の、幅約五センチの「招君眉」と称するはちまき状のバンドを、着装のまま埋葬する。そのバンドの正面に、円形の銅製の飾板を着けているために起る現象である。その着色の原因が判明している例であるが、これらから類推して、古浦人骨の場合におけるさきの推定は誤りないと思う。そして、もしそうだとすると、古浦人骨の場合にも、このような円形の銅板を固定したはちまき様のバンドの使用が想像される。台湾婦人の場合には、招君眉は老後に至ってはじめて使用されるので、日常のバンド使用のために生ずる頭骨の deformation は見えないが、永井の発表[9]によると、先年われわれが鹿児島県種子島広田の弥生中期の遺跡で発見した男性頭骨には、円板形の頭飾品によると思われる、前頭骨における円形の圧痕と共に、asterion 上部における不自然な狭窄のあとのあることが認められ、はちまき様バンドの、若年時よりの日常不断の使用が推定されている。

ところが、問題の古浦人骨においても、同じ部分にこれに類する狭窄が認められる。即ちこの頭骨には、両側ともに、側頭骨の側頭線の後方への凸彎部の後方からはじまって、頭頂骨の乳様角部を含み、さらに後頭骨の鱗部に移って上項線の外端部にわたるまでの後頭面を含む部位が、全体として平坦となり、前頭方向の断面上における同部のふくらみを失っている。その形状の正確な記載は困難であるが、側頭骨乳様部と頭頂骨乳様角との間には、幅約五センチの、前後に走る浅い、短い溝がはさまれ、その溝の最深部の深さは五ミリに達している。この頭骨の後面観では、この部のふくらみを欠くため、その匡画線の側縁の下部は、側頭骨側頭面の匡画線が現われ、左右の両側間は著しく狭窄している(前頁写真右)。結局、全体として、幅約五センチのバンドを、はちまき様に使用することによって生じた、不自然な圧痕だと見れば、理解できるような形態である。但し、この程度の狭窄は、自然的にも皆無ではない。広田の場合も、決定的に後天性の変形だと断言することはできないが、その程度の不自然だとも思わせる。しかし、少くとも一〇〇例に近い広田頭骨にも、一四例の古浦頭骨にも、他には見られない形態である。この事実によって、変形の疑いは極めて濃厚だともいえる。

こうした推定が成り立つとすれば、広田の場合には殊に、他の約一〇〇体の人骨にはそうした例のないところから、その個体における特殊の頭飾法が推定される。同時にその人骨に伴う一般服飾品が、他の例に比して格段に豊富であった等の事実から、その人が一種の特定の職分者、恐らく一種の magician ではなかったかとの疑いがもたれる。古浦の場合にも、やはり特殊の個人であったかの疑いがあり、若年時から日常不断に特殊の頭飾を着したというのは、広田の場合と同様に、或る特殊の職分者、すなわち magician の如きものではなかったかと推定される。広田の弥生中期遺跡人の場合には、老年の女性のすべてが、その服飾品や埋葬形式の特殊性から見ると、一種の巫、南島の今日の用語に従えば神人（カミンチュウ）であったかの観を呈している中に、このようなただ一人の男性の呪師と思われるものが存在している。その服飾品——呪品でもあった——の豊富さが他を凌いでいる点から見て、多くの巫にまさった呪力を、この覡は持つものであったらしく、その骨格全体が、男性でありながら極めて女性的な様相を呈していることは、そうした体質者にこそ、最も強い霊力ありとする今日の南島人の信仰[10]にも通ずるところがある。古浦の弥生前期人の場合には、女性におけるそうした特殊例はまだ発見されていない。ここでは男性呪師かと想像されるこの一例が見つかっただけである。別に女性的な骨格者でもなかった。

広田の変形頭骨に認められたような前頭面の圧痕は、古浦頭骨には認められなかった。着色の原因となった円形の銅板は、さまで厚いものではなく、骨の表面の形に従って曲り得る程度の厚さのものであっただろう。

文献

(1) 山本　清　一九五四「土師器を主とする砂丘遺跡の埋葬例について」『日本考古学協会彙報』別篇三、一九～二〇頁。
(2) 小片　保　一九五六「出雲国八束郡恵曇町古浦砂丘遺跡発掘報告」米子、一～二四頁。
(3) 小片保他三　一九五六「日本古墳時代人骨の抜歯」『鳥取解剖業績』第四輯一二四～一三三頁。
(4) 小片保他三　一九五七「古墳時代の抜歯」『解剖誌』三二巻二号附録、五頁。
(5) Ogata, T. etc, 1958: Einige zusätzliche Beweismaterialien der Zahnmutilation bei den protohistorischen Menschen in Japan. Arb. Anat. Inst. Univ. Tottori, Heft VIII. s. 449～452.
(6) 小片丘彦　一九六一「日本古墳時代人頭蓋における抜歯例の追加、第十六回日本解剖学会中国・四国地方会（岡山）」。
(7) 羽原又吉　一九五一『日本古代漁業経済史』東京、二九四頁。長崎県瀬戸町の家船（エブネ）の女性に成女式の意味の抜歯の慣行のあったことが記されており、これが近代まで伝承されていたことは国分直一教授によって確かめられた。また大分県津留の、かつての家船の生活者「シャー」の人々にも近代までこの風習のあったことが、佐藤暁によって採集されている。
(8) 金関丈夫　一九三九「台湾における墳墓骨の死後着色に就いて」『解剖』一四巻二号、三一～三三頁。
(9) 永井昌文　一九六一「前額扁平のある広田弥生式人頭蓋」第一六回日本人類学会・日本民族学会連合大会（神戸）。
(10) 国分直一教授の一九六〇年の与那国島調査ノートより。

追記　本遺跡からはその後一九六三年の調査のおりにも、額に緑色の銅斑がのこり、この遺跡から出た他の人骨には例のない上質の玉製の勾玉や管玉を、この遺跡としては比較的多く身につけている、そうした特殊の人骨が、卜骨発見の地点と同じ層で、しかも二メートルとははなれていない所から見出された。（本編は小片丘彦との共著であるが、小片の承諾を得てここにのせた）。

人類学上から見た長沙婦人

湖南省長沙で発見された、前漢墓棺中の完全人体が大きな話題になっているが、その本体はやはり屍蝋（アディポシール）と考えるほかはないようである。こんどのケースはその条件が格別に良好だった、それで二一〇〇年の長期を保ち得たのだろう、と思われる。清純な地下水が、目にとまらぬほどの動きで、しかし絶えまなく洗う、というような条件が最高であろうが、洗うというほどでなくても、その流水が一定の湿度を保つというような場合には、同じくこの現象がおこり得る。

また、その条件の一つとしては、死者のからだが脂肪に富んでいたことも必要であっただろう。問題の被葬者は、写真ではそれほどの肥満女とも見えないが、生前は相当の太っちょであった、と考えてよかろう。

この墓の主人公は軑侯の一族中の貴婦人だった、と推測されているようだが、軑侯はそれまで湖南省長沙の地方官であった者が、前漢第二代の恵帝の二年（前一九三年）、湖北省の軑県をあわせて管理するようになり、その名を得たもので、とても、先代の高祖時代にはあった長沙王ほどの身分ではなかった。

しかしそれにしては——いまのところ漆棺と衣類の一部を知るのみだが——非常に豪奢な埋葬と思われ

る。豪奢にして造墓の手段を尽くし得た、というのもまた、屍体保全の一つのファクターであったかもしれない。これと同様の完全屍体をのこした墓は、これまでにも多く知られているが、ほとんど皆その豪華さにおいてはこれに劣らぬものであった。

その二、三の例を挙げて見よう。右に挙げた恵帝の母后で、世界女性史上最大の残虐者とうたわれている呂后は、帝におくれて紀元前一八〇年に死んでいるが、二〇〇年後に盗賊のため墓があばかれたときには、やはり生前の姿のままで棺中に眠っていた。群盗競ってこれを姦した、というのは嘘ばなしにちがいないが、完全屍体はあり得ることである。

同様のことは後漢の桓帝の宮女の馮夫人の屍体にも起こっている。七〇余年後の霊帝のとき、群盗これを姦するためあい争って相殺したことが『捜神記』に見えている。三国の呉の景帝(二五六―二六四年)のとき、広陵(いまの揚州)で非常に豪華な墓が発掘され、棺を破ると髪すでに班白、衣冠鮮明、面体生人のごとき屍体が、深さ一尺ばかりの雲母の中に埋められていた(同書)。雲母に埋められた屍体の話は、漢の劉歆の『西京雑記』にもある。春秋時代の晋の霊公の墓が発掘されたとき、墓中には一人の男子と数人の女子の屍体の、衣服と身体の形色も生人に異ならないものがあったという。

生前の姿に異ならない屍体発見の例は、この他にもいくつか記録されている。しかし今度の発見のように、二一〇〇年も保存された例はない。これまでの例でいちばん長もちしたのは、晋の愍帝の建興年間(三一三―三一七年)に、春秋時代の有名な景公と管仲の墓があばかれたが、両者ともに遺体は朽ちていなかったという。これは約八〇〇年の保全である。

最後にもう一つ付け加えておきたいのは、長沙に近いところで、しかもほぼ同時代の例がある。長沙を流れる湘水の上流の、漢代には臨湘県といわれた土地で、前漢の高祖の時の長沙王呉芮の遺体が、三国の黄初の末（二二六）年のころ、呉人によって発掘された。その容顔は生けるがごとく、衣服も鮮明であった。これを呉芮の遺体なりと確認したのは、芮の一六世の子孫の呉綱で、彼は伝承により、その遺体にのこる耳の特徴から見きわめたのである。これは約四〇〇年保全されたことになる。（この話は、『太平御覧』以下各書に『世説新語』より引くとあるが、今の『世説』の流本には見えない。）

このように前漢の初頭に近く、また同地方に、そしてまた同階級の王侯の墓に、同様の現象が期せずして生じた、ということは、これを偶然と見るよりは、時俗、階級、地理などの方面に、何分かの必然を求め得るであろう、という可能性を示すもののようである。

長沙地方では、こんど発見されたものと同じ形式の木槨木棺墓は、戦国時代の墓にもその例があり、前漢の北鮮の楽浪の墳墓にもこれがある。北鮮では入手できない樟の棺材を江南地方から取り寄せたか、と考えられているが、こんどの長沙墓の棺材が何であるかを、早く知りたいと思う。殺虫力のあるカンフルを含むこの材が、人体保存のために何分かの役目を果したかも知れない。現に楽浪墓でも、絹布や人髪が朽ちないままに残っていた例がある。棺が水びたしになっていたのは、ここでも同様だった。

ここで、こんどの屍体の人類学的特徴の問題に移ることにする。身長の一五四・五センチは、女性として大きい方である。カメラの向け方で真上から見た形はわからないが、顔は長型であるし、鼻孔の形から察して、鼻はかなり隆かったかと思われる。これらは現代の一般江南人には稀れな体質であって、北シナ人の特徴をよく表わしている。
これまでには戦国時代の長沙、信陽（河南）などの、楚文化に属する出土品中に彫塑の人像で、短身、低顔の造形を見て、いかにも南シナ人だな、と考えていたが、古代南シナ人の実物は見ることができなかった。こんどの発見の最初の予報に接して、写真を見るまでは、こんどこそ実物でこのタイプが見られるかと期待していたが、この期待ははずれた。写真では、この墓の主人公が北シナ派遣の地方官に随従した北シナ出身の女性であることが歴然としている。参考のため、湖南省と河北省の現代男性の身長の平均値（李済による）を挙げると、

河北　一六九・〇センチ（二六八人平均）
湖南　一六二・二センチ（二七六人平均）

となり、平均値で、約七センチの差がある。女性の身長の比がこれに準ずることはもちろんである。
このことは北シナ人――新石器時代から今日まで、体はほとんど変わっていない――と、後方インドからインドネシアにわたる基本的人種型、フォン・アイクシュテットのいわゆる「原マライ型」を基底とする南シナ人との間に、截然たる差があるということを、端的に示す事実である。しかし、われわれが知りたいのは古代南シナ人の体質である。発掘による人体資料が有効数に達するまでは、図書や彫塑の人像にたよるか、現代人をもって古代人を推すより他はなく、われわれ日本人の起源の問題の徹底的解明は、それまでおあずけ、ということになるのである。

（追補）その後に発表された報告書によると、この長沙婦人の屍体の軟部は屍蝋によって保たれたものではないことがわかった。

Ⅲ

三焦

はしがき

三焦はいうまでもなく、胃・大腸・小腸・胆・膀胱とともに六府(腑)の一つとして古くから知られている。しかし、その本体が何であるかは、今日までまだ明らかにされていない。六府のうち、三焦以外の五府が何であるかということに就いては、何の疑問も挿む余地はない。ただ三焦だけが疑問の府であり、古来論議の的になっている。その論議の歴史を見ると、それが論議されればされるほど、混乱は増してきたとさえ思われる。今日、この問題を再びとり上げようという人がいないのは、それが既に解決されたからというのではなく、これ以上討議しても、解決の見込みがありそうにも思えない、という所にも、幾分の原因はあるであろう。

もとより、三焦の本体を解決することは、既に今日の医学の問題ではなくなっている。といって、これに対する人々の興味が、全然なくなったのでもないらしい。その証拠には、つい最近にも京都の松尾巌博士から、現代の解剖学上、三焦が何であるかを解明せよ、との問題が提出されている。(1) 三焦について殊に喧しく論ぜられるに至ったのは、宋代の理学勃興の期に始まったらしく、金、元の時代を経て、明代に至ってその絶頂に達している。別に発展はさせなかったが、わが国でも、これら各時代の影響はひきつづき受けてきた。ただ一度、江戸時代に、蘭医学移入期の刺戟によって、その論議に最後の華を咲かせたが、その後は再びこれを問題とする人もなく、寂として今日に至っている。

三焦は忘れられたと見える頃に、突如、顔をもたげて、人々に呼びかける、東洋医学史上の sphinx なのであろうか。松尾博士の言葉をかりて呼びかけられた全国五〇〇人の解剖学者の一人として、五〇〇分の一くらいの責任を私は感じた。勇ましくこの sphinx に立ち向おうというのではない。そうした人々のために少しばかりの道ならしをしようというまでである。

(1) 松尾いはほ「五臓六腑」、芝蘭六四号、一九五五。

その名称

三焦の名の記された文献で、年代の比較的明らかなもののうち、最も古いのは、『史記』扁鵲伝である。BC二世紀半ころのものと考えられる。これに「三焦膀胱」と、二つの名が連用されて出る。(2)

今日見られる『黄帝内経素問』二四巻は、唐宋時代の整理を経たものであって、その一部は明らかな偽作であるが、残りの諸篇のうちの果してどれほどが『漢書』芸文志所載の『黄帝内経』十八巻の内容を伝えるものであるかは、大いに疑問とされている。しかし、その文字の用例などから、漢代以前の面影を遺す部分も、皆無ではないらしいといわれている。ただ、そうした特徴を示すことのない文字の一つ一つについて、その成立の時代を判定することは至難である。この『素問』には、三焦の名と共に、「宣明五気篇」と「挙痛論篇」には下焦、後者と「調経論篇」には上焦の名が見える。中焦の名はこの書には見えないようであるが、もちろん、上、中、下三焦の考えは、これらの篇の成立した時代にはあったものと見てよい。ただその成立が何の時代であったかについては、さきにもいう如く、軽々しくは断定できない。

紀元後一世紀になると、三焦、上焦、中焦、下焦の名を含む、『礼運記』なるものが、『白虎通』(3)に引用されていて、これらの名称の成立は初めて明らかになる。後漢張仲景の『傷寒論』、『金匱要略』、『金匱玉函経』、秦越人即ち扁鵲の撰と伝えられているが、実はその成立が魏晋以後のものと見られている『黄帝八十一難経』、晋の王叔和の『脈経』、同じく皇甫謐の『鍼灸甲乙経』はいずれも同様であるが、『脈経』には「焦」字の他に「膲」字が併用されており、梁の顧野王の『玉篇』には、「膲子遙切三膲」とあって、膲の一字を三膲の意に解している。隋の巣元方等の『諸病源候論』や、唐代の撰或いは、撰と見られる『黄帝内経太素』、『霊枢経』等は、いずれも焦字をあてている。

わが平安朝の中期に編まれた『新撰字鏡』(4)には「膲」字を挙げるのみで、訓みはないが、それよりも約四〇年後の『和名類聚鈔』(5)は、「三膲」の字を用いて、これに「美能(乃)和太」の和名をあてている。この訓みは『楊氏漢語抄』による、とあるから、その起りはさらに古いことがわかる。これよりも更に約五〇年後の『医心方』(6)は、「三焦」の字を用いて、同じく「ミノワタ」と訓ませる。平安朝末期に至っても、この和訓は踏襲され、『以呂波字類抄』(7)には「膲、ミノワタ、六府也」、『類聚名義抄』(8)には

「膲ミノワタ、三膲ミノワタ」、『字鏡集』[9]には「膲（セウ）子遙反ミ、ノワタ」（ミノワタ）とある。この風は、江戸時代初期以後の『増補下学集』[10]や『和漢三才図会』[11]に及んでいる。

以上を通覧すると、確実にいえる範囲では、三焦の名は、おそくとも紀元前二世紀、また上焦、中焦、下焦の名は、おそくとも紀元後一世紀の頃には存在した。初めは焦字が用いられ、後に膲字も併用された。わが国ではこれに、平安朝中期以前から、「ミノワタ」の訓を与えた、ということが言える。

但し、膲字の出現の時期については、必ずしもそれが『脈経』編纂の期にあったと考える必要はないであろう。明の馬玄台[12]は、三焦と三膲とは別物だとの奇説を出している。これについては、次の項で述べることにする。

しかし、三焦の名は見えなくとも、「六府」の称が紀元前二世紀よりも以前にあったとすると、三焦の考えは既にその中に含まれており、その時代から既に存在していたかもしれない。

『史記』扁鵲伝に三焦の文字を含むことは、前に述べる通りであるが、この篇には、五蔵の文字は頻出するに拘らず、六府の名が見えない。しかし一方、十二経脈に関する語はしばしば見えているから、この時なお六府の考えが熟していなかったとは言えない。十二経脈には、六府を含む十二蔵の考えが、含まれているからである。『周礼』は、少くともその内容の一部は、秦漢以前の成立と認められるものであるが、その「疾医篇」[13]には「九蔵」の文字を見るのみで、六府の語は出てこない。この疾医篇の「九蔵」が、『素問』の九蔵[14]と同義語だとすると、三焦はこれには含まれていない。

BC二三五年に自殺した呂不韋の『呂氏春秋』（『呂覧』[15]）には、「凡人三百六十節九竅五蔵六府肌膚欲其比」とあり、六府の名はこれに見える。もしこの本文が、『呂覧』の他の部分と共に、通説の如く、紀元前三世紀の中葉の所産だとすると、直接三焦の名は見えずとも、六府の内容の一つとして、既にその名が、その頃には存したであろう、ということが想像されないこともない。しかし、『太平御覧』(人事部四)に引く『韓詩外伝』の逸文に「人有五蔵六府……何謂六府、咽喉量入之府、胃者五穀之府、大腸転輪之府、小腸受成之府、膽積精之府、膀胱(精)液之府也」とある。著者の韓嬰は前漢の人で、『史記』の撰者司馬遷とほぼ同時代の人である。これをもって見ると、前漢の頃には、三焦を含まない六府の考えがあった。『呂覧』の六府も、或いはこれではなかっただろうか。

以上によると、三焦の名の直接に見えるのは、『史記』扁鵲伝が最も古い。しかし、六府の内容として当初から含まれていたとすると、それは紀元前三世紀の、『呂覧』の成立時まで溯らせることが出来る。あるいは『呂覧』の六府には三焦は含まれていなかったかもしれない。

(2) 但し、わが石坂宗哲は、史記の扁鵲伝より、この四字を含む「別下於三焦膀胱」の七字を除去すべしと論じているが、その論拠は薄弱である(扁鵲伝解、天保三＝一八三二)。 (3) 班固(後漢)「白虎通義、情性」、「礼運記」は「漢書芸文志」にはその名を見ない。漢書は班固の著書であるから、本書の成立を前漢に溯らせることは出来ないであろう。 (4) 寛平四年(八九二)—昌泰三年(九〇〇)間の成立。 (5) 源順の撰、承平四年(九三四)。 (6) 丹波康頼の撰、永観二年(九八四)。 (7) 鎌倉時代初期までに成立。 (8) 平安朝末期の原本現存。 (9) 寛元三年(一二四五)。白川本同じく「ミヽノワタ」、応永本は「ミノワタ」。 (10) 寛永九年(一六三二) (11) 寺島良安の撰、正徳二年(一七一二)。 (12) 馬玄台「難経正義」、二十五難の注、名護屋玄医「難経注疏」(天和四＝一六八四)に拠る。 (13) 周礼、「天官」の下、 (14) 素問、「六節蔵象論」、「三部九候論」に形蔵四神蔵五合せて九蔵をなす、という。王冰の注によると、神蔵は肝心脾肺腎の五蔵、形蔵は頭角、耳目、口歯、胸中だという。 (15) 呂覧「恃君覧、達鬱」。

その名義

上焦、中焦、下焦の名があって、然るのちにこれら三者の統合的の名として、三焦の名が附せられた、と考えるのが先ず一応の順序であろう。この考えを明らかに表わした文献もある。『難経』の三十一難は、上焦、中焦、下焦の位置や機能を紹介したのち、「故名曰三焦」とある。『和名抄』に「野王案」として引く「上、中、下謂之三膲也」は、『玉篇』の著者自身の手に成る原注であるが、同様の考えである。『病源論』（三焦病候）の「三焦者、上焦、中焦、下焦是也」とあるのも恐らく同じ考えであろう。

しかし、逆に、初めに三焦の名があって、そこから上中下の三つの区分が、思いつかれたと考えられないこともない。この考えを記載したものは未だないようであるが、私はひそかにこの方が正しいのではないか、と思っている。これについての、私の考えは、後に述べたいと思う。

但し、もし私のこの想像が成り立つとすれば、三焦の「三」は必ずしも「三つの」という意味にとらずともいいわけである。明の張介賓[16]は、出発点はこれと異なるが、三焦の「三」を「三才」の意味に考えている。三焦を、同時代の虞天民と共に、今日の腹腔胸腔に当るものと見た。これは「際上極下」全体を余さず包むものだから、宇宙を包含する三才の意によって三焦の三は附けられたのだ、という論法である。

これと似た考えは、万暦四一（一六一三）年の朝鮮本『東医宝鑑』（三焦形象）にも『三正伝』を引いて、下のように紹介されている。「三焦指腔子、而言包含乎腸胃之総司也」。

張介賓は同書で、三焦の「焦」の字についても、奇説を樹《た》てている。『霊枢』[17]に肺以下六種の内臓の腧[18]の位置を記載して、それぞれ三焦、五焦、七焦、九焦、十一焦、十四焦の間に在り、としているところから、「焦」とは「体躯を以って焦と称するにあらずや」と考え、三焦即ち三才の焦とは、虞天民がかつていったように、「腔子（体腔）を指して（その）総てを言う」のだとしている。しかし『霊枢』のこの場合の「焦」は、『霊枢』が常に剽窃しているところの『甲乙経』の原文では、すべて「椎」になっており、明らかに椎の誤りであるから、張氏の折角の附会は、何の役にも立たない。

石坂宗哲は前記の著書の中で「按ずるに三焦の二字は、古くは雥の一字に作った」のだといっている。この雥は爑の誤りで、七年後に著わした『内景備覧』[19]には、そのように改めている。この説が正しくば、一つの器官を三焦と称することへの疑問は氷解する。しかし焦が爑の略字であることはあり得るとも、後者を「三焦」とすることはあり得ない。爑は三つの焦ではなくて、単に焦なのである。宗哲はまた「雥（爑）は蔵也」と根拠のないことをいっている。

三焦の焦の字義に関しての、後世における解の二例を上に紹介したが、いずれも誤りの明らかなものであった。

『金匱要略』、『金匱玉函経』、『脈経』、『難経』、『甲乙経』などの、比較的古い文献には、焦字の解に当る記載を見ない。『源候論』[20]に至って、初めて次の文字がある。「謂此三気、焦乾水穀、分別清濁、故名三焦」。ここに「此三気」というのは上焦の気、中焦の気、下焦の気を指す。これらは、水穀（食物）を焦乾して腐熟（消化）せしめ、清濁（尿屎）を分離する。それで三焦というとの意である。この一節は、前に引く『難経』の「故名曰三焦」の部分とほとんど同じ内容と構成をもつのであるが、『難経』の文中には「腐熟」はあって「焦乾」がない。しかし、『難経』の「故曰」も「三」のみでなく「腐熟」にもかかって、「焦」字にも関するのかも知れない。後の諸学者は恐らくそのように解したであろう。その一例[21]は、清の張璐の著書に、「三焦真火之別名也、以其職、司腐熟之令、故謂之焦」と見える。腐熟には火を要すと考えられたのである。

明の馬玄台は、前にいう如く、三焦と三膲とを別物であるとした。即ち、前者は上中下の三焦を指し、これは無形、後者は十二経脈の一である手の少陽経の三焦を意味して、これは有形である。無形の三焦は「原気之別使[22]」であり、一気であるに過ぎない。これは水穀を腐熟せしめるものであるから、火に従う。故に「焦」字を充てるべきである。手の少陽経の三焦は、既に有形であるから、肉に従う。故に「膲」とするのが正しい。『難経』の著者はこの両者を区別しなかったため、忽ちに無形といい、また忽ちに有形なるが如くに記して、後世の混乱を招いたのである。

また、有形無形の両者を、共に三焦と称したのは、手の少陽経の三焦にも、上中下の三焦（の下焦）にも、共に決瀆の功があって、働きを同じうするからである。しかも、これを下焦といわないで三焦といったのは、その局部名を採らないで、一般名を採ったに過ぎないという。

上の馬玄台の説は、三焦を有形無形の二種に区分した点で、さきの古典説とは異なった趣きがあるのみで、これに焦字をあてた理由に関しては、何ら旧説を出るところがないのである。

なお、馬氏のいう如き二種三焦の説は、決してこの人の独創ではなく、金、元、或いは恐らく宋代のころには、既に起っていたであろう。そのことに就いては次項以下に述べることにする。

さて、三焦の「焦」字の義については、唐の楊玄操にも一説がある。『難経』三十一難の注[23]に、「焦元也、天有三元之気、所以生成万物、人法天地、所以亦有三元之気、以養人身、三焦皆有其位、而無正蔵也」といっている。焦は元だといい、元は元気であり、万物を生成し、人身を養う。上中下三焦いずれも位あってほんとうの形はない、というのである。しかし、これでは「三」の解はつくが、元をなぜ焦といったかの理由はわからない。

宋の陳無択の『三因方』[24]は、三焦有形説で、若し無形ならば、どうして男子は以って精を蔵し、女子は以って胞（子胞）を繫ぐことが出来ようか。「想念一起、慾火熾然（燃）すれば、三焦の精気を翕撮し、命門を流溢して輸写（瀉）し去る故に、此の府を号して三焦となすのみ」といっている。三焦の字は、この府の作用が、慾火に支配されるところから起った、とするのである。

金の劉完素の『原病式』[25]は、手の少陽経の三焦は、これと表裏をなす手の厥陰経の右腎、即ち命門と共に火（五行の）に属して、相火をなす、といい、三焦の名義をこれで解こうとするもののようであるが、はっきりそうと断わっているわけではない。

明の孫一奎の『赤水玄珠』には、「肺の兪は三焦にあり」とか、「心の兪は五焦にあり」とか（『霊枢』にいっているが、これを他書（『甲乙経』）で校すと、これはそれぞれ「三椎の間」、「五椎の間」の意味である。即ち三焦の「焦」は「椎」である。三焦は即ち上中下の三節のことであるという。

これと同一材料から出発して、焦は躯体の称、三はその総てを指すとの、張介賓の説はさきに紹介した通りである。

以上を通観すると、唐代のころまでは、焦字は「焦乾腐熟」から来るとする古典説である。楊氏に至って三元説が出て、宋代以後になると、慾火説、相火説、三椎(三節)説、躯体説など、もろもろの新説が興っている。しかしこれらの新説は、いずれも、その時代の、いわば時代思想を表わすものであっても、必ずしも三焦の名義の、古代における起源を、忠実に穿鑿しようとの、努力の跡を示すものではない。この名称の古代における起源については、私にはまた一つの憶説がある。そのことは、本篇の終りに要約しておきたいと思う。

この項を終る前に、三焦の和名ミノワタの名義についての、私の想像を一言のべておきたい。『和名抄』の美能和太の訓は、『楊氏漢語抄』に拠るとある。『楊氏漢語抄』は佚書で、その成立の時や事情は不明であるが、恐らくは帰化の漢人楊氏が編纂した、一種の漢和字典であったと思われる。しかし、仮りに楊氏が隋唐医学の素養を有した人であったにしても、三焦の何たるかを的確に知り、これに当る正当な日本語が「ミノワタ」だと、断定し得たとは思われない。

日本語の語感からいえば、ミノワタは「簑わた」であったと思われる。「簑わた」はまた大網(Omentum majus)ではなかっただろうか。大網は腹部の内臓群を前から蔽って、黄白色を呈し、その厚薄不規則な点は、あたかも簑の如きものがある。古代の日本人が猪鹿の肚を剖いて、先ず目に触れたこの膜に、ミノワタの名を与えたことは、有り得ることと思われる。『楊氏漢語抄』の著者は、三焦以外の内臓に、和名をきくに随って訓みを与えていった。三焦にいたって、その本体の不明なるままに、一つとり残された「ミノワタ」の名をとって、これに与えた、と想像されないことはない。大綱に対する漢名は、隋唐の頃には、まだ医書に現われていないようである。わが国語には既にあった「ミノワタ」に当る漢名は楊氏の語彙にはなく、三焦にあたる和名は、もちろん上代日本人の語彙にはなかった。辞典編纂に際して、日漢両国語中のあぶれ者同士が野合して、ここに三焦即「ミノワタ」の訓みが、生れたのではなかっただろうか。

(16) 張介賓「三焦命門弁」(前出、名護屋玄医「難経注疏」に拠る)。(17) 霊枢「背腧」篇。(18) 腧は「気の注ぐところ」であるが、ここでは鍼灸点と見ていい。(19) 石坂宗哲「内景備覧」、天保一一年(一八四〇)。前著については(2)参照。(20)「諸病源候論」三焦病候篇。(21) 張璐、「石頑老人診宗三昧」康熙二八年(一六八九)。(22)「三焦原気之別使」、この言葉は難経六十六難に見える。(23) 難経集註、(呉)呂広等註、(明)王九思等輯。24 陳無択「三因極一病証方論」。(25) 劉完素「素問玄機原病式」。

その発生

胃・大腸・小腸・膀胱とともに、三焦は「天気」の生むところだという。

『素問』(五蔵別論篇)「夫胃大腸小腸三焦膀胱此五者、天気之所生也、其気象天、故写而不蔵」。天が自ら蔵せずして、すべてを地に与える。それと同じように、これらの五府は「五蔵の濁気」を受け、久しく留め得ないで、悉く輸写(瀉)してしまう。それで「伝化之府」ともいわれる。その働きが天をかたどっているところから、天気の所生というのである。これに対して、「蔵而不写」の脳、髄、骨、脈、胆、女子胞の六者を、地の所生とするのである。[26] ここにいう「天気」とは、いわゆる「天之六気」のことであろう。

(26) ここでは、胆は「蔵而不写」の組に編入され、六府のうちから引きはなされている。ところが、この記事のすぐあとに「六府者伝化物、而不蔵、故実而不能満」とあり、これだと伝化の府が六府となり、六府とあるからには、胆を含むことになる。記事の矛盾である。後世では、六府が天の六気の応とせられた。たとえば「難経集註」(前出)三十八難の丁徳用(宋)の注「五蔵応地之五行、六府応天之六気」。

その所属

蔵府に陰陽がある。三焦は他の五府と共に「陽」に属している。

『素問』[27]「言人身之蔵府中陰陽、則蔵者為陰、府者為陽、肝心脾肺腎五蔵皆為陰、胆胃大腸小腸膀胱三焦六府皆為陽」。

発生の上から見ると、三焦は胃・大腸・小腸・膀胱と共に「伝化之府」の五者の一つであった。しかしこれらの五者が「五府」という一つの器官系統として取り扱われる例は、他には見えないようである。「五府」といわれる場合には、三焦は除かれて、胆が加わる。

『難経』(三十九難)には「六府者正五府也」とある。そして五府以外の一府とは三焦であり、この府は五蔵の中に配偶を見出さない、いわゆる「孤之府」(後出)である。

『難経』はつづいて、「故言府有五焉」といっている。六府は「正しくは」五府であり、この五府には三焦を含まない、とすると、六府の考えが五府の考えに移ったときに、三焦が脱落したか、五府の考えが六府のそれに変ったときに、三焦が新たに一府として採用されたかの、二つの場合が予想される。しかし、三焦以外の五府の存在には、たしかに実見による単純正確な根拠があるのに反して、三焦は、ここで今ごろなお問題にしていることからも判るように、甚だ曖昧模糊たるものに包まれている。これは猪鹿を屠ったり、人間を食ったりした民衆の、単純な実見の産物でなくて、少くともやや高次な思弁のHebamme なくしては、生れ得なかった存在である。こう言うと、もはや結論をさきに持ち出したようになり、それを立論の道具に使うのは、循環論法のそしりを免れないが、しかし、これは結論ではなくて、分析以前の、一つの印象と見られたい。印象もまた観察にとっての、必要な武器である。それで、私の印象からは、さきの二つの場合のうちでは、後者即ち、はじめに五府の観念が出来て、のちに六府のそれに移った、という考え方に、蓋然性が大きいように思われる。『難経』が「六府者正五府也」というときに、新に対して古を「正」とする考えがなかったとはいえないと思う。

『難経』の三十九難には、更に次のような文句がある。

「五蔵各一府、三焦亦是一府、不属於五蔵」、五蔵には各蔵ともに一府が配されている。しかし三焦に配される蔵はない。三焦は五蔵とは無関係だ、というのである。『甲乙経』(28)にはこれらの各蔵府の所応と、三焦の孤府であることを、次のように記している。

「肺合大腸大腸者伝道之府、心合小腸小腸者受盛之府、肝合胆、胆者清浄之府、脾合胃、胃者五穀之府、腎合膀胱、膀胱者津液之府……三焦者中瀆之府也、水道出、属膀胱、是孤之府(29)」。

『和名抄』に引く中黄子の「三焦孤立為中瀆之府」もこれからきているのであろう。『素問(30)』の「狐疝風」に対する王冰（唐）の注に「狐疝一曰孤疝、謂三焦孤府為疝、故曰孤疝」とあるのも、この考えの現われである。

これらの記載は、三焦を五府以外の独立の一府と見るものである。しかし五蔵に五府を配合するときに、三焦を外にはね出さないで、これを膀胱の名と連用して処置した例もある。さきの『甲乙経』に、「孤之府」とはいいながら、一方で「属膀胱」としている点にも、この考えは見えるが、同書の他の個所[31]にはまた「肺合大腸」、「心合小腸」、「肝合胆」、「脾合胃」とあって、次に「腎合三焦膀胱」とある。『素問』[32]の王冰注に「腎主下焦膀胱」とあるのも、これに近く、三焦は外に孤立しないで、膀胱に所属せしめられて、その独立性を失っている。三焦膀胱連用の例は他にも多く、かなり根強い伝統をもっているようである。『史記』扁鵲伝の「下於三焦膀胱」も、或いはこの伝統から生れた用法であったかも知れない。三焦は独立の府として取り扱われる前に、或いは膀胱の一部としてのみ認められていた時期があったのではあるまいか。人々の思考の根底には、この考えが永く潜在したのではあるまいか。

次に、三焦は「六府」の一つである。このことは、さきに引用した『素問』の「胆胃大腸小腸膀胱三焦六府為陽」とあり、時代の比較的明らかな文献では、前述の『白虎通』に、「六府者何謂也、謂大腸小腸胃膀胱三焦胆也、府者為蔵宮府也」とあるので明らかである。

「六府」の名は比較的古く、「五府」の名は晋代のころに成立したと思われる『難経』に初めて見る。しかし、それだからといって、五府の思想の前に六府のそれがあったとは考え難い。さきにも言う通り、寧ろその逆を考える方がより自然だと思われる。しかし、その前後は別として、いずれにしても、六府の観念はどこから生れただろう。

胃・大腸・小腸・膀胱・三焦の五者が、「天気」の所生だという『素問』の言葉は、さきに引いた。この「天気」について、古く春秋時代の医人の言ったという言葉が、『左伝』昭公元年の章に遺されている。秦の医人の医和なるものの言として、「天有六気、降生五味、発為五色、徴為五声、淫生六疾」とある。『左伝』の成立は戦国時代の初半のころと見られている。五行思想は既に興りつつあった。『隋書』経籍志三に、「五行は、天に在って五星、目に在って五色、耳に在って五音、口に在って五味をなす」の句をつらね、「人にあっては五蔵をなす」といっている。これは後世の文献ではあるが、医和の言の「降生五味、発為五色、徴生五声」の句を見ると、ここから「生成五蔵」へは、いま一歩というところである。というよりも、その文字が脱落したかと思えるくらいである。

また、ここに「天之六気」とは「陰陽風雨晦明」の六であり、これが「淫」(過度)するときには「六疾」を生ずる。六疾とは何かというと、「寒疾」、「熱疾」、「末疾」(四末即ち四肢の病気)、「腹疾」、「惑疾」、「心疾」の六で、すべての身体の病気である。天の六気が、かく人間の身体を支配している、というところから、天之所生の六府の考えまでは、これまたいま一歩というところである。『呂覧』に「六府」の名の現われた時より、程遠からぬ以前に、こうした思想のあったことは、非常に興味が深い。

しかし、そうした思想の起る以前に、民衆の間に、人体に関する何の知識もなかった、とは言い難い。必ずや素朴単純な、実見に基づく、健全な観察があったであろう。腑に関しては、もしそういうものがあったとしても、それは必ずしも六府でなかったであろう、と私は想像する。これが六府の観念に変ったのは、天の六気説の如き、こうした思弁の発生以後であっただろう。但し三焦が、その間の所産であったかどうかは、もちろん判らない。

なお、『難経』三十八難の丁徳用（宋）の注に、「五蔵応地之五行、其六府応天之六気」とあり、また、同書六十二難への虞庶（宋）の注だとか、陳無択（宋）の『三因方』（前出）に説くところなどは、医和の言に甚だよく似ている。宋医の「五運六気」の説は、こうした所に、その遠い淵源を有しているのである。

三焦は陽府に属し、天之所生の伝化之五府に属し、或いは単に膀胱に属してその府としての独立を失い、或いはまたかえって独立の孤府として五府の他に厳として対峙する。そして最後に六府の一員である、ということを、以上に述べた。

次に、三焦は十二経脈の一つに属している。十二経脈の考えは、おそくとも紀元前二世紀のころには発成していた。『史記』倉公伝の本文に、「足蹶陰脈」だとか、「足陽明脈」などの文字が見えている。『素問』[33]に、黄帝が「人に四経十二従ありとは何のことか」と問うに答えて、「四経応四時、十二従応十二月、十二月応十二脈」といっているが、四経は実は経路でなくて「弦、洪、浮、沈」の四徴候である。これを春夏秋冬に配する。十二従の方が経路である。これらが、四時十二月に応ずるというのは、もちろん、後からの附会であろう。十二経の思想の発生に関しても、軽々しい断定は出来ないが、とにかく経脈は手足の二末に関係する。その数は偶数たらざるを得ない。これに蔵府を結びつけるとなると、既に成立していた六府の場合には支障はないが、五蔵の方が不足になる。『素問』の「霊蘭祕典論篇」に「十二蔵」の名の出てくるのは、この十二経脈の考えに応ずるための処置の結果の、一つの現われかと思われる。

『素問』の十二蔵には、従来の五蔵の他に、「膻中」なる一蔵が加わる。ここに六蔵六府となり、三焦ははじめてその対を見出す。膻中は王冰の注によると「胸中両乳の間にあって、気海を為すもの」だそうである。馬玄台の注[34]では、膻中は「気海乃ち宗気の積る所であるから、亦これを蔵と称することが出来るのである」といわれている。実際的にはこれが何物に当るかは、よく判らないが、膻中は後には、「心包絡」に席をゆずって、十二蔵の列から退き、「大突」から「中庭」に至る七穴のうちの一つの名称となり終る[35]。

かくて経脈説の方では、膻中の代りに登場した「心包絡」または「心包」の名が、その後専ら用いられ、三焦は心包絡の府といわれるに至る。この考えを明らかに示すもののうちで、比較的古いことの判明しているのは、後漢の『白虎通』[36]に引く『礼運記』の文中の、「三焦者包絡之府也」である。時代は判らないが、『素問』の「心包絡府三焦」[37]もこれである。

この心包の脈は手の厥陰の脈であり、また一名「心主脈」とも呼ばれ、三焦の手の少陽の脈と表裏をなすと考えられた[38]。

『難経』の二十五難に、「十二経（脈）があるというのに、五蔵六府は十一しかない。いま一つの経は何か」という問いに答えて、「然り、その一経というのは（心主脈といわれ）、（この脈と心の）手の少陰（脈）とは別者である。心主（脈）は三焦（の手の少陽脈）と表裏をなすものである。倶に有名にして無形である[39]」と答えている。本文の表現法は不充分であるが、この「有名にして無形」は、心包絡と三焦をさす

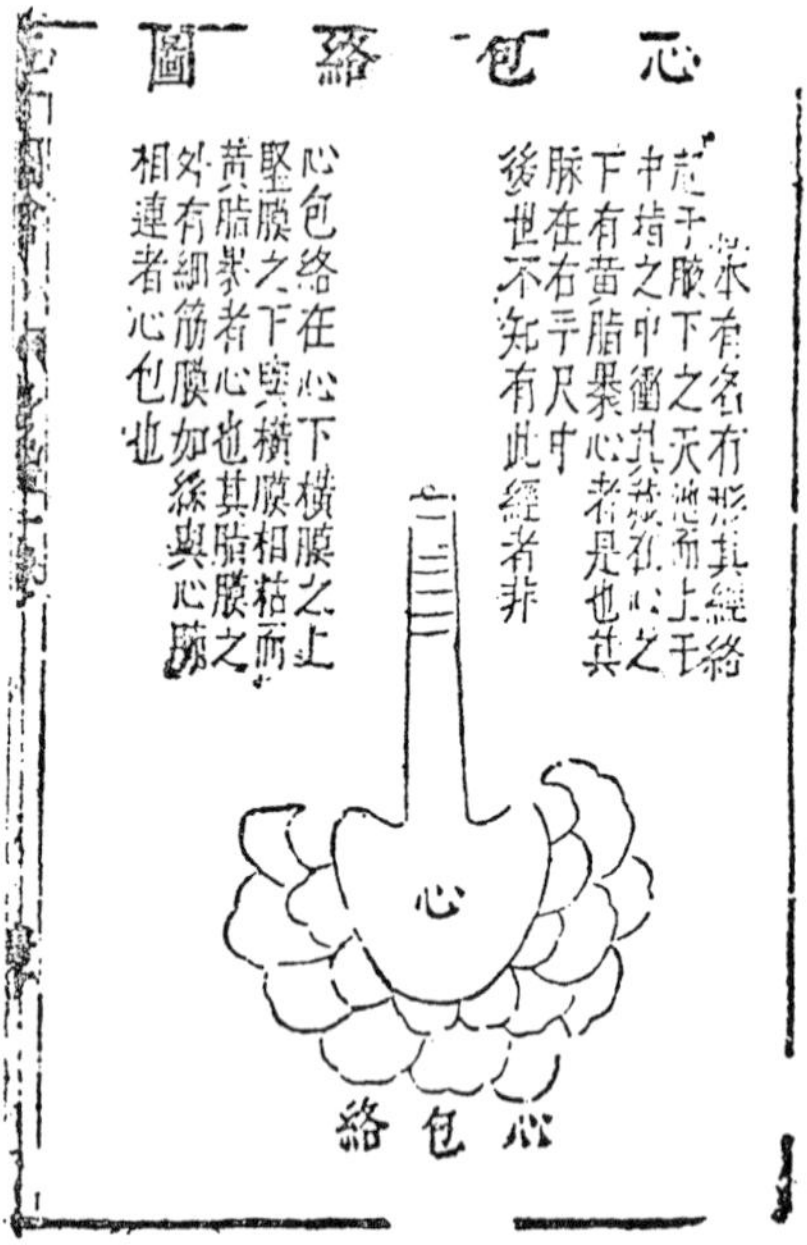

第１図　『三才図会』所載，心包絡の図

ものである。

　唐の楊玄操は、『難経』三十九難の注で「所以蔵府倶五者、手心主非蔵、三焦非府也、蔵府倶六者、手心主三焦也」といっている。五蔵五府と見れば、心包三焦は蔵府ではない。六蔵六府と見れば、両者蔵府であるというのである。この「有名而無形」の説は、後にまた問題となるであろう。

　もし、心包絡が有形だとすると、それは何であろうか。明の王圻の編纂した『三才図会』身体部にこの物の図が載っている（第１図）。しかし、これを見ても何であるかはよく判らない。『和漢三才図会』の心包絡は、心臓を独楽のヒモの如く取りまいている。但し『三才図会』の図中の説明から見ると、今の心嚢を指すもののようである。

　かく、経脈説の方では、三焦はもはや孤之府でもなく、膀胱に附属する非独立の器でもない。心包絡の府であるという考えは、のち永く遺るが、しかし、膻中や心包以外に、三焦を主（つかさど）る蔵として、「命門」なるものが、やがて登場してくる。

　『難経』三十八難に、五蔵は六つあるということだが、「それは何か」という問いに答えて、「五蔵者

有六、謂腎有両蔵也、其左為腎、右為命門、命門者謂精神之所舎也、男子以蔵精、女子以繋胞、其気与腎通、故言蔵有六也」。また三十六難に「腎両者、非皆腎也、其左者為腎、右者為命門、命門者諸神精之所舎、原気之所繋也、故男子以蔵精、女子以繋胞、故知腎有一也」。

即ち左腎を腎とし、右腎を命門とする。精神の宿る所であるから、男子は精（子）を蔵し、女子は（子）胞をつなぐ、という。これが三焦に主たる蔵であるとの考えは、ここには見えないが、『脈経』[40]に『脈法讃』なる書を引いて、「肝心出左、脾肺出右、腎与命門倶出尺部」とある。『脈法讃』はいつのものであるかを知らないが、これによって六蔵の経脈の起始が知られる。即ち命門の経脈が考えられており、心包絡は姿を消している。これが三焦手少陽脈と表裏をなす、命門手厥陰脈なるものである。ただ、『脈経』自身は、この点に関する記載が甚だ曖昧であって、巻之三には肝胆、心小腸、脾胃、肺大腸、腎膀胱の五組の蔵府の経脈を論じながら、第六の蔵府とその経脈については、何の記載もない。即ち十二経脈中の、十脈のみを記している。同書、巻之六には、他の五蔵五府の病証とともに、三焦の経脈のことは書かれているが、手の厥陰の病証は欠けている。即ち十二経脈中の十一脈しか記されていない。巻之一の「五蔵六府陰陽逆順」篇には、心小腸、肝胆、腎膀胱、肺大腸、脾胃の各組の、それぞれの経脈の表裏すること、その合、その別名、その所在などが記されている。たとえば左腎については、「腎部在左手関後尺中、是也、足少陰経也、与足太陽為表裏、以膀胱合為府、合於下焦、在関元左」とある。そして、最後に再び腎部をとりあげる。

「腎部在右手関後尺中、是也、足少陰経也、与足太陽為表裏、以膀胱合為府、合於下焦、在関元右

（ここまでは前の記事との間に左右の違いがあるだけである）、左属腎、右為子戸、名曰三焦」とある。即ち全体を通じると、足少陰と足太陽の両脈は重複して記され、手厥陰と手少陽の二脈は欠けることになる。この最後の一文は明らかに錯文であり、私案を以って仮りに訂すると、前の「腎部在左手……」の「腎部」を「左腎部」とし、後の文は「右腎部在右手関後尺中是也、手厥陰経也、与手少陽為表裏、以三焦為府、合於下焦、在関元右、曰子戸」とすべきである。即ち右腎経が三焦経と表裏をなし、右腎は名づけて「子戸」と呼ばれる。右腎は即ち命門であり、子戸は「女以繫胞」の考えにつながるその別名なのである。

同書の「平人迎神」篇にも、右と同一記載法で、五蔵五府の経脈と病理を記載している。これに対して、何人かが後に附記して、「腎に左右があっても、膀胱には二つはないはずだ。これは左腎合膀胱、右腎合三焦とすべきだ」といっているのは、私の考えに一致する。

『脈経』の、これらの不整備な記載の意味するところは何であろう。『脈経』の撰ばれた時期が、あたかも命門説の発生の時であり、命門の名もその考えも、まだ充分に熟していなかったことを、この書の混乱は示すのではあるまいか。

すると、命門の説の明白な記載のある『難経』の、少くともそれらの部分は、王叔和の時代と相前後するか、或いはその後に来るのではあるまいか。但し、後世、王叔和をもって、三焦無形論者の張本人の如くに言いなす習いになったのは、五代頃の人ともいわれる高陽生なるものが、叔和の名をもって偽作するところの『王叔和脉訣』に、「三焦無状空有名」などと歌って、これを流行させたのに因るのである。『脈経』における三焦手少陽脈に関する記載の混乱は、この三焦無形説には無関係なることを、つけ加えておく。

さて、命門の経脈の考えは、かく王叔和の引く『脈法讃』なるものに片鱗を見せ、王叔和の脈説を混乱させたのちには、少くとも心包厥陰（心主）脈をおし退けるほどの地位にはつかなかった。しかし、六蔵六府が考えられるときには、今後永く「命門主三焦」或いは「命門主下焦」の考えは採用される。三焦の原気説の展開するうちには、命門はしばしば三焦そのものと混同されることさえある。後世のことはとにかくとして、三焦はここにおいて命門即ち右腎の府と認められるに至ったのである。

（附記） 李時珍の『本草綱目』（巻五十）獣部に「脂また胰、一名腎脂は両腎の中間に生じ、脂に似て脂にあらず、肉に似て肉にあらぬものがある。すなわち人間では命門三焦の発原する処である」といっている。

(27) 素問、「金匱真言論」。 (28) 甲乙経、五蔵六府陰陽表裏。 (29) 霊枢、本輸、太素「本輸」には、この一節が殆どそのまま記されている。難経、三十五難には「小腸者心之府、大腸者肺之府、胃者脾之府、胆者肝之府、膀胱者腎之府」とあって、三焦の名は見えない。 (30) 素問、四時刺逆従論篇。 (31) 甲乙経、五蔵大小六府応候、霊枢、本蔵篇、太素蔵府応候にも殆んど同じ記事がある。 (32) 素問、水熱穴論。 (33) 素問、陰陽別論篇 (34) 馬玄台「内経素問註証発微」霊蘭秘典篇。（万暦一四年、一五八六） (35) 甲乙経、巻三、巻十四。 (36) 素問、気穴論篇。
(37) 素問、「五常致大論篇」に「手厥陰小腸」とあり、これに対する王冰の注に「厥陰心包脈、少陽三焦脈」とある。
(38) 素問、血気形志篇に「少陽心主為表裏」。 (39) 難経、二十五難、「然、一経者、手少陰、與心主別脈也、心主與三焦為表裏、倶有名而無形、故言経有十二也」。 (40) 脈経、五蔵六府陰陽逆順。

その位置

『史記』扁鵲伝の「夫以陽入陰中、動胃、纏縁中経維絡、別下於三焦膀胱」の記事は、陽邪が胃を犯し、中経の陰脈に纏絡し、別に三焦膀胱に下って（これを犯した）の意であり、三焦は胃より下方、膀胱の附近（或いはその一部）に在ったと考えられている。

『甲乙経』[41]には「腎合三焦膀胱」とあり、また同書には、他の場所にも「三焦膀胱」を連用する例が多い。この連用は『史記』の場合と同様であり、恐らくは同一の思想から出たものであろう。

『素問』[42]の「三焦者決瀆之官、水道出焉」という有名な一句、同様に『甲乙経』[43]の「三焦者中瀆之府、水道出焉」などは、そこに記された三焦の機能から、だいたいの位置を察せしめる。『甲乙経』[44]にはまた「三焦約、大小便不通」などとある。その病症の記載から、間接にその患部の位置を察することも出来る。

ところが、五蔵六府は、それぞれその気の注ぐところを体表にもっている。これを「兪」という。実際的には、これは鍼灸の穴に当る。その各臓器の兪の位置は、『甲乙経』[45]によると、肺の兪は「第三椎下両傍各一寸五分」にあり、同様の記載から、高さだけを略記してゆくと、心「第五椎下」、膈（横隔膜）「第七椎下」、肝「第九椎下」、膽「第十椎下」、脾「第十一椎下」、胃「第十二椎下」、腎「第十四椎下」、大腸「第十六椎下」、小腸「第十八椎下」、膀胱「第十九下」等とあって、各兪の位置は、比較的或いは関係的な意味では、各内臓の位置にほぼ一致している。しかるに、三焦の兪は「第十三椎下両傍各一寸五分」とあり、あたかも胃の兪と腎の兪の中間にくる。これは三焦そのものが、胃と腎との中間に位置するとの考えを、反映するものであり、三焦を膀胱の附近とする如き趣きのある前の考えとは、齟齬してくる。三焦以外の五蔵五府の兪については、『脈経』[46]に既に同様の記載がある。

次に、上焦、中焦、下焦、それぞれの位置はどうであろうか。

上焦については、『難経』(三十一難)に「上焦者在心下下膈、在胃上口」とあって、その所在は明らかである。しかし、『甲乙経』[47]は「上焦出於胃口、並咽以上貫膈、而布胸中、走腋」とあり、つづいて足の太陰から手の陽明をへて、足の陽明にゆき、昼夜二十五周したのち、手の太陰に会す、とあるのは、上焦の主管する衛気の道を記したものである。しかし、これでは上焦の出口はわかるが、どこまでが上焦そのものであるかが判明しまい。

中焦については、『難経』三十一難に「中焦在胃中脘、不上不下、主熟水穀、其治在斉傍」とある。「斉」は臍である。この「中脘」は『正字通』[48]によると「胃之受水穀者曰脘、臍上五寸為上脘、臍上四寸即胃之幕為中脘、臍上二寸当胃下口為下脘」、『説文』では「胃府也……舊云脯」とある。『甲乙経』(同前)「中焦亦並於胃口、出上焦之後、此所以受気、泌糟粕、蒸津液、化其精微、上注於肺、乃化為血、以奉身、莫貴於此、故独行於経隧、命曰営」、中焦も胃中に出て、食物を消化し、その精微なるものを肺に送って血液となす。そして全身を養う。故にこれより貴いものはない。この気を名づけて「営」という、との意味である。位置としては胃口において上焦の後方から出る。そして上行する、ということしかわからない。『病源論』、『霊枢』、『太素』の記載もほぼ同一である。

下焦に関しては、『難経』(同前)に「下焦者当膀胱上口、主分別清濁、主出而不内、以伝導也、其治斉

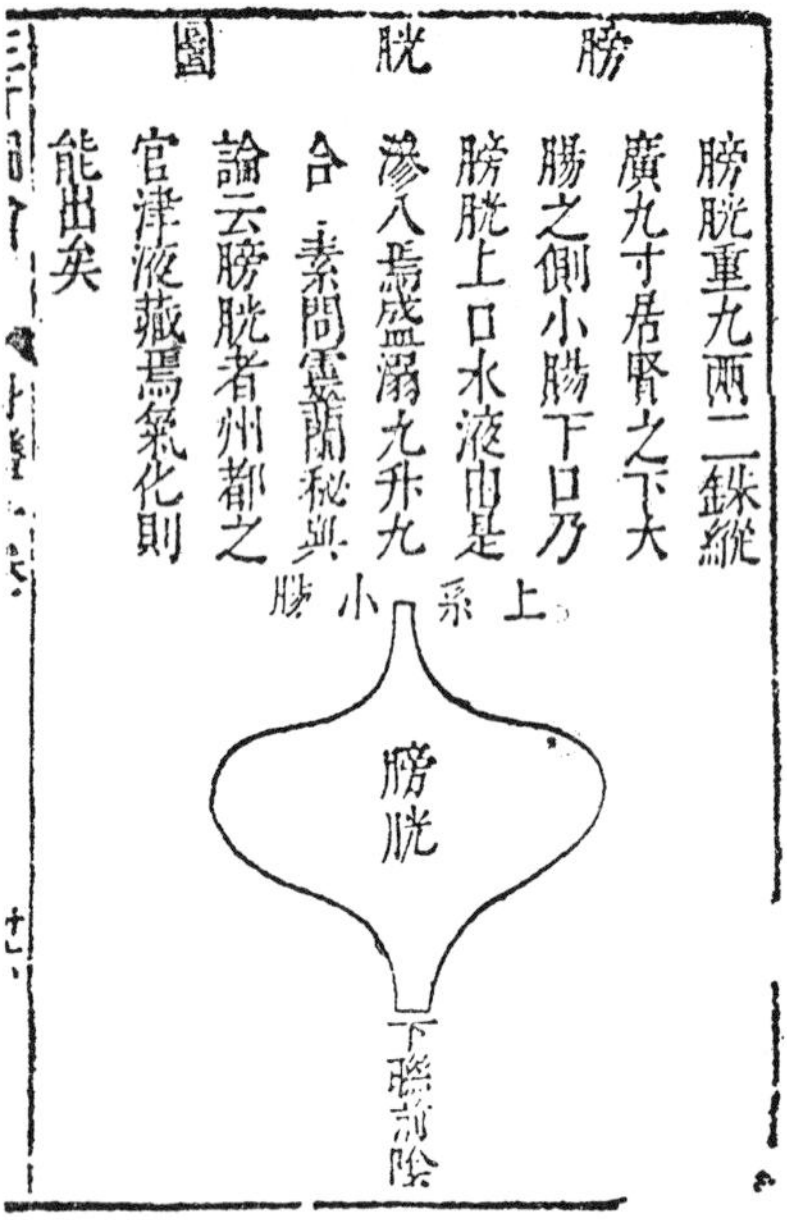
膀胱圖
膀胱重九兩二銖縱廣九寸居腎之下大腸之側小腸下口乃膀胱上口水液由是滲入焉盛溺九升九合 素問靈蘭秘典論云膀胱者州都之官津液藏焉氣化則能出矣
上系小腸
膀胱

第2図　『三才図会』所載膀胱図

下一寸」とある。『史記』扁鵲伝の正義には「下焦者」の下に「在臍下」の三字がある。「分別清濁」は尿屎を分別するとの意である。『甲乙経』(同前)「下焦者、別於廻腸、注於膀胱、而滲入焉、故水穀者常居於胃中、成糟粕而俱下於大腸、而為下焦滲而俱下、滲泄別汁、循下焦而滲入膀胱也」。『病源論』、『霊枢』、『太素』いずれも同様。

この、「別於廻腸注於膀胱而滲入」の廻腸は、後世「闌門」即ち小腸大腸の会う所と解された。宋の大賊欧希範以下五十六人の解剖所見に基づいて作られた「欧希範五臓図」(49)なるものには、さすがにそういう事はないが、わが『頓医抄』(50)所載の図には、「欧希範図」の他に、この「闌門、分水」のところを図示して、膀胱の尖頭を上にひき延ばし、小腸と大腸との会所とおぼしきあたりにあてたものがある。明の王圻の『三才図会』(前出)の「身体」部の膀胱図(第2図)は、尖頂が上方にのび、その端に「上系小腸」と記入されている。これも同様の考え方を表わすものであろう。

いったいに、万暦のころに刊行された各種の医書(51)の解剖図中、「人身正面図」と「闌門水穀泌別図」

の二図における膀胱の描法は、いずれも『頓医抄』のそれと大同小異で、その同一源より出たものであることを想わせる。寺島良安の『和漢三才図会』[52]の「正人臓之図」も、この系統の図である。

即ちこれらの図には、闌門分水の処は示されているが、そのあたりに、ここが下焦だ、と示すものは一つもない。しかし、いずれも『難経』以来の、下焦の位置に関する知識に拠ったもので、これらを見ると、まことに瀆《みぞこ》の如しの感がある。ただ、下焦の本身が一向に姿を現わさないのである。

以上により、下焦の位置が、古来どう考えられて来たかが推察出来る。これは上焦、中焦のそれに比べると、比較的明白である。ところが、これによると、下焦は「臍下一寸」、また「膀胱上口」にあると言い、水を膀胱に送るというのであるから、その位置からいっても、機能からいっても、この項のはじめに述べた「三焦」そのものに一致する。このことは、はじめに上中下の三部があって、然るのちに三焦の名が生じたとする考えよりも、はじめに、のちの下焦のみに当る三焦の考えがあって、その後に上中の両焦がつけ加えられた、と考える方に、有力な支持を与える事実であると思われる。

さて、最後に、『素問』[53]の「脊為陽、腹為陰」に対する王冰の注に、心と肺とは上焦に位処する。肝と脾は中焦に位処する。そして腎は下焦に位処するということがある。腹部を上下に分ち、胸の上に対して上腹を中、下腹を下として、上中下に三分するならば、ここに言う五蔵の位置は、だいたい事実に合っている。しかし、ここではこの上中下の区分を、上焦中焦下焦の名で表わしているのである。この考えは、王冰にはじまるのではなく、『脈経』の「五蔵六府陰陽逆順」篇(前出)の「心部合於上焦」、「肝部合於上焦」、「腎部合於下焦」などにも、既に示されている。即ち、上中下三焦の名は、部位そのものの名となったのである。

この考えは、わが国へもかなり古くから入っている。後に引く『頓医抄』（巻第四十三）の三焦に関する文中には、胸より上、頭に至るまでを上焦、胸より臍までを中焦、臍下足に至るまでを下焦という、とあり、同じ著者の『万安方』[54]には、これを全身の断面図によって図示している。この考えは『三才図会』その他、明代の医書には、多くは図式化されて掲載されているが、『和漢三才図会』（前出）の「三焦」図は、胸腹を上下三段に横線で区分して、上に上焦、中に中焦、下に下焦の文字を記入し、横に「上焦如霧、中焦如漚、下焦如瀆」の説明を附している。内藤希哲の『医経解惑』[55]の「約治虚法」の記載なども、この考えに従うものである。

（41） 甲乙経、「五蔵大小六府応候」篇。霊枢「本蔵」、太素「蔵府応候」にも同一の文字がある。（42） 素問、「靈蘭秘典論篇」。（43） 甲乙経、「五蔵六府陰陽表裏」。同じ句は霊枢「本輸」、太素「本輸」にも見える。（44） 甲乙経、「三焦膀胱受病不得小便」篇。（45） 甲乙経、巻三 （46） 脈経、巻之三。（47） 甲乙経、「営衛三焦」。病源論「巻十五、三焦病候」、霊枢「営衛生会」、太素「巻十二、首篇」にもほぼ同様の記載がある。（48） 張自烈（明）「正字通」十二集。（49） 欧希範五臓図、厳振（?明）、「循経考穴編」所載。（50） 梶原性全「頓医抄」、嘉元元年（一三〇三）撰、巻第四十四（京大富士川文庫所収の写本による）。（51） 例えば、胡文煥（明）「新刻華佗内照図」（宝永二年、一七〇五和刻）、張太素「太素脈訣」（万暦二七年、一五九九）、王文潔「図註難経統宗」（万暦二七年、一五九九）、張世賢（明）「図註難経弁真」等。（52） 寺島良安「和漢三才図会」巻十一「経絡部」、正徳二年（一七一二）。（53） 素問、「金匱真言論篇」。（54） 梶原性全「万安方」巻第四十四（京大富士川文庫写本、五〇巻本、但しこの写本は頓医抄の一本に万安方の名を附したもの）。（55） 内藤希哲「医経解惑論」、安永五年（一七七六）原刻、文化元年（一八〇四）再刻。

その形態

三焦の形態については、先ずそのものの有無が問題である。もし三焦が「有名而無形」のものならば、形の如何は問題にならない。しかし有形だとするならば、三焦の本体を知るには、その形をはっきりとさせる必要がある。

先ず六府の一つであり、天の所生の「写而不蔵」の器官だと考えられたところから、それが実質性(parenchymatous)の器官でないことは想像することが出来る。しかし、その具体的な形は、これだけではもちろん、はっきりしない。

三焦有形論者のしばしば引用する資料が三つある。その一つは、『白虎通』に引く『礼運記』(前出)の「上焦若竅、中焦若編、下焦若瀆」である。竅は孔であり、編は竹簡をヒモで綴ったもの、瀆は溝或いは小渠(こみぞ)である。編むが(或いは冊子の)如く、小溝の如しは、いずれも単なる視覚的なものではなく、そこに機能等に関する何らかの観念が加わっているようである。つまり観念化された形容である。これは記者が必ずしもこの物に関する、明確な形態を摑んでいなくてもいえる言葉であり、恐らく事実そうであっただろうと思う。読者がこれから明確な形をつかむことは非常に困難である。

この『礼運記』の記載を、孫景思(56)は次のように解している。

「上焦若竅、竅者竅漏之義、可以通達之物、必是胃之上口、主納而不出是也、中焦若編、編者編絡之義、如有物編包之象、胃之外有脂如網、包羅在胃之上、以其能磨化飲食、故脈訣曰、膏凝散半香此也、必是脾之大絡、此為中焦、経曰腐熱（熟）水谷（穀）是、下焦若瀆、瀆者溝瀆之義、可以伝導、乃是小腸之下、曰蘭（闌）門、必（泌）別水穀司此、而分清濁之所也、此為下焦」云々。

即ち一口にいえば、竅は胃の上口、編は脾の大絡、瀆は闌門分水の所だ、という解釈である。胃の外の脂膜にして脾の大絡と名づけられるものは、Omentum majus か minus に当るわけであろうが、これが中焦であり、消化を司るとするのは甚だおかしい。

この『礼運記』の記載法に関係があろうと思われるものに、『甲乙経』[57]の「故曰、上焦如霧、中焦如漚、下焦如瀆、此之謂也」がある。この「漚」は、「久漬」なりと解せられている。漚はまた泡である。水上の浮泡である。唐の姚合の詩に「飢鳥啄浮漚」とある。如霧に対する如漚は、泡と解す方がいいかも知れない。『和漢三才図会』では、前述の三焦図の説明に「アハ」の訓を附している。久漬の解は「中焦主腐熟水穀」に関連した解で、食物を永く漬《ひた》して消化することだ、とするのであろうから、これは形を表わしたものではない。如霧如瀆はとにかく形を表わしている。久漬ではおかしいと思う。しかし、霧の如く、泡の如しでは、上焦中焦の形はまことにとらえ難い。

次に『霊枢』論勇篇には、勇士は「三焦理横」、怯士は「三焦理縦」だという。三焦には人の勇怯によって、方向を異にする理紋がある、というのである。

第三に『甲乙経』[58]に「腎応骨、密理厚皮者、三焦膀胱厚、粗理薄皮者、三焦膀胱緩、皮急而毫毛者、三焦膀胱急、毫毛美而粗者、三焦膀胱直、稀毫者、三焦膀胱結」とある。ここに「理」とあるのは腠理の略であろう。腠理は皮膚表面の紋理で、間に汗腺の開口するものである。[59]これによって、三焦は膀胱とともに、厚薄があり、緩急があり、直結のあることが知られる。

しかしながら、理紋があったり、厚薄緩急直結がある、というだけでは、その有形なることは想像出来るが、それが如何なる形であるかは判明しない。

三焦の形に関する古い資料は、以上に尽きるようである。そのうち比較的具体的なものは、下焦の「瀆の如し」であるが、これも形そのものよりは、むしろその想像された機能から来ているように思われる。

三焦無形説には、『難経』や偽撰の『王叔和脉訣』にその言葉があり、これを承けた滑伯仁(元)以来の後世の論議を沸騰させる因をなした。

『王氏脉訣』の句は前に引いたが、『難経』二十五難には「心主与三焦為表裏、倶有名而無形」、同三十八難に「所以府有六者、謂三焦也、有原気之別焉、主持諸気、有名而無形」とある。楊玄操は二十五難の注で「三焦有位而無形、心主有名而無蔵」と、これを分析している。三焦有位而無形は、三焦を上中下の三部の位置の名と見る考え方が、唐代までに起っていたことを示すものであろう。心主即ち心包絡は、今日の心嚢と見られるから、必ずしも無形ではないが、実質的のものではない。即ち、蔵の名あって、蔵にあらず、というのであろう。いずれにしても、三焦の無形説は、これらの章句で明らかに表現されている。『難経』の四十三難には、三焦以外の五蔵五府についての重さ、大きさ、容量などを記しているが、ひとり三焦については、この点で何の記載もない。つまり、無形なのである。

後世に於いて、三焦を論ずるものに、有形論者、無形論者は、ともに現われたが、驚くべきことには、両説ともに認めようとするものも出てきた。それらのうちの或る者については、さきの三焦の名義の項で、簡単に紹介しておいた。ここにくりかえして更にその詳細を述べることは、三焦の本態を知る上に、特に有効とは思われないから、深くはこれに立ち入らないことにする。

ただ、三焦を有形なりとする後世の学者が、新たにつけ加えた著しい記載がある。それは宋の陳無択の『三因極』一病症方に、早くも見える次のような説である。「古人」の言によると、「三焦者有脂膜、如手大、正与膀胱相対、有二白脉自中出、夾脊而上、貫于脳」、脂膜を有する手大のものが、膀胱とあい対して存し、そこから二条の白脉が出て、脊柱を夾んで上行し、脳に達している、これが三焦だというのである。無択は『難経』の「無形」については、上中下の三焦が、「不可遍見」、即ち一目で見わたせないから「有位無形」と形容したのであると苦しい解釈をし、上焦は膻中に、中焦は胃の中脘に、下焦は臍下に在るという。すると、さきの膀胱とあい対峙する三焦は、この下焦に当るものか、或いはまた別のものであるか、ということになる。若し、両者が別だと考えたとすると、これは両者ともに有形だ、という説になるようである。

この、陳氏の三焦に関する文章の一部を共有する南宋の呉曽の『能改斎漫録』は、三焦有形説であるが、まだ上に挙げられた、「有脂膜如手大」の新資料を載せていない。『礼運記』の三如の句を引いて、「拠此、則三焦者、有形状久矣」といっている。

明の馬玄台(前出)は、宋の徐遁という一挙子の談として、かつて斉(山東地方)で人民が飢えて、大勢の乞食共が人間を食べたことがある。皮肉ことごとく尽きて、骨脉のまだ完全にのこっているものを見るに、右腎の下に「有脂膜如手大」のものがあって、膀胱に相対している。二つの白脈がこれにより出て、脊柱を夾んで上行し、脳に達していたという、『三因方』に言うところと全く一致した所見を追加して、この二例より見て、三焦の有形なることを初めて知った。これに厚薄緩急直結のあるのは当然である、といっている。

但し孫一奎（明）の『赤水玄珠』によると、陳無択の「有脂膜如手大」云々の説は、実は宋人徐遁の『竜川志』より引用したものだとあるから、馬玄台の折角の第二例追加は、同一資料の重複にすぎなかった。

馬氏はさらにいう。この有形の三焦は、『素問』にいう決瀆の官であり、中瀆の府にして膀胱に属するものであり、手の少陽の経脈に連なる三焦である。これに対して、古来のいわゆる上中下の如霧、如漚、如瀆の三焦は無形であり、『難経』のいう所のものはこれである。

故に前者は有形だから、肉に従って「三膲」とすべく、後者は水穀を腐熟するものであるから、火に従って「三焦」とすべきである。

この馬氏の考えは、さきの「名義」の項にも略説しておいた。これは三焦の有形、無形の両説を、ともに容れるものである。

これらの書に引かれた徐遁の説は、李時珍（明）等の有形説にも影響し、さらにその伝統は清末にまで及んでいる。(60) わが国では天保三年の石坂宗哲の『扁鵲伝解』に「按三焦……其象如掌大」にその最後の痕跡をのこしている。興味深い資料としては明の王圻の『三才図会』（前出）の「三焦図」（第3図）で

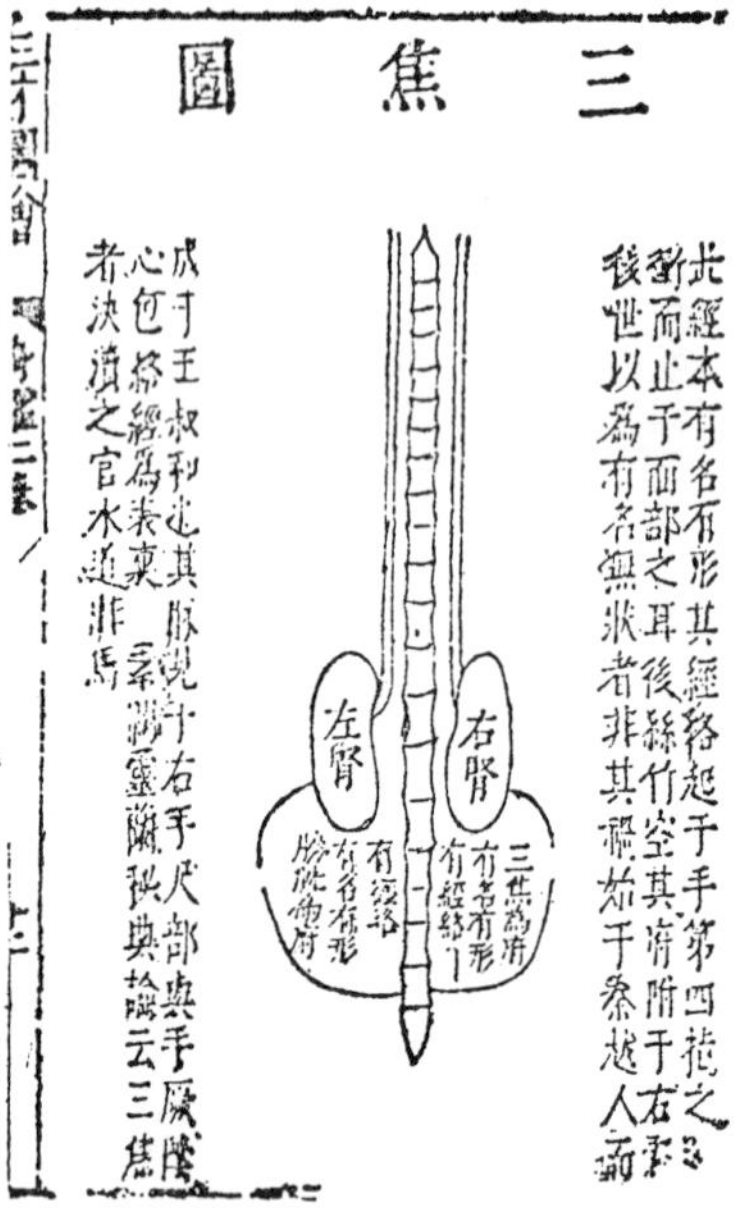

第3図　『三才図会』所載の三焦図

ある。三焦は両腎の下方に、脊柱を夾んで、大きく拡がっている。そして「三焦為府、有名有形有経絡」と、その有形なることを強く主張する説明が記入されている。この図は、宋代以来の「有脂膜如手大」云々の知識に相応するものであろう。このように三焦の形を、はっきりと図示したものは、他には見当らないようである。

　ところが、『赤水玄珠』の著者孫一奎は、三焦無形論者であって、この「有脂膜如手大」の事実を否定する。即ち、先輩何一陽[61]の言を引いて、何氏が嘗て医を以って従軍し、南方に歴戦したとき、敵屍を解いて臓腑を見るに、豚のそれと大たいに於いて変りはなく、「有脂膜如手大」云々の三焦の如きものはなかった、という反証を挙げている。そして三焦が無形であるのに、厚薄緩急直結縦横をいうのは、これは膀胱についていったので、三焦は膀胱に属し、決瀆の官として、膀胱の用たるに過ぎない、としている。この三焦を膀胱に用たるに過ぎないとする孫氏の考えは、たいへん素直で無難であるように思われる。

　こうした無形説は、『難経』や偽撰の『王氏脉訣』以来、唐の王冰、元の滑伯仁等を経て、明の孫一奎に至った。前に引く清の張璐の如きもまた無形論者であり、わが国でこれを承けつぐものに、『内景図説』(62)の著者服部範忠がある。

なお、三焦有形説のうちには、張介賓（明）の三焦腔子説、また江戸時代の内景論者の種々の奇説があるが、それらに就いては前述にゆずり、ここでは再説しないことにする。

以上は、三焦形態論の、極めて僅かな一部分であるが、有形、無形、有形にして無形の三説のうち、やや奇説にわたるものを紹介した。これらの論議は、しかしながら、実は三焦の形態乃至はその本態を知る上には、あまり役に立つものとは思われない。叙述を簡単にしたのは、そのためである。ただ馬玄台の三焦二類説は、馬氏の独創ではなく、必ずその由源があるであろう。そのことを一言いっておきたい。

さきにも引く梶原性全の『頓医抄』は、唐宋時代の医学にその源流を有するものといわれている。中に三焦について、次のような記事がある。

「三焦ノ府ハイササカロ伝アリ。一説ニハ胸ヨリ上、カシラニ至ルマデ上焦ナリ。胸ヨリ下、臍ヨリ上ハ中焦ナリ。臍ヨリ下足ニ至ルマデハ下焦トス。是ハ一身ミナ三焦ニアタル故ニ、三焦ハ名ノミアリテ形ナシト云ヘリ。此義也。但、今命門ノ府ニ三焦ト云ハ、是膀胱ノ府ノコトク、右ニ又是アリ。其カタチアリト見ヘタリ」

即ち有形無形両種の三焦を認める点で、この記事は馬玄台の説に甚だよく似ている。『頓医抄』の撰ばれた嘉元元年は元の大徳七年である。おそくとも元初の頃には、この種の考えの成立していたことが推定出来る。

三焦は一種にあらず、という説は、また江戸時代の学者にも承けつがれている。前述の石坂宗哲は『内景備覧』（天保一〇年）で、六府の三焦は今日の膵であり、脾の府である。上中下の三焦のうちの中焦に液を与えて消化を司る。上中下の三焦のうち、下焦には、表の下焦と裏の下焦とがある。後者は腎の府であり、腎の上隅の胡桃の如きもの（副腎であろう）が、その「焦」だという（こうした焦は他にもあるが、腎が最も大きいと言う）。この裏の下焦、即ち腎が、水を分別して水道を行《や》る、従来の下焦に当るものである。これに対して表の下焦は、全身に遍くあり、営（動脈）と衛（静脈）の授受の間にあって、血中より水を漏らし、衛の細管に輸（おく）り入れる、という。これは西医説の毛細管の知識から来た考えらしい。

宗哲は西医のいうことは、悉く皇漢医学に既に言いつくされていた、と言いたい所から、いろいろの奇説を出しているのである。これによると、三焦は二種どころでなく、三種あることになる。膵を三焦に附会したためである。

この宗哲流のやり方は宗哲以前にもあった。たとえば、『内景備覧』よりも二六年前の文化一〇年に開板された、三谷樸の『解体発蒙』に、上焦を胸管に、中焦を膵に、下焦を乳糜槽にあてて、古典の記載を自説に附合し、かなり手ぎわよく説いているが、もちろんその端から破綻が続出している。

これらの奇説は、三焦の形態論というよりは、むしろその本態論であって、のちの項目中に引用すべきであったが、本体論としても、もちろん取り上ぐべき価値はないので、単に奇説として、便宜上ここに一括して紹介したのである。

三焦の形態については、以上の資料が示すように、宋元以来の、はっきりした有形説を唱えたものは、何ら信用に値いしない。それ以前の文献に至っては、わずかにその位置を示すものが一、二あるのみで、それすら記載は甚だ曖昧模糊たるものにすぎない。現存の古文献には、その形態を髣髴させるものは一つもない。古代の資料の不足ということは、何につけてもあり勝ちのことではあるが、この場合は少し事情を異にしており、他の蔵府について、大いさ、重量、容量等が記された場合にも、三焦については何の記事もないのである。これは嘗て存在した文献が失われたというのではなくして、当初から記載されたことがなかったのである。わずかに遺る記載から見ても、その記載者が、三焦の形を、はっきりつかんでいたとは思われず、三焦は初めから一度も、その形を知られたことがなかったのである。

この意味で、三焦の形に関する文献のないということは、それ自身が三焦の形を語るという積極的の意味を持つのかも知れない。その形は「無」である。これが三焦の「有名無形」なることを、雄弁に物語っているのかも知れない。

(56) 戴起宗（元）「脈訣刊誤抄」（慶安三年、一六五〇の和刻本）巻一の引用に拠る。(57) 甲乙経、「営衛三焦」。霊枢、「營術生会」、太素、「巻十二、首篇」にもその通りに出ている。(58) 甲乙経、「五蔵大小六府応侯」。霊枢「本蔵」、太素「蔵府応侯」にも同一の記事がある。(59) 淮南子泰族訓に、邪気が体内に留滞しないで「毛蒸理泄すれば、百脉九竅が順ならざるなし」云々という。毛蒸は皮膚表面における気化、理泄は発汗であるから、理は汗腺開口にあたる。(60) 汲修主人（礼親王）「嘯亭雑録」巻八、宣統元（一九〇九）年。(61) 何一陽（明）、「医学統宗」（隆慶三年、一五六九）の編者。(62) 服部範忠「内景図説」享保七年跋（一七二二）。

その生理

三焦の生理を知り、それを今日の知識にあてはめる。それによって三焦の何たるかを、推定することが出来るかも知れない。

三焦は六府の一つであるから、他の五府と機能の上でも、何か共通の特徴をもっているにちがいない。それでは、六府とはどんな働きをするものであろうか。

先ず『素問』には、前述の如く、胃大腸小腸三焦膀胱の五者が、写而不蔵の器であり、「此受五蔵濁気、名曰伝化之府、此不能久留、輸写者也」という。また「所謂五蔵」が「蔵精気而不写也、故満而不能実」なるに反して「六府者伝化物、而不蔵、故実而不能満也」とある。『甲乙経』(63)にもこれと同じことをいっている。即ち六府は物を久しく留めないで、これに加工(化)して、他に伝送(伝)するものであり、これを実(みた)しても、満つることのないものである。このことを、『太素』(64)には「六府者、所以化穀而行津液者也」、即ち、食物を消化して液状となし、これを伝送するものだと、やや具体的に言い直している。『素問』の「六節蔵象論篇」にはまた、いわゆる六府ではないが、脾・胃・大腸・小腸・三焦・膀胱は「倉廩之本、営之居也、名曰器、能化糟粕、転味而入出者也」といっている。だいたいに於いて、同じ意味と解せられる。(65)

次に三焦そのものの機能については、『素問』の有名な一句を挙ぐべきであろう。「霊蘭秘典論」に「十二蔵」の一つとして、「三焦者決瀆之官、水道出焉」とある。瀆は前にもいう如く、溝であり水路である。水路を決して水を行《や》る役だという。われわれは今日 Organon の対訳として、何げなく「器官」の語を用いているが、この「官」は文字通りに役人の意味である。六府の府はその役所である。ここに挙げられた十二蔵は、心の君主之官をはじめとして、肝の将軍之官などと、その機能から、それぞれ国家の役人にたとえられている。決瀆之官というのは、治水の役人のことである。古代支那の治水法が、水路を決通して、水をうまく海に放つにあたったことは、『書経』益稷に禹が帝舜の問いに答えて、治水の功を報告している。その中に「予は九川を決して四海に距(みちび)いた」とか「九州の名川を決した」というようなことをいっている。このことを、『淮南子』[66]原道訓は「是故禹之決瀆也」といっている。『山海経』大荒経は、恐らく『淮南子』と同じころの成立かと考えられているが、その大荒北経に「先除水道、決通溝瀆」とあるのは、人民が旱魃の女神を逐わんとし、雨の至るを予想して、先ず水道を掃除し、溝を通じて、その準備をしたことをいうのである。決は即ち決通であり、埋れたり、未だ無かった水路を開通することである。『淮南子』や『山海経』のこれらの一節は、そこに使用された文字が、何となく『素問』の上記の本文に通ずるものがあるように思われる。『素問』のこの部分の成立の時代を、暗示するものではあるまいか。

さて、これと同様のことは、「三焦者中瀆之府(也)、水道出(焉)」という句で、『甲乙経』、『霊枢』、『太素』[67]に見える。この中瀆の「中」は、「穿つ」の意に解せられるから[68]、決と同じ意と見ていいであろう。

しかし、これと同じようなことが、下焦のみについても言われている。『難経』の三十一難に「下焦者当膀胱上口、主分別清濁、主出而不内、以伝導也」、『甲乙経』、『霊枢』[69]、『太素』には「下焦者別於廻腸、注於膀胱、而滲入焉」とある。下焦は膀胱の上口に接しており、清濁（尿と屎）を別けることを主（つかさど）る。その場所は廻腸（の部）である。そして（液を）膀胱に注ぐ、というような意味である。後世この「廻腸」を闌門、即ち空腸と廻腸の会部と解し、これに「分水（或いは水分）」の称を与えたことは、前に述べた。

即ち、ここに下焦の機能として記されたところは、さきの決瀆または中瀆の器官としての、「三焦」の機能を、やや具体的に説明するものであろう。このことは即ち、或る場合、もしくは恐らくは或る時代には、下焦が三焦そのものであった、ということを、語るもののようである。

次に、『白虎通』に引く『礼運記』（前出）には、三焦を「水穀之道路、気之所終始也」としている。『難経』（三十一難）にも、この言葉はそのまま見えている。即ちこれによると、三焦は食物の通路である。『甲乙経』（病源論、霊枢、太素も同様）の、さきに引用した記載のように「食物は常に胃中において（消化されて）、糟粕となり、（水と固形物とは）俱に大腸に下って下焦に達し、そこで別汁に分れ、下焦を経て（水液は）膀胱に滲入する」とあるから、三焦が食物の通路だということは、これに関連させて考えると理解される。『甲乙経』[70]などに「下焦下溉諸腸」とあるのも、これに関する言葉であろう。水穀の道路、これが三焦の第二の機能である。

しかし、『礼運記』には、そのあとに「気の終始する所なり」とある。これはまた別の機能に属する。三焦の「気」に関する機能については、『難経』以下の文献に、おびただしく記され、この点で、三焦は人の栄養を司る最も重要な器官ということになっている。しかしそれに入る前に、消化器官としての三焦のことを、一言しておかねばならない。

即ち第三に、三焦は消化の機能を有する。『難経』(三十一難)「中焦者在胃中脘、不上不下、主腐熟水穀」、中焦は胃の中にあって、食物を腐熟、即ち消化させるというのである。

さて、第四に、三焦はかく中焦の消化した食物、また胃の消化した食物のうちの、最も「精微」なものを受けて、これを全身に配給する。その栄養物のエッセンスを「気」といっているが、これは必ずしも気体ではない。『甲乙経』[71]等に、「中焦亦並於胃口、出上焦之後、此処以受気、泌糟粕、蒸津液化其精微、上注於肺、乃化而為血、以奉生身、莫貴於此、此故独得行於経隧、命曰営」。胃で受けた養分のエッセンスを、蒸津即ち distillate して液化させ、それを肺に注いで、そこで血液とする。そして全身を養うのだから、これより貴いものはない。だから(他の気と異なって)、これだけは管の中を行くのである。この気を「営」という。『甲乙経』[72]に「血脈者、中焦之道」、また『難経』(二十三難)に「経脈とは血気を行り、陰陽を通じ、以って身を栄(やしな)うものである。その始めは中焦よりす」とあるも、これを言うのである。

即ち、中焦は消化及び血液の循環、身体の栄養に関係の最も深い器官である。

次に上焦は、『甲乙経』[73]に「上焦出気、以温肌肉、充皮膚者為津、其留而不行者為液、天暑衣厚、則腠理開、故汗出、寒留于分肉之間、聚沫則痛、天寒則腠理閉、気濇不行、水下流于膀胱、則為溺与気」。『霊枢』、『太素』[74]にも殆どこれと同文を記している。即ち、上焦は気を出して、筋肉を温め、皮膚に充ちてこれを湿おす。暑いと毛穴が開いて汗になる。寒さが内に留まると、組織の間に水沫となって聚まり、痛みをおこさせる。（外が）寒いと、毛穴が閉じて、水は下に流れ、膀胱に入って尿になる、というほどの意味であろう。同様のことを、『甲乙経』[75]等は、他の場所でも述べ、その一節に「上焦開発、宣五穀味、熏膚充身沢毛、若霧露之漑、是謂気、腠理発洩、汗出腠理、是謂津、穀入気満、淖沢注於骨、骨属屈伸、出洩補益脳髄、皮膚潤沢、是謂液」といっている。上焦の気が霧露のように全身の組織に漑ぐ、これを気という。汗になって出るものを津という。そして脳や髄を補益し、皮膚を潤沢させるものを液という。つまり中焦の気の血管中を行って血となるに対し、上焦の気は、管外にあって、全身を養う。この「霧露の漑ぐがごとし」はさきの「上焦如霧」に相応する記載であろう。上焦の気は「精微、慓悍、滑疾」である（『甲乙経』その他[76]）。

しかし、上焦もまた自ら気を生むのではない。やはり胃中の水穀よりこれを受けるのは、中焦の場合と同様である。

「上焦者受諸気、而営諸陽也」（『甲乙経』五蔵生病）。どこから受けるかというに、「穀始入於胃、其精微者、先出於胃之両焦、以漑五蔵、別出両焦、行於営衛之道」（同上）という。

この「両焦」はもちろん上焦と中焦を共に言うのである。これによると、上焦の働きは、胃より受けた気（養分）を、脈管外において、液体の形で全身に供給する。また体温を調節し、汗と尿との排泄にも関係する、ということになる。この上焦の気を、中焦の気の「営」に対して「衛」という。即ち「営出於中焦、衛生於上焦」（『甲乙経』等[77]）という。この営衛は即ち「清濁」の二気であり、今日の考えでは、血液と体液とに当るもののようである。「五蔵六府は皆その気を受ける」（『難経』三十難）。『礼運記』に三焦は「気の終始するところなり」とあるのは、この営気が「周不息、五十而復大会」(三十難)、即ち身体を五十周めぐって、また元の所へ戻る、という記事などに応ずるのであろう。西医説の入るまでは、東方医学者はまだ心臓の機能を知らなかったのである。(78)

しかし、三焦の機能説は、こうしたところから、更にもう一つ飛躍する。それは『難経』の著者の唱える、一つの「原気説」ともいうべきものであるが、これに就いては、上の如く一々原典の文字を挙げないで、簡単に概説しよう。

『難経』によると、十二の経脈は、みな「生気の原」に関係がある。これは十二経脈の根本である。その「原」というのは「腎間の動気」であるが、これは「呼吸の門」であり、また「三焦の原」であって、一名「守邪之神」といわれる(八難)、命門(右腎)はこの原気に繫がっているから、男子は精(精子)を蔵し、女子は胞(子胞)を繫ぐ(三十六難、三十九難)。また、ここに精神が舎るのである(三十九難)。いったい五蔵には、気の出るところ(井)、流れるところ(滎)、注ぐところ(腧)、行くところ(経)、入るところ(合)の五者が所属している。しかるに、六府には、この五つの他に、諸気を主持するところの「原」というものがある。これが即ち「三焦の原」であり、「腎間の動気」である。五蔵に対して六府のある所以もここにある(三十八難とその注)。三焦こそはこの原気の「別使」といってもいい。原を三焦の「尊号」と認めてもいい。五蔵六府それぞれに原はあるが、それは三焦の働きで、根本の原、即ち三焦の原が、それぞれの蔵府に送られて、そこに留まるのである。その原動力は腎間の動気であり、これこそ人の生命である(六十六難)。

即ちここにおいて、三焦は、単なる栄養排泄に関する一器官ではなくて、生命の根本に繋がる、最も貴重な機能者となったのである。同時に、名あって形のない者となり終ったのである。ここには後世の運気論の下地が見え、有形無形の二種の三焦の論の起るきざしが現われている。

しかし、ここにいう「腎間之動気」とは何者であろうか。または病者の腹部を触診して、腹部大動脈の搏動に触れ、寸脈尺脈関脈の比ではないその力強さへの驚きから、こうした動気説が生れたのではないか、私はこのように想像している。その位置から、これを三焦や命門に連繋させた、ということは、有り得べきことと考えられる。命門の考えの発生も、文献の上ではこの腎間動気説と時を同じうしている。晋の王叔和の『脈経』の著作の前後が、その時であったろうと思われる。

以上、三焦の生理に関する古文献を、簡単に整理して見たが、原気の説は別としても、消化、循環、排泄の重要な機能を、三焦は一手にひきうけている。しかし、残存文献中で比較的古いと思われる記載では、三焦の機能は比較的単純であり、それは専ら後世、下焦の働きとして挙げられた決瀆の官としての機能に限られている。この決瀆の官としての「三焦」と「下焦」とが、あたかも二重うつしの如くに重なって見えるところに、三焦の本体、即ちその初源の観念を探る上の、一つの重要な鍵があるのではないかと思われる。

その病理

三焦の病理やその病候について記されたものは非常に多い。そのうちには、以上に述べた生理から、容易に予想されるもの、たとえば、三焦（或いは下焦）が冒されると、「腹が張り、なかんずく少腹（下腹）が堅くなり、小便が出なくなり、窘急して溢れる」（脈経「三焦病症」）というような簡単に理解の出来る記載の他に、その病源にも応候にも、陰陽、五行の考えが加わる。その上に、一個の器官としての三焦のみならず、その属する経脈、その関係する兪、合等のあらゆる体部の反応が、これに加わってくるので、甚だ繁雑多岐である。しかも、それを究めることによって、三焦の本態がいささかでも解決に近づくであろうという予想も立たない。それに紙幅も不足してきたので、この度はこの問題については、いっさい省略することにする。

ただ、慶長七（一六〇二）年に歿した京都建仁寺の雄長老の狂歌(79)に、

寒芦　乗りはりてあしの葉風にだるま方
　　下焦ひへてや冬は死にけん

というのがある。問題の考察にとって何の役に立つものではないが、下焦などという、今では誰も口にしない名や、その病理などが、そのころには狂歌の材料などに採用されるほどにも、一般的であったということの一つの証左として、挙げて見たのである。歌意は、芦葉渡海の達摩を、恐らくは表紙に「達摩方」とでも書いた糊貼りの売薬袋に掛け、そこから下焦を引き出したのであろう。足（芦）の冷えから、風邪をひき、下焦が冒されたと考えたのである。

それから、なお一つの余事を記せば、以上に挙げた資料を通じて、少くとも三焦に関しては、『霊枢』、『太素』には『甲乙経』の本文と一致するところが甚だ多かった。

(63) 甲乙経、「五蔵六府陰陽表裏」。(64) 太素「巻六、首篇」。(65) 素問、「霊蘭秘典論篇」では、単に脾と胃について「倉廩之官、五味出」といっている。(66) 淮南王劉安「前漢」の撰。(67) 甲乙経、「五蔵六府陰陽表裏」、霊枢「本輸」、太素、「本輸」。
(68) 周礼考工記の「桃氏」に、劒頭のすべり止めの金を、茎（なかご）にさしこむことを「中其茎、設其後」といっている。後はとめ金のことである。(69) 甲乙経、「営衛三焦」、霊枢「営衛生会」、太素「巻十二、首篇」・源候論「三焦病候」ではこの下焦の下に「元気」の二字が入っている。(70) 甲乙経、「骨度腸度腸胃所受」、霊枢「平人絶穀」、太素「腸度」。(71) 甲乙経、「営衛三焦」、霊枢「営衛生会」、太素「巻十二、首篇」。(72) 甲乙経、「五味所宜五蔵生病大論」。(73) 甲乙経、「津液五別」。(74) 霊枢「癰疽」、太素「巻二十九、首篇」。(75) 甲乙経、「営衛三焦」、霊枢「決気」、太素「六気」。(76) 甲乙経、「骨度腸度腸胃所受」、霊枢「平人絶穀」、太素「腸度」。(77) 甲乙経、「営衛三焦」、霊枢「営衛生会」。太素「巻十二、首篇」。(78) 但し、「淮南子」の原道訓には、「心者五蔵之主也、所以制使四支、流行血気、馳騁於是非之境、而出入於百事之門戸者也」とあって、心臓をもって血行の主宰者と見る如き書きぶりであるが、少くともこの考えは、後に発展させられなかった。
(79) 「雄長老狂歌集」、日本名著全集。

その本体

以上、私は東洋医学史上の一つの謎ともいうべき、三焦についての、古典医書中よりの資料を、不充分ながら、自己流に整理して見た。或いは混乱させた、と見られるかも知れない。三焦の論議には有りがちのことである。そして、その間に、頭に浮ぶままの手軽な考えを、附記しておいた。三焦の本体をここで論じようという段になって、二度くりかえしたくないことが多い。

そこで簡単に、以上述べた所から引き出せる結果を要約して見る。

第一に、三焦の名は、年代の比較的明らかな文献の中では『史記』扁鵲伝に見えるものが最も古い。BC二世紀のものである。しかし、「六府」の考えの中に、はじめから三焦が含まれていたとすると、その起りはさらに一世紀さかのぼらせることが出来る。

第二に、三焦の名義に関する従来の解釈からは、このものの本体を推察させるような、何の手がかりも得られなかった。

第三に、三焦の位置や形態に関して記載されたり、論ぜられたりしたものも、このものの形を明らかに示すものはなかった。というよりも、むしろ三焦は形のないものであっただろうとの、積極的な否定説に有利な材料がそこにはあった。その材料というのは、その形態に関する、何の見るべき材料もないということ、それ自身である。三焦はその観念の発生の当初から、いまだかつてその明確な形態が意識されることはなかったのである。

第四に、三焦の生理に関する記載は、かなり明白な点があった。しかし、これは実見に基づく知識ではなく、空想的な観念に基づくものであった。従って、それらの記載から、三焦の本態を推察することは出来なかった。

これらのことから私は次のような経過を想像する。はじめに、食人や家畜乃至野獣の屠殺のさいに得られた、直接或いは比較観察から、素朴な実見的の知識に基づく、人体内臓の知識が生れた。それが次第に五蔵(臓)六府というような一種の整理された観念に変ってきたと思われる。『春秋左氏伝』の成立したと思われる戦国時代前半のころになって、昭公元年の医和の言葉が示すような、天の六気説が、人体の解剖学説にも影響し始めたのでなかったか。これによって、五臓五府は五臓六府となった。その変化はおそくとも、『呂覧』に六府の文字の現われるBC三世紀までの間に起ったであろう。ただ、こうして新たに登場した第六の府は、その間に突如として、無の中から創作考案されたものではなく、恐らくその原形というものは、人々の思考のうちに、徐々に成熟しつつあったに違いない。それが新たに一府として登録された、というに過ぎないと思われる。それが当初から「三焦」と呼ばれたか否か、或いは、『呂覧』の六府の内容に、三焦と呼ばれるものが含まれていたかどうか、ということについては、前漢の『韓詩外伝』に、三焦の代りに咽喉を含む六府の記載のあるのを見ると、俄かに明言することは出来ない。

さて、上に引く『呂覧』「本生」だとか「達鬱」の篇に、人体の骨の数を「三百六十節」としている。[80]老子の弟子といわれる文子の言葉[81]にも「人有四岐五臓九竅三百六十節」、また『大平御覧』に引く「公孫尼子」[82]にも「人有三百六十節、当天之数也」とある。いずれも『漢書』芸文志所載の書である。『韓非子』解老篇には「人之身三百六十節、四肢九竅」とある。即ちこれらの先秦の書ではすべて三百六十節に一致している。『素問』以後はすべて三百六十五節であるが、前漢の『淮南子』には、一方に「三百六十節」[83]とあり、また別に「三百六十六節」[84]の記載があって、あたかも両者の過渡の様を呈している。これは同時代の書『春秋繁露』[85]にも同様である。いずれも一歳或いは一年の日数に応ずるものと考えられたのである。[86]

ところが、先秦時代における、骨の三百六十節の考えは、印度にもまたあった。仏典の中には、「骨凡有三百」[87]、「三百二十骨」[88]、「諸骨三百三十六節」[89]、などと記された例もあるが、『大宝積経』[90]巻九十六には「此身者三百六十骨聚、所成如朽壊舎」の句があって、中国古代の骨数に一致している。もちろん、これらの経典の中国に紹介されたのは、後世のことであるから、仏典よりの影響は考えられないが、仏教教理の紹介される以前に、教理には直接関係のない、世界観とか宇宙観というようなものは、既に先秦時代において、東西相通ずるものがあったのではあるまいか。このことは、他の資料からも、推察されるところであるが、ここに見る人骨の数の観念の一致なども、その一つのあらわれではないかと思われる。私がこうした事をここに言うのは、実は、三焦の考えの起りにも、このような東西共通の考え方が、その根底にあったのではあるまいか、と思うからである。

それを述べる前に、三焦の観念の初原を、いま少しよく見極める必要がある。

三焦の形は少しもはっきりしない。その形は、はじめから明確に考えられたことがなかったようである。そうすると、三焦の観念は形態の面からではなく、その生理の面から発生したと、考えなければならない。

三焦の生理には、単純で理解しやすい、下焦の決瀆行水の生理と、それよりもやや高次の観察乃至は思弁を必要とする、煩瑣な上焦、中焦の循環生理とがある。その観念の発生に前後があったとすれば、単純明白な下焦の生理に関する考えが、必ずやさきに発生したと見なければならない。現に、下焦の生理即ち三焦の生理、三焦即ち下焦と考えられた痕跡は歴然としており、三焦即ち単に決瀆の官と考えられた時代が、先行しているように見える。この観念は、のちにも永く潜在している形跡があるのに、上焦、中焦に関する確実な記載は、初めて後漢のはじめ(『礼運記』)に現われる。上中下三焦の働きのうち、上中両焦のそれが、その後次第に重要視され、ついに下焦に代って、これが三焦の働きを代表し、ついに生命の根元に関する、最も重要な機関となり終ったのは、凡そ晋代のころと思われる。

この歴史的の変遷は、よく三焦の初原の観念が、何であったかを、示すものであろう。恐らく前漢のころには、まだ上中下の三焦の観念はなく、三焦は膀胱の附近に在って、単なる決瀆行水の官と考えられていたと思われる。その名の「三」字を説明せんがために、恐らく後漢の初めのころに至って、上焦、中焦、下焦の三別が発明され、これに、そのころ発見された重要な機能が附与されるに至ったものであろう。

しかし、三焦が最初から決瀆行水の官として登場したものとするならば、その名称を三焦と呼んだ理由は何であろう。『説文』によると「焦」は「火所傷也」である。これは水とは関係はないはずである。そこで、私は「焦」の字義から、一つの想像説に到達した。実証の伴わない、単なる空想であるが、試みに一説として披露して見よう。

『荘子』秋水篇に「天下之水、莫大於海、万川帰之、不知何時止而不盈、尾閭泄之、不知何時巳而不虚、春秋不変」という有名な記載がある。万川のこれに注ぐにも拘らず、海水の増量しないことを説明する、一つの説明説話と見られるが、それは尾閭がこれを泄らすからである、と説明するのである。この「尾閭」の文字は、ここでは固有名詞であろうが、これを文字通りに解すると、尾部の門閭であり、人獣の肛門を意味するものである。それで、後にも肛門に最も近い骨（Os coccygis）を「尾閭骨」というのである。『文選』（巻五十三）嵇康（晋）の「養生論」に「泄之以尾閭」という句があって、明らかに便門の意に尾閭を用いている。これは後世の書であり、私は荘子のころ、或いはそれ以前に肛門を尾閭と呼んだ例のあることを知らないが、荘子、或いはその時代の人が海底の泄穴を呼ぶのに、人の泄門の名を採用したのであることは、恐らくまちがいないと思う。

嵇康の「養生論」への李善の注に、司馬彪（晋）の、恐らくは『荘子』に対する注と思われる言葉を次のように引いている。

「尾閭、水之従海水出者也、一名沃燋、在東大海之中、尾者在百川之下、故称尾、閭者聚也、水聚族之処、故称閭也、在扶桑之東、有一石、方円四万里、厚四万里、海水注者、無不燋尽、故名沃燋」。

この尾閭の字義に関する解釈はこじつけだと思うが、ここで「尾閭一名沃燋」という解は見のがせない。この語は同じ『文選』の郭璞（晋）「江賦」[91]にも「出信陽而長邁、淙大壑与沃焦」とあり、同人の作に擬せられている『玄中記』にも見え、『晋書』韋忠伝には、その言として「況可臨尾閭而窺沃焦」などとあって、沃焦は尾閭の一名、または対語として用いられている。その他の詩賦にもしばしば見える文字で、これは晋代の文人間の一つの流行語であった観がある。

『玄中記』[92]の記事は「天下之強者、東海之沃焦焉、水灌之而不已、沃焦者山名也、在東海南、方三万里、海水灌之而即消、故水東南流而不盈也」とあって、海水中に沃焦という山がある。水がそそぐと、その水ことごとく消えてしまう、というのであって、沃焦の焦石なることが知れる。海水不盈の説明としては、尾閭と同様であるが、理由は漏泄でなくて、蒸発である。

この『玄中記』などの考えは、明らかに晋代のころから盛んに翻訳された、仏典の記事からきた知識に基づくものと思われる。東晋の天竺僧駄跋陀羅の訳した『華厳経』第十六巻、第六十六巻に、この文字が見え、その後にも苻秦（僧、伽提婆等）訳の『阿毘曇八揵度論』（巻三十）、唐の『六波羅密陀経』などに出ている。

慧琳の『一切経音義』に、『六波羅密陀経』の「沃焦海」を注して「大海水大熱燋竭」といい、また「其大海水皆悉消尽、不曽盈」といっている。『法華文句』には「大海有石、其名曰沃焦、万流沃之、至石皆竭」とあるそうである。

即ち大海中に焦熱の巨大な吸水石があって、これに沃(そそ)ぐ水を悉く竭(か)らすというのである。しかし、これらの仏典の知識は、翻訳以前の口承がかりにあったとしても、前漢の終りの頃を溯ることは出来ない。沃焦の語は恐らく晋代から、経典中の語彙の訳名として、用いられ始めたのであろう。だからこの印度人の世界観が仏典を通じて、先秦時代に既に中国に入ったとは考えられない。しかしながら、沃焦の語そのものは、仏典の訳語として現われ、晋代の流行語となる以前にも、中国では用いられている。

『史記』田敬仲世家に、秦の趙を攻める時、斉国が趙を救援すべきか否かを、議したことがある。ときに周子なるもの、これを救わざるべからざる所以を説いて、有名な脣亡びて歯寒しの語を引いているが、その時、いま斉の趙を救うのは「若奉洩甕沃焦釜也」といっている。焦眉の急であるということを、水の洩る甕や、焼けただれた釜を運ぶと同様、瞬時の猶予も出来ないと形容したのである。

して見ると、沃焦はもともと、海中の山名とは限られなかった。水を沃(そそ)ぐと、たちまちにこれを気化消散せしめるていの、焼石などを指した一般名であった。後世の、仏典の訳名には、この古い言葉を起用したにすぎなかったのである。

さて中国には海底尾閭の思想があり、印度には海底沃焦の考えがあった。同じく海水の不盈なることの原因とされたところから、この両者が同一視され、「尾閭一名沃焦」とされたのは、文献の上では晋代まで下るが、教義以外の、こうした世界観というようなものが、さきの骨節数の一致からもうかがえるように、早くから東西流通していたと考え得るならば、「尾閭一名沃焦」の考えも、あるいは晋代をまたず、遠く前漢以前に発生しなかったとは限らない。もちろんこれは単なる想像であるから、決して主張は出来ない。

しかし、私の想像をいま少し述べることを許されるならば、『荘子』の海底に尾閭あって、海水を洩泄するという考えの前には、既に人間の尾閭について、同じような考えが一般に行われていたのではあるまいか。人の一生の間に、万川の漑ぐ如くに、水穀を上口から注ぎ込む。それがことごとく腹にたまらないのは、尾閭あって、これを泄らすからだ、との俚諺めいた考え方があったということは、ありそうに思われる。『荘子』が海水について、同じ尾閭の語を使用して、同じ考えを述べたとすると、そこには、われわれが従来汲みとることを忘れていた、滑稽味が多分に意識されていたのではあるまいか。

こうした考え方の下地のあるところへ、仮りに沃焦の思想が入ったとすれば、それは第一ヒントで、直ちに受け入れられたに違いない。人間の腹底にも、また沃焦があって、水穀を霧化消散せしめる。その考えの結実したものが即ち三焦ではあるまいか。三焦の焦字も、このあたりから発生したのではあるまいか。『素問』にはしばしば「少腹痛、下沃赤白」(93)だとか、「腹満痛溏泄伝為赤沃」(94)などといって、腹より注下するものを「沃」といっている。沃はそそぐものであり、水穀の残滓である。沃焦の語は、海中のみならず、腹底に在っても使用可能である。三焦は或いは、はじめに沃焦とでも呼ばれていたかも知れない。譬喩の面白さから名づけられた、ということになるが、しかし事実としては、もちろん焦石の腹中にあるわけではなく、やはり尾閭の如く漏泄するのがほんとうである。事実の方を重んずる考え方から、その名に焦字を有しながらも、医学説としては、「決瀆之官」の方向に、考え方は落ちついていったのであろう。

三焦即ち水道の官というのは、字義からは矛盾するが、その考え方の前に、こうしたいきさつ、即ち「尾閭一名沃焦」の如き考えがあったとするとき、この矛盾は解けるのではあるまいか。また後の、上焦の気化霧散説の如き思想の発生は、こうした前史があって、容易に理解出来るのではあるまいか。しかし、ここまで想像を逞しうしても、なお三焦の「三」字については、充分の解は得られなかった。これに就いては、なお考えて見たいと思っている。

(80) 呂氏春秋、本生「三百六十節皆通利矣」。達鬱「凡人三百六十節、九竅五蔵六府肌膚、欲其比也」。（81） 文子通玄真経、「九守」篇（説郛所収）。（82） 公孫尼子、太平御覧人事部、形体。（83） 淮南子、天文訓「天有十二月以制三百六十日、人亦有十二肢以使三百六十節」。（84） 淮南子、精神「天有四時五行九解三百六十六日、人亦有四支五蔵九竅三百六十六節」。（85） 董仲舒（前漢）「春秋繁露」人副天数篇第五十六に「人有三百六十節、偶天之数也」とあり、後文に「天以終歳之数、成人之身、故小節三百六十六、副日数也」とある。（86） 但し、歳日の三百六十は、天に甲乙丙以下十個の日があり、これがそれぞれ六竟(周)して一甲(甲子)をなす。これが六十日。天に六気(季)があり、この甲を六復して三百六十の数を得る。故にこれは天度による暦日ではなく、思想上の産物であるから、暦法として三百六十日一歳の方が古いというのではない。書経「堯典」には「朞三百有六旬有六日」とある。（87） 修行道地経（西晋、竺法護訳）。（88） 禅要経（失訳人名）。（89） 治禅病秘要法（宋、沮渠京声訳）。（90） 大宝積経（唐、菩提流志訳）。（91） 文選、巻十二。（92） 玄中記、魯迅編「古小説鈎沈」より。（93） 素問「至真要大論篇」。（94） 同前。

おわりに

この原稿は元来「総説」として依頼され、そのつもりで引きうけた。この機会に、三焦に関する文献を、少しでも整理して見たいと思ったのである。自説を述べるべく招かれたわけでもなく、そのつもりで筆を執ったわけでもないのに、やがて居直った形で、未熟きわまる自説を、なまくら刀の如くにふりまわす気味合いになったのは、まことに慚愧にたえない。編集者及び読者諸子に、深くおわびする。

なお、各項の注に掲げた文献の他に、本稿を草すに当って参考に供した一般的文献に、次の諸冊がある。

岡西為人『宋以前医籍考』第一〜三輯、昭和一一〜一五（一九三六〜一九四〇）年、満洲医大東亜医学研究所刊。

丁福保、周雲青『四部総録医薬編』一九五五年、商務印書館刊。

陳邦賢『中国医学史』（中国文化史叢書）、民国二六（一九三七）年、商務印書館刊。

廖温仁『支那中世医学史』昭和七（一九三二）年、カニヤ書店刊。

小川鼎三『日本解剖学史』、日本学士院編「明治以前日本医学史、第一巻」所収、昭和三〇（一九五五）年、日本学士院日本科学史刊行会刊。

石原明『日本生理学前史』、同上、第二巻所収、昭和三〇（一九五五）年。

（追補）

本篇発表の後、なおいくつかの関係資料のあることを知ったが、その多くは森鹿三、橋川時雄の両先生によって教示された。またこの両先生及び青木正児、岡西為人の諸先生は原著の多くの誤りを指摘して下さった。一々お名を挙げないが、その他多くの先生がたより励ましの言葉をもいただいた。これらの諸先生に感謝の意を表し、その後得られた資料及び本文中に書き入れなかった正誤の一部をここに追補することにした。

(1) 決瀆のこと。古い例としては『韓非子』（五蠹）「中古之世、天下大水、而鯀、禹決瀆」。

(2) 沃焦のこと。『史記』の「若奉洩甕沃焦釜」の読みは「洩甕を奉して焦釜に沃《そそ》ぐが若《ごと》し」と読むを正しとす（森）。すなわちこれは「沃焦」の語の資料にはならない。『佩文韻府』に「沃焦」の資料として、『史記』のこの句を引いたのが誤りであったことを知った。また、杜光庭（前蜀）の『王氏神仙伝』の「真人……忽身熱、欲水灌之、如沃焦状、因失其尸、後十余年忽還家」の沃焦も、焦に沃すと読むべきであることをも知った。

「司馬彪が『尾閭一名沃焦』というのは不審です。前者は凹、後者は凸、両者別物ですが、〔にもかかわらず一を他の〕別名と考えるほどに両者の関係は密接であったと思われます。そのことを暗示するかのように、司馬彪の同時代〔少しく先行〕に次の言葉があります。『沉可臨尾閭而闕沃焦哉』（晋書、八九巻、韋忠伝）」（森）。

(3) 三焦有形論。『嘯亭雑録』（清、礼親王昭槤）巻八、「蓋三焦男子蔵精之処、為腎臓之外腑。腎賦形

有二、故膀胱三焦分為其腑。即命門之関鍵也。或有被磔刑者見其膀胱後、別有白膜包囊精液、此即三焦之謂也。世之盲医不察而妄相指擬……」。即ち実物の解剖によって、膀胱の後に精液を包む白膜、おそらくは精嚢を見て三焦なりといっている。三焦有形説の一例である。

(4) 『祝詞』のうちに、六月《みなつき》の晦《つごもり》の大祓いに、この世の罪の汚れを海に流して清めることがある。先ずうち掃われた罪は山のすそから、たぎつ速川の瀬に流す。瀬織つひめ(女神)がこれをうけて、大海の原に持ち運ぶ。これを海中の速開《はやあき》つひめ(女神)がみな呑みとる。それを気吹戸《いぶきど》主の神が根の国、底の国に気吹いて吹き散らす。と、底の国の速さすらいひめ(女神)がこれを受けて持ちさすらって失わせる。これでこの世の「罪という罪はあらじ」となる。つまり、地上の困りものを掃う方法が、それを無限にひきうける海底の処置だという点で、尾閭、沃焦の話に似よった所があり、比較神話学の一つの問題になるかもしれない。

『頓医抄』と「欧希範五臓図」

小さな疑問であるが、近頃それが解けたので、簡単に記しておきたい。

中国古典医学叢刊の一つとして、昨年五月、上海の群聯出版社から刊行された『循経考穴編』上下二冊を、最近手にした。これは撰者不明の本であるが、中に「厳振識」の文字があるので、校訂者の范行準は、しばらく厳氏の撰としておく、といっている。また撰述年次も不明であるが、引用書は万暦間のものが最も新しい。范氏はそれで明末のものと考えている。

この本の下冊に「五臓正面図」以下九個の人体解剖図と、四個の骨度図などが載っており、その第六の図に「欧希範五臓図」（第1図）というのがある。校訂者の跋文にはこれについて、「就是欧希範五臓図一幅、確属罕覯」といっている。明らかに「欧希範五臓図」としるされたものを見るのは、私もこれが初めてである。

この『循経考穴編』の九図のうち、「欧希範五臓図」以外の八個は、明の胡文煥の「新刻華佗内照図」（宝永八年和刻）や、万暦二十七年の張太素の『太素脈訣』、また一部は同年の王文潔の『図註難経』、同じころの張世賢の『脉訣』や『難経』の図注、万暦の王圻の『三才図会』身体部附載の解剖図などと、ほぼ同一

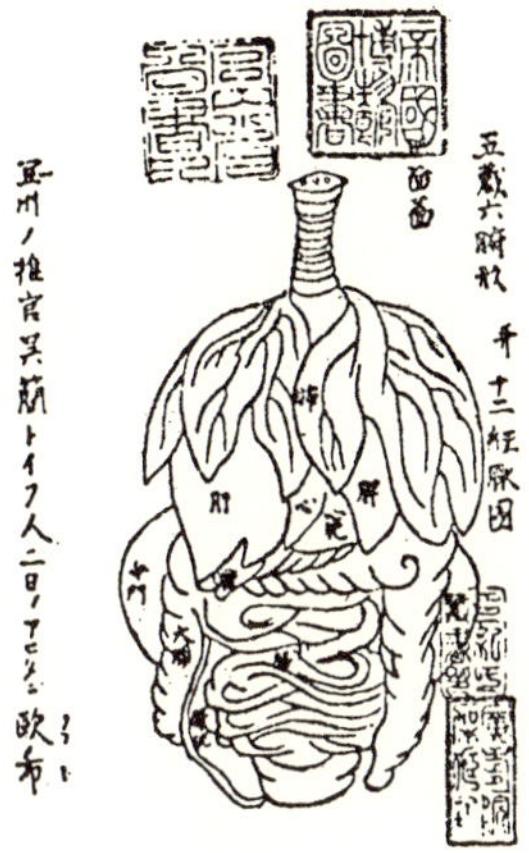

第１図　『循経考穴編』所載「欧希範五臓図」

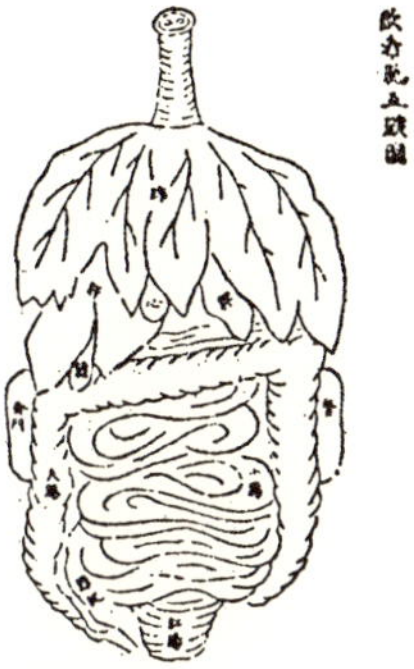

第２図　『頓医抄』所載「正面図」

系と見られ別に珍しいものではない。これらの、普通に見る「中国解剖図」（仮りにこれを華佗系としておく）に比して、「欧希範五臓図」の著しく異なっている点は、小腸と大腸の図示にある。華佗系のものは、すべて大腸のトグロの上に小腸のトグロを載せた図式であって、——いわゆる大小腸九蟠である——真影に甚だ遠い。これに反しこの「欧希範図」では、大腸は上行横行下行の三部が、それぞれ正確に描かれ、小腸の図様も比較的真に近い。明らかに解剖によって実景を描いたものと思われる。

ところが、これと殆ど同一の図が、嘉元元（元の大徳七＝一三〇三）年、梶原性全の撰んだ、わが『頓医抄』巻第四十四に見えている。私の見たものは、京大富士川文庫本（伊沢蘭軒旧蔵）のものであるが、便宜上ここには、『明治以前日本医学史』第一巻所収の小川鼎三著「日本解剖学史」六八頁対面に複写されている金沢文庫本（万安方より）の同図を、借用しておく（第2図）。

『頓医抄』には、この「正面図」のすぐあとに、「宜州ノ推官呉簡トイフ人、二日ノアイダニ、欧希範ト云フモノヲハジメトシテ、五十六人ガ腹ヲサイテ、ツマビラカニ五臓六府ヲミルニ、喉ノアヒダニ三ノ孔アリ」云々の記事がある。性全が「欧希範図」を参照したことは、これでよく判る。そして、他の図では喉に二孔を描くに反して、ひとりこの図が三孔を有している点、また今いうごとく、大腸小腸の描法がひとり他の図と異なっている点などから見て、この正面図が、他の八図とは異系の源から出たものであり、恐らく「欧希範図」によったものであろう、ということは推察できる。そしてこの本の体裁の上から見て、さきの「宜州ノ推官」以下の説明の一齣が、この正面図のみに関するものであろう、ということも想像される。しかし、『頓医抄』には、これが「欧希範図」であるとの明記がどこにもない。この正面図が「欧希範図」によるものであろうと推定はされても、それがどの程度に後者の真を伝えるものであろうかという、そこに多少の疑問は残されたのである。

いま、『循経考穴編』の同一図に、明らかに「欧希範五臓図」とあるのを見て、この疑問は解けた。『頓医抄』の正面図（富士川文庫本では正面前向図）は、明らかに「欧希範図」そのものである。

性全の記載によると、二日の間に欧希範以下五十六人の腹を剖いたという。いくら「ツマビラカ」に見たといっても、観察の程度は知れたものである。従来の「華佗系解剖図」の、側面図、背面図なども、いずれも想像図であり、華佗が生体を日光中に立たせて、内臓の透影を写したのだ、などという伝説があるくらいだから、決して実見によったものではない。欧希範の場合には、とにかく真影を遺そうとしたのである。それだけに、側面図や背面図を、想像によって描くことはしなかったであろう。従って、「欧希範五臓図」というのは、もともとこの正面図一個であったと思われる。性全が、華佗系の解剖図を多く掲げた上に、欧希範の正面図一個を併載したのは、明末の『循経考穴編』の著者のやったことと同一手法であった。正面図以外に「欧希範図」のなかったことは、時所をへだてて行われたこの手法の一致からも推察できないことはない。

ただ、『頓医抄』の「欧氏五臓図」が、正直に喉の三孔を描いているに反し、『循経考穴編』のそれには、二孔のみしか描かれていない。明末に及ぶまでに、このような修正図が、真を写すに近いと認められるに至ったのであろう。

但し、この喉の三孔について、性全は「タダシ喉ニ三ノ孔アリトイフ事ヲバ、アル書ニソシレリ」云云と記し、二孔とするのが正しいか、といっている。元初以前に、既にそうした考えのあったことが知られる。その「アル書」が何であったかはわからないが、宋の沈括の、元祐三(一〇八八)年以後、京口の夢渓に隠居したのち、紹聖二(一〇九五)年六十五歳で死ぬまでの間に書きのこした『夢渓筆談』というものがある。元祐三年は、欧希範の処刑された慶暦年間(一〇四一—一〇四八)から、約四十年しかたっていない。この随筆の巻二十六に「又言、人有水喉食喉気喉者、亦謬也、世伝欧希範真五臓図亦画三喉、蓋当時験之不審耳」云々、つまり、喉有三孔説は、解剖当時これを験することの審らかならざりし結果に過ぎない、といっている。

また、『循経考穴編』の校訂者范氏によると、日本僧幻雲の『史記』の標注に楊介の「存真図」を引用し、このことに関する楊介の説を伝えている。この「存真図」もやはり「欧希範五臓真図」を含んでいた。楊介はこの図の中に喉中三竅あるのは、生理解剖を知らぬものの妄説に属す、といっているそうである。「存真図」は宋の政和三(一一一三)年の撰である。

この幻雲(月舟、寿桂また中孚道人)は足利末の学僧で、天文二年京都建仁寺の住持になっている。いわゆる『史記幻雲抄』を遺し、その標注に『史記正義』の佚文を多く留めていることで有名である。建仁寺両足院の文庫に、幻雲手沢の「存真図」などが、或いは今後見出されるようなこともありはしないかと、私はいまふと空想してみる。

なお、欧希範の解剖については、二、三の随筆に、そのことを記したもののあることは、以前から耳にしていたが、いずれも大部の叢書中に収められているので、億劫で、私はまだ原典を見ていない。幸い最近(一九五六年一月)右の『夢渓筆談』を、胡道静の校証した『夢渓筆談考証』が出版され、その考証中にこれらの文献が引用されている。参考のため、それをここに孫引きしておく。

『東斎記事』巻一(宋、范鎮)

「慶暦中、広南西路区(欧)希範、以白崖山蛮蒙趕内寇、破壊州及諸寨、時天章杜待制杞、自西京転運使徒広西、即至、得宜州人呉簡等為郷導、攻白崖寨等、復環州、因説降之、大犒以牛酒、既酔伏兵発、擒誅六百余人、後三日始得希範、醢之以賜渓洞諸蛮、取其心肝、絵為五臓図、伝於世、其間有眇目者則肝缺漏」

希範を討伐したのは杜杞で、呉簡は郷導人であった。招降に応じたものを欺し討ちして、六百余人を殺し、首魁の希範を塩漬けにして蛮人に食わせた。その間に五臓を図して世に伝えた、というのである。その手段は残暴を極めている。次の文献も同様のことを、やや詳しく記している。

『巌下放言』巻下（宋、葉夢得）

「世伝欧希範五臓図、此慶暦間、杜杞待制治広南賊欧希範所作也、希範本書生、桀黠有智数、通暁文法、嘗為摂官、乗元昊叛西方有兵時、度王師必不能及、及与党蒙幹嘯聚数千人、声揺湖南、朝廷遣楊畋討之、不得、乃以杜杞代、杞入境即為招降之説、与之通好、希範猖獗久、亦幸以苟免、遂従之、与幹挾其酋領数十人偕至、杞大為燕犒、酔之以酒、已乃執於座上、翌日尽桀于市、且使皆剖腹、刳其腎腸、因使医与画人、一一探索絵以為図」

『賓退録』巻第四（宋、趙与時）

「慶暦間、広西戮欧希範及其党凡二百、剖五十有六腹、宜州推官呉簡皆詳視之、為図以伝于世、王莽誅翟義之党、使太医尚方与巧屠共刳剥之、量度五臓、以竹筳導其脈、知所終始、云可以知病」

ここには王莽の時の解剖に言い及んでいる。これが『漢書』王莽伝に、天鳳三（ＡＤ一六）年の出来事として記されているのは、人の知るところである。

（附記）清の汪森の『粤西叢載』巻二七に欧希範の刑せられたのを「慶暦甲申（一〇四四年）三月」だといっている。

なお本稿校正の時、たまたま渡辺幸三氏の「中国医学における解剖学的智識の形態表現に関する文献学的研究」（『日本医史学雑誌』第七巻一―三号、昭和三一年九月）の恵贈をうけた。同書は『頓医抄』の挿図が、直接には、楊介の「存真図」の複写であることを詳細に考証している。また、欧希範処刑の記事についても、拙稿中引用の文献以外に数多くの文献をあげている。いずれも拙稿の粗漏を補正するところが多い。というよりはむしろ、本稿発表の必要をなくしてくれた形である。この考えを附記して、採否を編輯者に一任する。

琵琶骨

元末明初の詩人楊維楨、字は廉夫、号は鉄崖。その作品の中に「金盤美人」の一篇がある。

昨夜は金床喜々として、美人の体を薦め、
今日は金盤愁々として、美人の頭を薦む。
明朝、使君何れの処にか在らん。
溷中、人は溺す血骷髏。
君見ずや東山宴上の琵琶骨の、
夜々鬼語して箜篌に啼くを。

この凄惨な詩は、鉄崖の自注によると、張士誠——元末に挙兵し、呉中に拠って自ら呉王と称した——の女婿で、潘元紹というもの、その擁する数十の美姫のうち、才色絶倫の蘇氏を、酔余に些細なことで斬殺し、その首を黄金の盤に盛って客に薦めた、その光景を叙したものだという。昨日はこう、今日はこう、そして、使君よ、明日お前のいるところは、どこだろう。糞溜めの中だ、お前の血塗れのされ頭に、人々は小便をひっかけているだろう、という語句は、痛烈を極めている。

それはさておき、句は一転して、ここに東山宴上「琵琶骨」の文字が出現する。これは何であろう。解剖家として、見過すことの出来ない一句である。

『資治通鑑』巻一六六、北斉の顕祖文宣帝の暴状を記した一節がある。倡婦であった薛嬪なるものを寵愛したが、臣下の王岳と密通していたことを知ると、その首を斬って懐中に蔵し、東山の離宮に出て宴に臨む。宴たけなわになるに及んで、忽ちにその首を盤上になげ出し、またその屍を解体し、その髀を弄して琵琶に擬した。やがて心しずまると、帝は盤上の頭に対して、流涕滂沱「佳人再び得がたし」といった、という。

鉄崖がもち出した「東山盤上の琵琶骨」とは、この六朝の残虐事を意味する。

しかし、顕祖が弄して琵琶に擬したという「髀」は femur にはちがいないが、femur の語がそうであるように、これは大腿骨ともとれ、また大腿そのものともとれる。髀の字が骨に従うとはいっても、転用は可能である。李斯の『諫逐客書』に「弾筝搏髀」の文字がある。西方の秦人が曲節にあわせて、髀を搏つのは、中央アジアや中国西部の連中が今もやる、ひざを叩いて踊るやり方で、もとより大腿骨をうち合わすわけはない。顕祖が弄して琵琶に擬したものは、骨ではなくて、美人の腿そのものだ、ともとれる。

しかるに、鉄崖が直ちにもってこれを琵琶骨としたのには、他に何かの拠りどころがあったにちがいない。

唐の段成式の『酉陽雑俎』巻六に、「古琵琶用鵾雞股」とある。鵾雞は鶤雞とも書き、雅名では糸竹ともいった。『爾雅』に、雞の三尺なるを鶤となし、或いは昆に従う、とある。とにかく長頸赤啄、黄白色の、鶴くらいもある大形の雞の股――ここでは実用の琵琶だから、股骨でなければならない――、すなわち、人骨ではないが、大腿骨をもって琵琶を作った例はあるのだ。

しかし、それよりも、宋の張舜民の『画墁録』には、

「太祖招軍、格不全、取長人要琵琶腿車軸」

とある。すなわち宋の太祖が軍を催したとき、格――車の横棒、ここでは車軸――の材が不足である。急場に、長身の男を徴発し、その琵琶腿で作った車軸を取り用いた、という、残暴ここに極まるていの話がある。車軸に利用した琵琶腿は、大腿骨以外のものではない。ここで初めて、人間の大腿骨に、琵琶の名を冠したことがはっきりした。鉄崖の「琵琶骨」には、この知識が加担しているであろう。

宋の秦再思の『紀異録』(一名、洛中記異録)に、洛陽の左街の僧録――僧坊の取締役――の恵江と、威儀――同じく威儀の師範――の程紫宵との好謔の話が出ている。暑い日で、恵江の裸身になって肥満した太腿を出している。宵がひやかして「僧録琵琶腿」という。江はすかさず「先生觱栗(ひちりき)頭」とやりかえす。この琵琶腿は骨ではあり得ないから、骨名からの転用と見ていい。

これらの文献から推して、琵琶腿は古くは、大腿骨の名で――厳密にいえば、名でも――あった、ということが判る。ただ「琵琶骨」の三字は、まだ現われていない。

しかし、宋代にはこれも現われる。現われるが、しかし、それは大腿骨ではない、別の骨の名としてである。

宋の武珪の『燕北雑記』に、

「契丹行軍不択日、用艾加馬糞於白羊琵琶骨上灸、灸破便出行、不破即不出」

とある。モーコ軍が出陣の可否を決するのに、羊の琵琶骨を焼いて占ったというのである。同様のことは元の李治の『敬斎古今黈』にも見えている。ただ、敬斎は、羊卜は契丹人だけの風習ではなく、また軍事を占うだけでもないと補足する。

モーコ人が羊の肩胛骨を焼いて吉凶を卜したことは、誰知らぬものはない。これを scapulomancy という。日本語のカタウラ（肩占）である。——ついでながら、日本にこの語のあるのは、この国でも弥生時代の初頭から、後世ながくこの事が行われたからである。羊ではなく、多くは鹿の肩骨を用いる。関東では、今もそれを行う神社がある。

即ち、大腿骨を意味した琵琶腿の他に、宋代には、肩胛骨を指して琵琶骨ということがあった。それはモーコの羊卜が、肩骨を用いることから判るのである。両者は偶然に、別個に起ったものであろうか。恐らくそうではあるまい。思うに、骨に琵琶の名を冠するもののあるのを知って、その由来するところを知らなかった者が、たまたま肩胛骨の外形の、琵琶に似るのを見て、卒爾に誤用したところから、琵琶骨の名は起ったものであろう。その誤りを指摘した文献もある。

清の阮葵生の『茶餘客話』巻六に、北斉顕祖の事績や、宋の太祖の記事を証拠として「即琵琶骨在股膝之間、不在脊背左右也」といっている。琵琶骨は大腿骨であって、脊柱の左右にある肩胛骨ではない、というのである。いい換えれば、肩胛骨を琵琶骨というのは、誤りだ、というのである。

ところが、琵琶骨の名はさらに一転する。いつの頃からそうなったかは判らない。しかし、今日の中国語の辞典を引くと、琵琶骨は鎖骨だとある。『辞源』、『辞海』、また各種の中日、中英辞典みな然りである。右側の鎖骨の前面で、襟のボタンを留める上衣がある。その襟を琵琶襟という、ともある。すなわち、今日では一般中国語としては、琵琶骨は鎖骨である。これも恐らく琵琶骨は肩骨だというところから、気の早い連中が、鎖骨をそれと考えた。それが一般名称になり終った、というような所であろう。鎖骨の外端は、肩峰部の形成に与っている。俗にはその部をもって肩とするからであろう。

中国文献に琵琶骨の語が見えた場合、その時代性や、前後の文意に注意しないと、思わぬ誤解におちいる恐れがある。この蕪稿が、なに分かの警告に役立てば幸いである。

(付記)

(1) 民国三二(一九四三)年の教育部公布の J.N.A による『人体解剖学名詞』では、Femur 股骨、Scapula 肩胛骨、Clavicula 鎖骨となっている。これがこれらの骨に対する現在の中国学名である。

(2) 右に引いた『燕北雑記』の文は、宋の葉隆礼の『契丹国志』巻二七にも見える。なおト用ではないが大便と羊の脛骨の灰を合わせた薬法のあったことが、『本草綱目』獣部(羊)に『名医録』から引用されている。

(3) 宋の宋慈の『洗寃録』にもとづいた「洗寃録集証全纂」の本文には、琵琶骨の文字は見えないが、なに人かの後補と思われる「検骨格」の部に「琵琶骨亦名髀骨」とある。ところが、道光のこの校本の挿図には、肩胛骨に傍線を引き、「琵琶骨亦名髀骨」とあって時代を現わし、肩骨に髀骨の名をつけてしまった。

(4) 帝国文庫本の『絵本西遊記』巻之三「小聖施威降大聖」の項に、「遂に悟空を高手小手にいましめ、琵琶骨を穿《うが》ち、ふたたび変《へん》化《げ》することを得ざらしめ……」とある。(原著『西遊記』第六回には「使勾刀穿了琵琶骨、亦不能変化」とある。

(5) 『古事類苑』動物、馬の部に、『都会節用百科通』の「馬形之名所」を引いて馬の股のところに「琵琶股《びわもも》」の名を記した図をあげている。この本の初刊は寛政八年である。

「縦横人類学」を読む

「季刊人類学」一巻四号の三川目四（三と川、目と四はなるほど縦横二文字の二重奏ですな）氏の記事、拝読しました。中に（一五四頁）口唇の定義がありますが、日本語でふつう「クチビル」といえば口縁の紅い粘膜部、ドイツ語のいわゆる Lippenrot だけを意味し、『広辞苑』の解説もまさにこの日本語の意義を挙げたものでしょう。しかし解剖学の方からいえば、その外廻りの、前面が皮膚でできている部分、すなわち上唇ならば鼻の下面との境界線までが唇なのです。だから、唇紅部の見えない猿類でも唇はりっぱにあるわけで、口唇はつまり口腔の入口のカーテンの、紅いへりだけでなく、カーテンそのものなのです。

ところで、三川氏のいわゆる唇、すなわちこの唇紅部が顔面に見えるのは、人間以外の霊長類には絶無だ、という風に記されていますが（一五八頁）、チンパンジーには時に二ミリくらいの厚さ（正確には高さ）のものがあり、このサルがサルのうちでは最も人間に近いという証拠の一つにこれが引かれることがあります。もっとも、この伝でいけば、白人はこの点ではいちばんサルに近く、黒人やメラネシア人がいちばん人間的だ、ということになりそうですが。

それから、著者はモリスの『裸のサル』(一九六七)という本を紹介しています。モリスは人類の乳房の、他の霊長類には見られぬ発育の原因を、直立の姿勢によって失われた下部の性的信号器の機能をおぎなうために、下部性器の擬態として、口唇と共に異常発育したのだ、といっているようです。しかしふつうには性器ともいわれていない眼なども、またりっぱな性的信号器でありまして、「糸屋むすめは眼で殺す」というくらいの機能はもっていますが、こうした性的機能が目的で眼の表情筋が発達したとはいえますまい。他にもっと必要な一般的な目的があってそこまで発達した、それが悩殺器官として糸屋むすめに利用された、と考えた方が穏当ではないでしょうか。

人類乳房の起源に関するモリス説に対しては、一、二の日本の人類学者からも横槍(お一人のは前槍)が出ているようですが、その人たちの自説は挙げられていません。そこで思うに、人類は他の動物に比べて妊娠と哺乳の期間が非常に長く、母体の栄養の消費が多い。そのため特に哺乳期間には授乳者の性的欲望の減退がおこる、というところから、哺乳時に乳児に吸われ、その手によって圧され揉まれ刺戟される乳房の面積の増大が必要になる。こうした刺戟に対する乳房の性的反応の存在は、サル以下の動物にははっきりと知られていないようですが、これが人類に特に顕著だ——現代のアメリカ文化は乳房崇拝文化だそうですが——というそのことに密着した、始源的の繁殖本能からくる現象が、人類のこの乳房肥大ではないか。つづけざまに第二児以下をつくる気が女性になくなれば、そのことだけからこの種は滅亡する。つまり、母体の性的欲望喪失を防ぐために、人類に与えられた、これは新しい機構なのだ、と、こう見るのが常識であろうかと、われわれは考えていました。胎盤の脱落によって抑制ホルモンから解放され、卵巣の排卵およびメンストラチオンの機能が再開する。すなわち深部でまず次の受胎の用意がはじまる。この地下的信号体系の活動に並行する外部的現象が、現代の乳房宗の本尊にまで発展したのでありましょう。大本能神くそくらえの性の饗宴が、アダムとイブ以来人類につきまとってきたのでありますれば、これもいたしかたありません。

最後に、三川論文のコメンターの梅棹さんにちょっと。

梅棹さんはこの論文から、往年の「ドルメン」誌に掲載された清野博士の「阿伝陰部考」を想起され、その紹介をしていられます。清野論文は、この名だたる淫婦の小陰唇の異常な発育と、その生前の淫蕩きわまる生活との間に相関があるだろうくらいの結論があったかと記憶しています。それをおぎなう傍証として、いま一人の女性の例も挙げてあったようです。御提唱の「民族人種学」となると一人や二人の資料ではどうにもなりませんが、多数の例によって、この縦くちびるを調査した例もないではありません。それは古く——一五世紀の終りのころ、すなわち大航海時代がはじまって、ポルトガル人がはじめて南アフリカに達したころ——から報告され、問題にされて来たホッテントット婦人の垂れ下がった小陰唇、いわゆるホッテントットの前垂れ（Hottentottenschürze）の問題です。これが先天的のものであるか、人工による変形であるかの論議もありましたが、今では人工変形説に落ちついているようです。最近には、といってももう一五年も前のものですが、アンゴラ地方のホッテントットやブッシュマンの婦人四、〇〇〇人～五、〇〇〇人もの調査に基づくアルメイダ教授の報告（A. de Almeida : *La micronymphie chez les femmes indigènes de l'Angola.* Compt. Rend. de I'Assoc. des Anatomistes, XLIIIᵉ Réunion-Lisbonne, 1956）があります。この論文も明らかに人工説ですから、問題は人種学のものではなく、民族学のものです。従って成人式に関係のあるその風俗や、その構造に対する住民の観念などについても簡単ながら報告されていますが、しかし、その物の実態を計測し、他人種のそれと比較する、となると、人種学の方法により、人種学の成果を使用せざるを得なかったのです。これは当然のことでしょう。ここに観念的ではなく、実際的の人種民族学というようなものも必要になってくる。そうした場合は他にも多いようです。

なおついでながら、ホッテントットの前垂れについて、その計測の結果を少し挙げておきます。テン・リーネの引用したブランシャール（一八八三）は、横にひろげたその幅の一五～一八センチに達するものを報告し、テステューとラタールゼ（一九五四）は、下に垂れた長さ一五～二〇センチに及ぶものを挙げ、そのうち大腿の半ばに達するものがあったという。大腿の半ばに達したもののスケッチが、フォン・アイクシュテットの『人種学及び人種史』（一九三四）五五〇頁に、ル・ヴェラン（一七九〇）原図として挙げられています。

またさきのアルメイダの数千人にわたる計測の平均値は、横にひろげた幅四センチですが、中に一〇センチのものがあったといいます。これに対して白人での平均は、同じく横幅（以下同様）二・五～三・五センチ（ワルダイエル、一八九九）、あるいは一・〇～一・五センチ（テステューとラタールゼ、一九五四）、また日本人二三二人の平均は一・八二センチ（飯島、一九二二）になっています。

飯島の研究は京大の足立文太郎先生の指導によって成ったものでありますが、足立先生の未完成の日本人女陰の人類学的研究の資料は、参考のために蒐集された日本人のポルノグラフと共に、まだそのままになっています。同じく人類の性生活に関係――これも顕著な性的信号としてですが――のある腋窩腺の分泌物から発散される体臭（わきが）の強弱には、日本人やシナ人とアイヌや白人との間には非常に差異があり、世界の多数の人種にわたるその広汎な研究が足立先生の遺稿によって、近いうちに出版される予定です。もちろんこれは人種学の問題ですが、同門下の金関は、往年世界の文学の中でとり扱われた体臭の資料を挙げて、腋臭《わきが》人種と非腋臭人種との間には、この体臭に対する感受性がきわだって異なっていることを証明しました。そうしてこうした「文学のエスノロジー」をもっと豊富な材料で、もっと精緻にやったらよかろうとの、結論めいた提唱をしたことがあります。この「文学のエスノロジー」は、いまにして見れば、もっと大きく「人種民族学」といってもよかったでありましょう。

解説

池田次郎

昭和三三年の秋、第一三回日本人類学会・日本民族学協会連合大会の最後を飾るシンポジウム「日本人の起源」が、新潟大学医学部の大講堂で開かれた。この時、壇上に立った金関先生が、どのようなことを話されたのか、また、会場の長谷部言人、鈴木尚先生たちの質疑にどのように応答されたのか、当時、主催者側の一人として、時間の超過に気をとられていたためだろうか、私の記憶は定かでない。しかし、本書に収録されている「弥生時代の日本人」が、翌春の医学会総会における金関先生の講演内容だから、これとほぼ同じ趣旨のことが話されたのだろう。この講演では、九州、山口地方の弥生人骨の研究に基づいた先生の構想がすでに明確に打ちだされており、その論旨はその後も大きくかわっていないので、先生が日本人の系統に関する学説を固めた時期は、昭和三〇年代の始めとみて間違いなかろう。

五〇数年におよぶ金関先生の研究活動は、まさに多種多彩の一言に尽きるが、それは、日本民族の源流という課題を、人類学、考古学、民族学など広範な視野から解明してこられた先生の研究経歴とも関係している。

本書は、この日本民族の生成に関する論著を主体とするもので、第一部は、学史をかえりみながら、あるいは、ほかの研究者の所論との比較において、自らの説を開陳した数多くの綜説的著作によって占められ、第二部には、それに関連する個別的論文が収録されている。第三部は、漢籍の素養に富む金関先生が、解剖学者の本領を発揮した「三焦」以下の三篇と、戦前、「人種秘誌」を訳されたときのペンネーム、山中源二郎の名を使って書かれ、最近、「季刊人類学」に掲載された一篇のエッセイとからなる。いずれも貴重な論考であるが、紙数の関係上、第三部と、第一部、第二部のいくつかの論著の解説を割愛し、本書の柱となっている日本人の形成の問題に、先生がいかにかかわってきたかを、先生御自身の研究生活の遍歴のなかで捉えてみたい。以下、人名の敬称は省略させて頂く。

大正一二年、京都帝国大学医学部を卒業した金関は、ただちに解剖学教室助手として足立文太郎の門下生となった。同門の先輩に、後に京城帝国大学教授となり、朝鮮、満蒙など東北アジア諸種族の人類学的研究を精力的に進めた今村豊がいる。人骨にとどまらず、腋臭、耳垢などの遺伝的多型、あるいは筋肉、脈管など軟部器官系の集団間変異の研究にも手をのばし、軟部体質人類学という新分野を開拓した足立の指導を受けた金関が、将来の方針を体質人類学に向けたのは、むしろ当然のなりゆきといえよう。足立のすすめで、その翌年、さらに清野謙次、浜田耕作に師事したが、それが彼の興味を石器時代人骨と考古学へ駆り立てる契機になった。

金関が、足立、清野、浜田三教授の門下に入った大正一三年ごろは、小金井良精らのアイヌ説がまだ根強く残っていた時代であるが、大量の石器時代人骨を材料とした研究から、清野、長谷部らによる、アイヌ説に批判的な学説が芽生えつつあった時代でもある。清野は、大正八年から九年にかけて、自らが主宰する備中津雲貝塚の発掘で、六六体の人骨を得たのを手始めとして、僅か数年間に、約六〇〇体に達する古代人骨を収集した。これらの古代人骨と現代人骨を素材とした清野が、日本人の系統に関して、日本石器時代人の説を提起したのが大正一四年であり、浜田が、河内国府および薩摩指宿遺跡の発掘結果から、弥生人と縄文人の連続性を示唆したのが大正一〇年ごろのことだから、金関は清野、浜田に接触した当初から、アイヌ説に懐疑的な両者の所説の洗礼を受けたことは想像に難くない。

昭和三年から四年にかけて、琉球調査旅行を行なった金関は、その成果を学位論文「琉球人の人類学的研究」に纏めているが、これが彼の南島研究との最初の邂逅である。そして、琉球研究から出発し、より南方の民族へ向けられた研究意欲が、彼に、台北帝国大学教授として、台湾に赴く決意を固めさせるに至ったのではなかろうか。昭和一一年三月、台北に着任した金関は、七月には早くもタイヤル族骨格一〇〇体余りを採集し、爾来、終戦をはさんで一三年間、台湾を中心に、中国南部、インドネシアの諸種族について生体人類学、骨格人類学関係の膨大な資料を蓄積するかたわら、中国、南方諸民族に関する豊富な民族誌的知識を吸収していった。このような研究活動に加えて、移川子之蔵、浅井恵倫、宮本延人、国分直一など人類科学諸分野の在台研究者との学問的・人間的諧調や、内地から訪れる各分野の学者との接触・交流によって、金関学とも呼ぶべき独自の学問体系が醸成されたのだろう。

南島の人と文化に関する研究についていえば、金関は、琉球からインドネシアに至る南方地域の多角的情報を総合し、日本人と日本文化に潜在する南方要素を検出すべく努めた。たとえば、「民族学研究」第一九巻に発表した「八重山群島の古代文化―宮良博士の批判に答う」は、考古学、民族学の立場から、八重山群島の先史文化が南方に連続することを明らかにしたものであるが、そのなかに、南九州人と琉球人とは、よく似た体質を有し、その系統はフィリピンなど南方の種族に求められるという人類学的指摘がみられる。本書第二部にも、南島の古人骨、抜歯人骨に関する三篇の論文が収録されている。

昭和二四年、台湾から引揚げた金関は、昭和三九年、現在の帝塚山大学へ移るまでの一五年間、九州大学、鳥取大学、山口大学の教授を歴任したが、彼の研究活動がもっとも充実していた福岡時代には、永井昌文をはじめとする多くの門下生を指導して、九州、山陰地方を舞台に生体人類学、骨格人類学的研究に従事し、その成果を自らが主宰する「人類学研究」その他の学術誌に発表した。とくに注目すべきは、本書第二部に掲載されている土井ケ浜、古浦、根獅子、成川、無田のほか、三津、広田など、一連の弥生時代遺跡の発掘で、これによって日本人生成問題の鍵を握るとみられる弥生人骨を手に入れた金関が、自説を公にしたのが、始めに述べたように昭和三三年のことである。

日本民族の源流という問題は、明治初年、E・モースの大森貝塚の発掘に始まる日本の人類学の歴史を通じて、常に最重点的課題の一つであった。その研究史については、第一部のいくつかの著作に詳述されているので重複することになるが、金関の所説を評価するためには、ここでもそれを概観する必要がある。

この論題の研究史を大きく三期に分けて考えてみよう。明治から大正前期にわたる第一期の学説として、モースのプレ・アイヌ説、坪井正五郎のコロボックル説、小金井良精らのアイヌ説などが挙げられるが、いずれも、大陸から侵入した日本人の先祖が、在来の先住民を駆逐したという、もっとも基本的な点で一致しているので、一括して人種交替説と呼ばれる。これらの諸説を支えた論拠は、主として考古学的、土俗学的比較研究であり、解剖学者である小金井のアイヌ説にしても、その形態学的根拠はきわめて薄弱であった。

アイヌ説の全盛で迎えた大正中期に始まる第二期は、太平洋戦争とともに終る。この時期になると、前にも触れたように、大量の石器時代人骨を素材とする仮説、学説が輩出する一方、生体計測値、血液型、指紋など各種形質を用いた生体人類学の領域でも、現代日本人と東亜諸種族との比較研究に基づく新しい系統論が生まれてきた。金関、今村らが、国外で活躍したのもこの時代である。古代人骨を扱う研究領域のなかで、厳しい批判に耐えて、この期の最後まで残ったのが、清野説と長谷部説であった。

文化の改変が体質を変化させる原動力になったという考え、つまり生活様式が日本人の小進化的変化に関与したという見方を両学説ともとり入れているが、これによって、体質や文化の時代的差異を人種交替の結果とみたアイヌ説を始めとする第一期の学説は脆くも崩壊した。清野が、こうした小進化的変化を認めた上で、古墳時代、奈良朝に頻繁に渡来した大陸系種族の血が日本石器時代人の体に混って、日本人の根幹が形成されたと考えたのにたいし、長谷部は、石器時代以降、日本人の体質を一変させるほどの外来者の流入は一度もなく、日本列島の住民は、終始一貫、遺伝的に連続した集団であると主張したのである。現在なお、長谷部説を変形説、清野説を混血説と呼ぶ人が多いが、後者は、正しくは、変形説プラス混血説というべきである。

第三期にあたる昭和二〇年以後のことについては、「日本人種論」その他の論考に詳しく紹介されているので、ここでは、金関、鈴木尚、小浜基次の所論を検討するにとどめるが、戦後の研究の際立った特色として、それらがいずれも精度の高い資料と、緻密な分析の上に成立している点を指摘しておこう。

生体人類学的研究をふまえた小浜は、現代日本人の身体形質に、東北・裏日本型と近畿型という対照的な地域性が存在することを重視し、それぞれに近い種族としてアイヌと朝鮮人をあて、歴史的には、アイヌ系集団がまず日本列島全域にひろがった後、朝鮮半島から渡来した類朝鮮種族が畿内に本拠をかまえることに成功したと想定している。小浜の考えは、金関が「形質人類学から見た日本人の起源の問題」で位置づけているように、アイヌ説の復活とみることができるが、近畿地方における類朝鮮形質をもつ集団の存在には金関も注目し、後に述べるように、その由来を自説で説明している。

一方、古代人骨研究に依拠する金関と鈴木は、ともに、清野、長谷部時代にはきわめて乏しかった弥生人骨を加えて、それぞれ、九州・山口地方と、南関東地方における縄文―弥生移行期にみられる形態変化を綿密に検討した。しかし、結果的には、鈴木は、長谷部説をより論理的、実証的に祖述したにすぎず、金関もまた清野説の延長上にあって、その説の核心をなす渡来者と、その渡航した時期、地域を補正したにとどまったとみられ、長谷部・鈴木説、清野・金関説という形に集約、対比されているが、金関の主張には、清野の論述にみられない創見が包含されているのを見逃してはならない。

それは、「弥生時代の日本人」、「日本人の形質と文化の複合性」、「人類学から見た古代九州人」などの論考でくりかえし指摘されているところの、弥生期における外来種族の影響を蒙った地域と、しからざる地域との峻別である。これは、日本人の時代的変化に、全国一律の説明原理を常に適用してきた従来の人類学者にたいする疑義であり、彼自身の反省でもあった。かつて、石田英一郎は、『日本民族の起源』の序において、「小金井・清野両博士の立論の素材となった石器時代人骨の出土地を問題とすることを、もはや今日の形質人類学者は無意味と考えられるのかどうか、というような疑問に対し、専門家の回答が承りたいのである」と問いかけたが、体質変化の地域的格差を推定した金関の所論は、まさにこれに答えているといえよう。しかし、より厳密に答えるならば、小金井（長谷部）・清野の立論の素材となった古代人骨が、それぞれ、東日本と西日本に偏っていることには重要な意味があり、少なくとも長谷部説と清野説の不一致にはそれが強く響いている可能性があるというべきであろうか。

先史時代から現在に至る間、日本人の体質におこった小進化的変化が生活様式の変容と関連することは疑う余地はなく、金関も「日本人の生成」で、これをはっきりと認めている。しかし、採集経済から生産経済へ転換した弥生期と、封建社会から近代社会へ移行した明治初頭に、日本人の身体に急激な変動がみられ、幕末に混血の事実がなかったからという理由で、金関も反論している如く、弥生期に異種族が渡来した可能性を抹殺する必要はあるまい。また、食物、労働など文化の改変が容貌、身長などの形態変化を誘発する機構については、これが具体的に明らかにされた例はそれほど多くない。さらに、小浜が示し、金関が説明した現代日本人の地方差の由来を、変形説一辺倒論者はどのように解釈するのだろうか。これについて長谷部は、日本人の地方差は、縄文時代以前に渡来した日本人の祖先が、それ以前からもっていた要素――中国南部を中心としてその南北の住民――をそのままもちこんだ結果に過ぎないと弁明している。この長谷部の所論は、渡来の時期を別にすれば、渡来者に固有の形質が現代近畿人に残されたとする小浜、金関らの見解と基本的に大差ないといえるが、あまりに抽象的で、日本人の地方差が生じた理由の説明になっていない。

文化の変革期にみられた日本人の体質変化の要因を異種族の流入とそれに続く混血の影響に求めようという推論を立証する試みは、確かに容易でない。だからといって、それをすべて変形説で片付けるというのは、人種交替説に劣らず安易なみかたではなかろうか。たとえ証拠となるべき古代人骨が少なくても、現代人の身体形質の比較研究や、考古学上の事象や、民族誌的事例を参考にして、大陸からの移住者集団とその文化が、在来の人間や文化に影響したと推考することは充分可能であり、金関の大陸系種族渡来説はその好例といえよう。

金関は、弥生時代初頭に朝鮮半島から北九州、山口地方に渡来したものと、その後、近畿地方に腰を据えた大陸系集団とは、体質、文化をやや異にするもので、前者は弥生期における銅剣銅鉾文化、後者は銅鐸文化の担い手であり、後者の末裔が今なお畿内に稠密に分布し、類朝鮮形質をもつ人々であると論じた。また、弥生人が国外から渡来したとするならば、縄文終末から弥生初頭にかけて、抜歯様式や土器形式に不連続が認められないのは何故かという質問には、抜歯様式も土器製作も女性文化であることを民族誌的に示した後、渡来者の前衛部隊は男性からなり、彼らは移住地の縄文人を娶ったので、伝統的女性文化であるこれらの慣習が連続しているのはむしろ当然であり、自説に有利な事実であると答えている。このように、古代人骨の特徴、現代人の地方差、考古学上の事象を用いて、自説を巧みに展開している金関の推論にも、まだ多くの弱点や問題点が内蔵されていることは否めない。もちろん今後一層の補強、検証を必要とするとはいえ、金関の提唱は高く評価されるべきであろう。

日本人の起源の問題は、その性質上、一挙に解決できるはずのものではない。しかし、金関、鈴木、小浜らの学説が公表された昭和三〇年代の初めから数えてすでに二〇年の経過がある。この間、若干の補正が加えられたとはいえ、これらに代るべき新しい仮説や学説は提出されていない。だが、それは、この問題に関して、現在、第一線で活躍している人類学者の無関心さを示すものではない。事実、縄文以前の問題、縄文人の時代的変化、北海道におけるアイヌ的形質の顕現の様相などについて、重要な事実が明らかにされつつある。均衡がとれた豊富な資料と精妙な分析、そして大胆な発想から生まれる新しい学説によって、日本民族生成に関する研究史の第四期とも呼べる時代が始まるのもそれほど遠くないだろう。

あとがき

金関丈夫

法政大学出版局の好意によって、日本民族の起源その他に関する私の論考が、一冊にまとめられることになった。

ここに集められた三三編のうちのほぼ半数は、日本人の生成に関する人類学的記事であり、内容の重複するものも多い。残りのうちの十数編には、多くは考古学的雑文、その他に解剖学名に関する史的考証などがあり、読者にとっては或る部分は無用、著者にとっては雑然の責めを免かれないものがある。読者よりも著者の自作整理のためにできた冊子と見えないこともない。それでもなお読者諸君に少しでも役に立てば、と祈りながら筆をおく。

初出掲載紙誌一覧

I

日本民族の系統と起源——ブリタニカ『国際大百科事典』15、一九七四

日本人の体質——平凡社『世界大百科事典』22、一九五八

日本人の生成——角川書店『世界文化史大系』20、日本I、月報、一九六〇

形質人類学から見た日本人の起源の問題——「民族学研究」特集・日本民族文化の起源、一九六六

弥生人種の問題——河出書房『日本考古学講座』4、弥生文化、一九五五

こんにちの人類学から——読売新聞社『日本の歴史』1、日本のはじまり・日本民族の成り立ち、一九五九

弥生時代の日本人——『日本の医学の一九五九年』、第一五回日本医学会総会。後に平凡社『日本文化の起源』5、一九七三に再録

日本人の形質と文化の複合性——平凡社『日本語の歴史』1、民族のことばの誕生、一九六三

弥生時代人——河出書房『日本の考古学』3、弥生時代、一九六二

日本人種論——雄山閣『考古学講座』10、一九七二

人類学から見た古代九州人——平凡社『九州文化論集』福岡ユネスコ編1、一九七三

弥生人の渡来の問題——西日本新聞一九五八・三・一二
人類学から見た九州人——朝日新聞(西部版)一九六〇・二・一九
日本文化の南方的要素——朝日新聞(西部版)一九六七・四・三
古代九州人——『学士鍋』11、九州大学医学部同窓会、一九七四
形質人類学——日本民族学会『日本民族学の回顧と展望』6民族学と周辺諸科学、一九六六
アジアの古人類——平凡社『世界考古学大系』8、一九六一

Ⅱ

沖縄県那覇市外城嶽貝塚より発見された人類大腿骨について——「人類学雑誌」44、六号、一九二九
沖の島調査見学記——毎日新聞(西部版)一九五四・八・一九
根獅子人骨について(予報)——『平戸学術調査報告』「考古学調査報告」京都大学平戸調査団、一九五一
土井ケ浜遺跡調査の意義——朝日新聞(西部版)㈠一九五五・九・三〇、㈡一九五六・一〇・一九、毎日新聞(西部版)㈢一九五七・八・二六、㈣一九五七・八・二七
沖永良部西原墓地採集の抜歯人骨——「民族学研究」21、四号、一九五六
種子島長崎鼻遺跡出土人骨に見られた下顎中切歯の水平研歯例——「九州考古学」三—四、一九五六
成川遺跡の発掘を終えて——『成川遺跡』、埋蔵文化財発掘調査報告7、五章一節「人骨概要」、一九七三(序文三頁追補)

無田遺跡調査の成果——毎日新聞（西部版）一九六一・一・二〇

大分県丹生丘陵の前期旧石器文化——毎日新聞（西部版）一九六三・三・二四

古浦遺跡調査の意義——島根新聞一九六二・九・八—九

着色と変形を伴う弥生前期人の頭蓋——「人類学雑誌」69、三—四号、一九六二

人類学上から見た長沙婦人——読売新聞（大阪版）一九七二・八・五

Ⅲ

三　焦——「福岡医学雑誌」46、六号、一九五六

『頓医抄』と「欧希範五臓図」——「医譚」（復刊）12、一九五六

琵琶骨——「解剖学雑誌」40、三号、一九六四

「縦横人類学」を読む——「季刊人類学」2、二号、一九七〇

著 者

金関 丈夫（かなせき たけお）

1897年，香川県琴平に生まれる．松江中学・三高を経て，1923年，京都大学医学部解剖学科を卒業．京都大学・台北大学・九州大学を経て帝塚山大学教授となり，1979年退職．専攻：考古学・人類学・民族学．「南島の人類学的研究の開拓と弥生時代人研究の業績」により，1978年度朝日賞受賞．1983年逝去．著書に，『日本民族の起源』（本書），『南方文化誌』，『琉球民俗誌』，『形質人類誌』，『文芸博物誌』，『長屋大学』，『孤燈の夢』，『南の風』，『お月さまいくつ』，『木馬と石牛』，『考古と古代』，『台湾考古誌』（国分直一共著．以上，いずれも法政大学出版局刊）などがある．

日本民族の起源

1976年12月1日　初版第1刷発行
2009年10月5日　新装版第1刷発行

著 者　金関丈夫

発行所　財団法人 法政大学出版局
〒102-0073 東京都千代田区九段北3-2-7
電話03（5214）5540／振替00160-6-95814

組版・印刷：三和印刷，製本：鈴木製本所

ISBN 978-4-588-27055-0
Printed in Japan